国家自然科学基金项目 (51522907,51279208,51309244,51409275)
中国工程院重大咨询项目 (2015-ZD-07) 资助
国家重点基础研究发展计划(973计划)项目 (2006CB403400)

"十二五"国家重点图书出版规划项目

海河流域水循环演变机理与水资源高效利用丛书

暴雨径流管理模型理论及其应用
——以SWMM为例

刘家宏 陈根发 王海潮 陈向东 卢 路 等 编著

科学出版社
北 京

内 容 简 介

本书系统介绍了暴雨径流管理模型 SWMM 的原理、发展历程和操作方法。以北京香山地区、亦庄地区和东升园小区为对象，详细阐述了 SWMM 模型构建、参数率定、水文分析计算等实际应用中的具体操作过程。本书参阅并翻译了 SWMM 的用户手册，并加入了案例研究中的经验和体会，深入浅出，具有一定的科学理论价值和较强的可操作性。

本书既可以作为初学者学习 SWMM 的入门教材，也可作为暴雨洪水科研人员、政府市政管理部门的参考材料。

图书在版编目(CIP)数据

暴雨径流管理模型理论及其应用：以 SWMM 为例／刘家宏等编著．
—北京：科学出版社，2015.9
（海河流域水循环演变机理与水资源高效利用丛书）
"十二五"国家重点图书出版规划项目
ISBN 978-7-03-045570-3

Ⅰ．暴… Ⅱ．刘… Ⅲ．暴雨径流-水文模型-研究 Ⅳ．P331.3
中国版本图书馆 CIP 数据核字（2015）第 200281 号

责任编辑：李　敏　吕彩霞／责任校对：邹慧卿
责任印制：徐晓晨／封面设计：王　浩

科 学 出 版 社 出版
北京东黄城根北街 16 号
邮政编码：100717
http://www.sciencep.com

北京京华虎彩印刷有限公司 印刷
科学出版社发行　各地新华书店经销

*

2015 年 9 月第 一 版　开本：787×1092　1/16
2017 年 1 月第二次印刷　印张：14　插页：2
字数：429 000

定价：120.00 元
（如有印装质量问题，我社负责调换）

总　　序

　　流域水循环是水资源形成、演化的客观基础，也是水环境与生态系统演化的主导驱动因子。水资源问题不论其表现形式如何，都可以归结为流域水循环分项过程或其伴生过程演变导致的失衡问题；为解决水资源问题开展的各类水事活动，本质上均是针对流域"自然-社会"二元水循环分项或其伴生过程实施的基于目标导向的人工调控行为。现代环境下，受人类活动和气候变化的综合作用与影响，流域水循环朝着更加剧烈和复杂的方向演变，致使许多国家和地区面临着更加突出的水短缺、水污染和生态退化问题。揭示变化环境下的流域水循环演变机理并发现演变规律，寻找以水资源高效利用为核心的水循环多维均衡调控路径，是解决复杂水资源问题的科学基础，也是当前水文、水资源领域重大的前沿基础科学命题。

　　受人口规模、经济社会发展压力和水资源本底条件的影响，中国是世界上水循环演变最剧烈、水资源问题最突出的国家之一，其中又以海河流域最为严重和典型。海河流域人均径流性水资源居全国十大一级流域之末，流域内人口稠密、生产发达，经济社会需水模数居全国前列，流域水资源衰减问题十分突出，不同行业用水竞争激烈，环境容量与排污量矛盾尖锐，水资源短缺、水环境污染和水生态退化问题极其严重。为建立人类活动干扰下的流域水循环演化基础认知模式，揭示流域水循环及其伴生过程演变机理与规律，从而为流域治水和生态环境保护实践提供基础科技支撑，2006年科学技术部批准设立了国家重点基础研究发展计划（973计划）项目"海河流域水循环演变机理与水资源高效利用"（编号：2006CB403400）。项目下设8个课题，力图建立起人类活动密集缺水区流域二元水循环演化的基础理论，认知流域水循环及其伴生的水化学、水生态过程演化的机理，构建流域水循环及其伴生过程的综合模型系统，揭示流域水资源、水生态与水环境演变的客观规律，继而在科学评价流域资源利用效率的基础上，提出城市和农业水资源高效利用与流域水循环整体调控的标准与模式，为强人类活动严重缺水流域的水循环演变认知与调控奠定科学基础，增强中国缺水地区水安全保障的基础科学支撑能力。

　　通过5年的联合攻关，项目取得了6方面的主要成果：一是揭示了强人类活动影响下的流域水循环与水资源演变机理；二是辨析了与水循环伴生的流域水化学与生态过程演化的原理和驱动机制；三是创新形成了流域"自然-社会"二元水循环及其伴生过程的综合模拟与预测技术；四是发现了变化环境下的海河流域水资源与生态环境演化规律；五是明晰了海河流域多尺度城市与农业高效用水的机理与路径；六是构建了海河流域水循环多维临界整体调控理论、阈值与模式。项目在 2010 年顺利通过科学技术部的验收，且在同批验收的资源环境领域 973 计划项目中位居前列。目前该项目的部分成果已获得了多项省部级科技进步奖一等奖。总体来看，在项目实施过程中和项目完成后的近一年时间内，许多成果已经在国家和地方重大治水实践中得到了很好的应用，为流域水资源管理与生态环境治理提供了基础支撑，所蕴藏的生态环境和经济社会效益开始逐步显露；同时项目的实施在促进中国水循环模拟与调控基础研究的发展以及提升中国水科学研究的国际地位等方面也发挥了重要的作用和积极的影响。

本项目部分研究成果已通过科技论文的形式进行了一定程度的传播，为将项目研究成果进行全面、系统和集中展示，项目专家组决定以各个课题为单元，将取得的主要成果集结成为丛书，陆续出版，以更好地实现研究成果和科学知识的社会共享，同时也期望能够得到来自各方的指正和交流。

最后特别要说的是，本项目从设立到实施，得到了科学技术部、水利部等有关部门以及众多不同领域专家的悉心关怀和大力支持，项目所取得的每一点进展、每一项成果与之都是密不可分的，借此机会向给予我们诸多帮助的部门和专家表达最诚挚的感谢。

是为序。

海河 973 计划项目首席科学家
流域水循环模拟与调控国家重点实验室主任
中国工程院院士

2011 年 10 月 10 日

序

在全球气候变化和局部高强度人类活动的双重影响下,全球范围内暴雨发生概率呈显著增加的趋势。近 50 年来的观测事实表明,虽然最大 1d、3d 雨量增减不明显,但短历时暴雨的强度增加,极端降水日数也在增加。据日本气象厅对 1460 个雨量观测站 1976~2007 年逐小时降雨量资料的分析发现:1998~2007 年序列相比 1976~1987 年系列,降水大于 200mm 的降水日数增加了 50%,降水大于 400mm 的降水日数增加了 100%。暴雨事件的增加并叠加城市化的水文畸变效应,导致我国城市内涝频发,"城市看海"现象屡屡上演。为强化我国城市洪涝灾害的综合管理和应急能力,急需开展城市复杂下垫面的产汇流机理和雨洪模拟研究,提高预警预报精度和预见期。

暴雨径流管理模型(storm water management model,SWMM)是一个基于水动力学的综合性城市径流模拟系统,由美国环境保护署(Environmental Protection Agency,EPA)在 20 世纪 70 年代组织研发。经过 40 多年的不断发展和持续改进,先后推出了 SWMM 1(1971 年)、SWMM 2(1975 年)、SWMM 3(1981 年)、SWMM 4(1988 年)、SWMM 5(2004 年)等多个版本。2014 年,EPA 推出了 5.1 版本,该版本在 SWMM 5 的基础上,新增了低影响开发(low impact development,LID)的情景模拟功能。SWMM 5.1 以 Windows 为运行平台,具有友好的可视化界面和更加完善的处理功能,可以对研究区域输入的数据进行编辑,模拟城市水文过程、管网水动力学过程和水质演变过程,并可用多种形式对结果进行显示,提供计算结果的时间序列曲线、图表以及统计频率分析结果等。SWMM 丰富的功能和免费开源的特点,赢得了世界范围内城市水文与水务工程领域工程师和研究人员的青睐,在雨洪模拟、水质模拟和低影响开发效果评估等方面得到了广泛的应用。

该书以国家重大基础研究计划(973 计划)"海河流域水循环演变机理与水资源高效利用"、工程院重大咨询项目"我国城市洪涝灾害防治策略与措施研究"、国家自然科学基金项目等一系列项目为依托,搜集整理了大量的中英文文献资料,从发展历程、模型原理、系统构建等方面系统介绍了 SWMM 模型及其详细的操作流程,归纳总结并集中展示了作者及其研究团队在 SWMM 原理和模拟应用分析上取得的成果。具体的,在模型原理层面,详细介绍了 SWMM 模型原理及系统自带计算实例的计算过程;在应用案例层面,进行了城郊低山丘陵区、具有独立排水系统平原城区、典型高密度城市小区三类地区的模拟和定量评价应用。特别指出，北京香山地区的应用案例在无排水管网铺设（排水以道路为主），且下垫面、降雨径流等基础资料缺乏的地区进行模拟，取得了较为理想的模拟效果，有别于以往 SWMM 在高度城市化地区的应用，为 SWMM 开拓了更为广阔的应用空间。

SWMM 在世界各地的应用过程中，也显现出一些局限和不足。例如：①单元划分依赖于排水管网，在管网资料缺乏地区的应用受到一定限制；②模型原理偏重于水动力学，水文过程机理考虑不全面，没有蒸散发模块；③地表地下耦合方面考虑不足；等等。该书的出版对增强城市水文研究人员和水务工程师对 SWMM 的系统认识，全面理清 SWMM 的优势和不足，明确 SWMM 的改进方向，加深 SWMM 在我国的适应性和本地化研究具有重要而深远的意义。

该书理论基础扎实、逻辑结构清晰、内容丰富、深入浅出，可作为 SWMM 研究的入门教材，特向各位从事城市洪涝管理和研究的科研人员推荐。衷心希望通过该书的介绍和推广，能够增进水文研究工作者对城市暴雨径流过程的认知，提高我国城市洪涝灾害的综合应对能力。

中国工程院院士
南京水利科学研究院院长

2015 年 6 月

前　言

我国城市化正在如火如荼地进行，城市的数量、规模越来越大，人口、经济的密集程度增加。由于城市排水管网规划与城市化进程不相适应、城市自然水面被填埋占用等一系列的原因，我国地不分南北、城不分大小，一旦发生暴雨，城市内涝就相当严重，给城镇居民生命财产安全带来巨大的威胁，甚至影响社会安定。

暴雨径流模拟可为治理城市内涝提供重要的技术支撑。现有技术、经济条件下，城市排水系统的建设和完善难以在短期内见效，而暴雨径流模拟则可为内涝防控提供决策依据。通过城市暴雨径流模拟可以识别城市排水系统的薄弱环节，分析天然和人工排水系统各自的特点和作用，为城市排水调度和管网设计优化提供决策依据，从而提高城市应对暴雨洪涝的能力。

SWMM 是一款应用非常广泛的暴雨径流模拟软件，其核心基于动态的降水-径流模拟模型，主要用于模拟城市单一场次降水事件或长期的水量/水质模拟。作为国家重点基础研究发展计划（973 计划）"海河流域水循环演变机理与水资源高效利用"的一项应用性成果，课题一"海河流域二元水循环模式与水资源演变机理"负责人秦大庸教授等组织课题组成员翻译了 SWMM 的说明书 *STORM WATER MANAGEMENT MODEL USER'S MANUAL VERSION* 5.1 及相关的应用实例，为本课题模拟计算海河流域城市化过程中的水循环演变、城市水文过程研究提供了有益借鉴。项目组翻译的技术文档得到了软件开发者魁北克大学 William James 教授的授权，被采纳为 SWMM 的中文说明书。

中国水利水电科学研究院组织翻译的中文说明书在网络上大受欢迎，在百度文库、豆丁文库、道客巴巴等文档共享网站均提供了下载链接，成为学习 SWMM 最基础、广受欢迎的中文教材。有鉴于此，为方便广大研究或使用 SWMM 的科研和技术人员查阅学习，海河 973 课题组特编纂了本书。考虑到初学者的实际需求，本书在中国水利水电科学研究院翻译的中文说明书的基础上，增加了中国典型城市内涝的实际情况和 SWMM 在北京典型区域实际应用案例。

本书共分为 8 章，较为系统地介绍了我国城市内涝概况及暴雨径流数值模拟的重要性、SWMM 的原理、操作及应用实例。第 1 章介绍了我国城市内涝概况、形成原因、治理措施及理念等；第 2 章介绍了 SWMM 的研究进展、局限性及与城市雨洪模型的对比分析；第 3 章介绍了 SWMM 结构、操作界面、模型原理及操作步骤；第 4 章基于 SWMM 计算实例翻译而成，部分内容进行了适当的调整；第 5 章介绍了 SWMM 在北京山区地貌典型单元——香山地区的实际应用；第 6 章介绍了 SWMM 在北京平原地貌典型单元——北京亦庄地区的实际应用；第 7 章介绍了 SWMM 在典型的房地产开发小区、不透水面积比例高地区的实际应用；第 8 章对 SWMM 应用做了总结和展望。

本书在重点基础研究发展计划（973 计划）"海河流域水循环演变机理与水资源高效利用"，国家自然科学基金优秀青年科学基金（51522907）、面上项目（51279208）、青年项目（51309244、51409275），中国工程院重大咨询项目"我国城市洪涝灾害防治策略与措施研究"的共同资助下，由中国水利水电科学研究院、中国国际工程咨询公司、北京市水科学技术研究院、河北工程大学、长江水资源保护科学研究所等单位的科研人员编写而成，具体人员如下：第 1 章，陈根发、陈似蓝、付潇然、王开；第 2 章，王海潮、宋翠萍、陈向东、王开、刘家宏；第 3 章，卢路、高学睿、陈根发、尹炜、张君、魏素洁；第 4 章，陈向东、刘家宏、高学睿、王开、徐鹤、刘淼；第 5 章，王海潮、宋翠萍、陈向东、王开；第 6 章，王海潮、刘家宏、付潇然、栾清华；第 7 章，陈根发、梁云、刘家宏、王开；第 8 章，刘家宏、陈根发。全书由刘家宏、陈根发、栾清华统稿。

本书在编写过程中得到了中国工程院王浩院士、中国水利水电科学研究院水资源研究所各位领导的大力支持。中国水利水电科学研究院、北京市水科学技术研究院、河北工程大学等单位的专家对书稿提出了宝贵的意见，在此一并感谢。

由于作者水平有限，书中难免存在不足之处，敬请广大读者不吝批评赐教。

作　者

2015 年 5 月

目 录

总序
序
前言

第1章 中国城市内涝概况 ·················· 1
  1.1 城市内涝概念 ·················· 1
  1.2 城市内涝原因 ·················· 2
  1.3 城市内涝典型案例 ·················· 6
    1.3.1 北京市 2012 年"7·21"涝灾 ·················· 6
    1.3.2 北京市 2011 年"6·23"涝灾 ·················· 7
    1.3.3 广州市 2010 年"5·7"暴雨洪涝 ·················· 7
  1.4 城市排涝典型案例 ·················· 8
    1.4.1 江西省赣州市 ·················· 8
    1.4.2 山东省青岛市 ·················· 8
    1.4.3 福建省福州市 ·················· 8
    1.4.4 江西省景德镇市 ·················· 9
    1.4.5 广西壮族自治区南宁市 ·················· 9
  1.5 城市内涝治理的主要措施和理念 ·················· 10
  1.6 暴雨径流模拟的重要性 ·················· 13

第2章 SWMM 研究进展与发展趋势 ·················· 15
  2.1 模型基本介绍 ·················· 15
  2.2 研究进展及应用 ·················· 16
    2.2.1 SWMM 应用现状 ·················· 16
    2.2.2 国内外研究进展 ·················· 17
  2.3 SWMM 局限性 ·················· 21
  2.4 发展趋势 ·················· 21
    2.4.1 SWMM 衍生模型 ·················· 21
    2.4.2 SWMM 应用展望 ·················· 23
  2.5 模型对比分析 ·················· 24

第3章　SWMM结构、原理及操作 ································· 26
3.1　SWMM结构及功能 ··································· 26
3.2　SWMM模拟能力与模拟原理 ························· 27
3.2.1　模型模拟能力 ··································· 27
3.2.2　水文过程模拟原理 ······························ 27
3.2.3　水力过程模拟原理 ······························ 32
3.2.4　水质模拟原理 ··································· 35
3.3　模型界面与操作步骤 ································ 35
3.3.1　模型界面 ··· 35
3.3.2　模型的操作步骤 ································ 38

第4章　SWMM计算实例 ··· 61
4.1　蓄满产流 ··· 61
4.1.1　问题阐述 ··· 61
4.1.2　系统代表性 ······································ 63
4.1.3　模型设置——未开发区域 ······················· 65
4.1.4　模型计算结果——未开发区域 ·················· 69
4.1.5　模型设置——开发后区域 ······················· 72
4.1.6　模型计算结果——开发后区域 ·················· 75
4.1.7　小结 ·· 77
4.2　滞留池设计 ·· 77
4.2.1　问题描述 ··· 77
4.2.2　系统描述 ··· 79
4.2.3　模型建立 ··· 80
4.2.4　模型结果 ··· 88
4.2.5　小结 ·· 90
4.3　低影响开发 ·· 91
4.3.1　问题描述 ··· 91
4.3.2　系统代表 ··· 92
4.3.3　模型建立——过滤带 ···························· 93
4.3.4　模型建立——渗透沟 ···························· 98
4.3.5　模型结果 ··· 100
4.3.6　小结 ·· 103
4.4　地表水系统模拟 ····································· 103

	4.4.1	地表排水系统	103
	4.4.2	地表水质模拟	116
	4.4.3	水质净化模拟	131

第5章 SWMM应用实例1：北京香山地区 143

5.1	香山地区概况	143
5.1.1	自然地理条件	143
5.1.2	水文气象条件	144
5.1.3	河流水系条件	145
5.2	模型适用性分析	146
5.3	模型构建	146
5.3.1	排水系统概化	146
5.3.2	汇水区域概化	147
5.3.3	参数及断面设置	149
5.4	参数率定与验证	156
5.5	结果分析	158

第6章 SWMM应用实例2：北京亦庄地区 159

6.1	亦庄地区概况	159
6.1.1	地理条件	159
6.1.2	水文气象条件	162
6.1.3	地质与土壤	163
6.2	数据库的建立	165
6.2.1	现状工作调研	165
6.2.2	排水区域划分	166
6.2.3	基础数据收集	167
6.2.4	数据库建设	167
6.3	水文分析计算	169
6.4	模型构建	171
6.4.1	子集水区域划分	172
6.4.2	排水系统概化	172
6.4.3	参数及断面设置	174
6.5	参数率定与验证	175
6.5.1	模型初步运行	176
6.5.2	参数率定与验证	176

  6.6 结果分析 ·········· 185
第7章 SWMM 应用实例3：北京东升园小区 ·········· 186
  7.1 研究区概况 ·········· 186
  7.2 研究背景与研究内容 ·········· 187
  7.3 水文分析计算 ·········· 187
  7.4 流域行洪影响分析计算 ·········· 190
    7.4.1 模型构建、率定与验证 ·········· 190
    7.4.2 建设项目对流域行洪影响计算 ·········· 193
  7.5 洪水对建设项目的影响分析计算 ·········· 195
    7.5.1 排水能力计算 ·········· 195
    7.5.2 内涝积水计算 ·········· 196
  7.6 研究结论 ·········· 198
第8章 结论和展望 ·········· 199
  8.1 模型特点及局限性总结 ·········· 199
  8.2 模型推广及应用展望 ·········· 200
参考文献 ·········· 202
索引 ·········· 212

第1章 中国城市内涝概况

1.1 城市内涝概念

城市内涝是指由于强降水或连续性降水超过城市排水能力致使城市内产生积水灾害及相关次生灾害的现象。城市内涝灾害发生时,城市交通、通信、水、电、气、暖等生命线工程系统瘫痪,社会经济活动中断,其次生灾害损失已远远超过因物质破坏所引起的直接经济损失(董立人,2011)。

城市内涝主要具有以下两个特点。①城市内涝的普遍性。城市内涝在我国比较普遍,以前主要发生在一些沿海地势低洼地区,现在内陆城市也经常发生。②城市内涝的局部高发性。城市某些特定地点的发生率较高,如立交桥底、过街地下通道、铁路桥、公路桥等。

近年来,我国城市内涝出现的频率和造成的损失呈逐年递增趋势,其带来的不利影响显而易见。突出表现在:①城市内涝带来严重的公共卫生问题,甚至疾病;因路滑造成的行人跌倒骨折,蹚水时被戳伤腿脚现象明显增多;受水浸泡后引发感冒及消化系统疾病的患者数量也急剧增加(石剑荣和陈亢利,2010)。②城市内涝造成城市道路交通系统运转失灵,甚至部分瘫痪,不仅不利于出行,而且引发的交通事故也明显增加。③城市内涝引发城市水电、通信等地下线缆故障;造成市场、仓储货物被淹,甚至人身伤亡。④城市内涝可能引起社会秩序短时间的混乱恐慌(胡盈惠,2012)。

城市内涝在中国比较普遍。从发生的区域来看,以前主要发生在一些沿海地势比较低的地区,现在内陆城市也经常发生。过去城市建设用地面积小,可选择的区域比较大,一般都选择地势比较高的地区建设;而现在城市用地十分紧张,可选择的余地少。随着现代城市的建设,排水和内涝方面也出现许多新问题,如过街的地下通道、铁路桥、公路桥等地降雨后容易出现积水(于海波,2012)。

住房和城乡建设部 2010 年对 351 个城市进行的专项调研结果显示,2008~2010 年,全国 62% 的城市发生过城市内涝,其中内涝灾害超过 3 次以上的城市有 137 个,2011 年前后的情况更为严重(鞠宁松和龚坤,2012)。

2012 年 7 月 21 日,北京遭遇 61 年一遇大暴雨袭击,造成至少 77 人死亡,经济损失上百亿元。2010 年 9 月 11 日,广州市普降暴雨,全市平均降雨 63.95mm,最大降雨为 229mm。由于白云区、天河区等地 4h 内出现了强降水过程,造成广州天河区华南师范大学门口、广州大道梅花园地铁工地、白云区白云大道体育馆对面等 26 个点出现了 30~100cm 的水浸(朱明安和李颖,2011)。2011 年 6 月 23 日 16 时至 24 日 8 时,北京市平均降雨量达到50mm，降雨量分布不均匀，局部地区降雨量达到大暴雨标准。北京地铁13号线、亦庄线、1号线3条地铁线被迫维持区间运行，地面76条公交线路受到影响，其中34条运营线路无法正常行驶。据北京电视台报道，这场暴雨让北京多处成为"积水潭"，3000多辆汽车被淹，2名帮忙推车的男子因为井盖"消失"而不慎坠入排水井中被水冲走身亡。2011年6月9～24日，一直遭受旱灾的武汉市遭遇5场特大暴雨袭击，三镇主要城区平均降雨量达到417.7mm，全市80多处路段严重渍水，三镇沦为一片泽国，中心城区交通几近瘫痪，严重影响市民出行。

随着近年来全球气候变暖趋势的加剧，极端暴雨天气的频率、强度也在逐年上升。入夏以来，国内许多城市遭受大范围的强降雨，城镇的雨水排水系统在应对这种天气的时候，显得疲惫无"力"，弱不经"雨"，城市内涝频发，不仅对城市居民生命、财产安全造成威胁，也严重影响了城市经济的正常发展（白璐，2012）。

1.2 城市内涝原因

汛期的降雨时间长、强度大、范围集中是造成城市内涝的最直接原因。

1. 降水量变化

城市化运动引起城市局部降水量增加（曾重，2013）。影响城市降水的因素主要有3个：①充足的水汽供应；②气流上升达到过饱和状态；③足够的凝结核（刘茂云，2007）。首先，人类对水汽供应的影响程度不大，但是人类活动对地表植被的影响间接对水汽输送供应产生影响。随着城市化进程加快，城市人口增加，工业集中分布，交通工具剧增，建筑物及设施建设使得混凝土覆盖面增大，形成热岛效应，导致城市热力对流加强。另外，城市化后，增加了地表的粗糙度，阻碍了降水系统的移动，延长了降水时间，增加了降水强度。工业及交通工具尾气的排放，增加了大气污染，使得大气中存在大量污染颗粒物，为降水提供了充足的凝结核。

近年来，由于气候的原因，自然灾害频发，城市遭遇十年一遇甚至百年一遇的暴雨天气，降水量大，远超过城市防洪标准，容易出现内涝（辛玉玲和张学强，2012）。

有研究表明，城市的热岛效应、凝结核效应、高层建筑障碍效应等的增强，使城市的年降水量增加5%以上，汛期雷暴雨的次数和暴雨量增加10%以上，从而增加了城市洪水和城市内涝发生的概率和风险（卢晓燕等，2013）。

城市会出现"混浊岛效应"，指的是城市市区由于厂矿企业集中、机动车辆众多、人口密集，致使排出的污染气体和空气中的尘埃等增加，使混浊程度大大高于周边地区，形成"混浊岛"，导致形成降水的现象（钟成索，2009）。

2. 河湖水系的调蓄能力下降

湖泊、洼地、沟塘等是天然的"蓄水容器"，具有调蓄雨水、涵养渗流等调节径流的作用。在城市的建设过程中，由于认识缺位、急于求成，未做科学的规划和论证，盲目整平洼地、填筑沟塘、挤占湖泊，人为破坏导致了湖泊等天然"蓄水容器"容量急剧减少，调蓄雨水的能力减弱（黄泽钧，2012）。

由于人类活动的影响，河湖污染严重，生态社会功能被破坏，调蓄能力急剧下降。同时，打破了城市原本所具有的自然排水系统，下游排水不畅，引起上游积水。河流和湿地的蓄水渗水作用丧失后，暴雨来临，造成地表径流量大大增加，给地表排水造成很大压力（鞠宁松和龚坤，2012）。

许多城市在建设中，因缺乏科学论证而盲目填水挖山，导致不少作为排洪命脉的河道被填平，具有蓄水作用的湿地被开发，建成楼房和道路，原有的自然水系遭到破坏，使得区间暴雨产生的径流无法及时排出，最终涌入城市形成内涝（辛玉玲和张学强，2012）。

3. 城市化影响

1980～1990年，我国城镇化率增加了7%；1990～2000年，城镇化率增长了10%；2000～2010年，城镇化率增长了13%。随着城镇化率的增加，城市用地急速扩张。以北京为例：2000年城市建成区面积仅有700km^2，2010年已达近1400km^2。从全国范围来看，城市建成区总面积从2.24万km^{2}增长到了4.01万km^2，年均增长速度为5.97%（李炜，2007）。

城区地面大量硬化，地面截水能力大大下降，在汇水面积和暴雨强度相同的条件下，地面径流系数越大，雨洪流量就越大。特别是在老城区，由于排水管道最初设计是按当时的地表径流系数确定管道管径，而对旧城区的改造导致如今的径流系数已大大超过以前的数值，在流量大幅增加的情况下，必然出现旧管道系统不堪重负，局部出现水涝灾害现象（曾重，2013）。

随着城市化进程的加快，新建的城区排水系统与之前存在的旧的管道无法良好衔接，无法使雨水顺畅排走；新建小区建设的雨水收集系统几乎没有，加剧了道路积水程度；城市低洼地带和立交桥下地区的雨水泵站欠缺或不配套；雨水系统清掏维护不及时等都会引起城市局部内涝（薛梅等，2012）。

城市面积越来越大，原来的河流和湿地被大面积的水泥地、柏油路、硬质铺装所取代，使本来"会呼吸的地面"变得无法渗水，从而使原本的平衡系统被打乱（鞠宁松，2012）。据统计，北京超过80%的路面被混凝土、沥青等不透水材料覆盖，雨水根本无法渗入，这也是导致北京近年来内涝问题严重的原因之一（辛玉玲和张学强，2012）。

城市建设的扩张，使原本具有自然蓄水调洪错峰功能的洼地、山塘、湖泊、水库等被人为地填筑破坏或填为他用，城市水面率下降，降低了雨水的调蓄分流功能（叶斌等，2010）。

城市新区选址上喜欢选择"临江、临海、临湖"等区域，在规划建设过程中，往往忽视对防洪问题深入论证，没有同步建设必需的排涝设施，加大了城市的洪涝风险。更为严峻的是部分城市建设侵占河道、水域现象严重，降低了河道的行洪排涝能力，同时也严重缩减了城市原有的洪水调蓄容量。城市河道、水面的大量减少必然导致城市内涝的发生（卢晓燕等，2013）。

4. 城市水循环系统遭到破坏

城市建设导致地面硬化后，使得降水后雨水汇流时间缩短，同时洪峰流量变大。年平均洪水的大小随不透水面积的增加而增加（刘金平等，2009）。研究表明，完全城市化后，流域的年平均洪水（地表径流）为相似天然流域的 4~5 倍。浅层地下水及深层地下水下渗量大幅减少，减少 2/3 以上。上述变化改变了自然界固有的水循环系统，由此导致内涝等问题的发生（卢晓燕等，2013）。

5. 城市内涝防治工作无法可依

我国 1998 年颁布实施《中华人民共和国防洪法》，现今部分条款已不符合当前的城市内涝治理形势，还有一些条款由于缺乏可操作性而根本无法落实。目前，在世界各国中能够较好地解决城市排水问题的都是因为在法律、管理、资金投入等方面达到了一个相对均衡的状态，其中有法可依是基础，即必须有完善的防洪与城市排水相关的法律制度（胡盈惠，2012）。

6. 城市规划与城市发展不匹配

城市防洪排水规划设计不仅仅是水利部门的工作，其中还涉及道路、工商、民用建筑、市政、绿化等多个部门，需要各个部门协调工作。但是在实际上，防洪排水规划工作往往由水利部门单独完成，并未与其他部门沟通协调。

许多城市在不断地开发建设过程中，比较注重光鲜亮丽的城市景观、城市轮廓和天际线的打造，却疏于对城市地下管网、地下空间结构的关注（鞠宁松，2012）。规划、建设管理部门只重视主体建筑方案的论证把关，而对配套地下管网的设计是否和城市规划的要求相吻合，没有相应地论证把关。

城市管网的不完善也是导致内涝的重要原因，城市开发总是从中心区慢慢向周边辐射，城市规划部门也不能完全预料到城市发展的最终程度，在管道建设初期，周边区域没有完全规划好，导致排水系统的建设无法一步到位（叶斌等，2010）。

以上海为例：有调查显示，2008 年城市排水管网覆盖率约为 60%，其中内环以内为 98%，内外环间为 61%，外环以外仅为 36%。上海如此，其他城市则更不容乐观。许多城市排水管道不成系统，管道排水能力差，排水网普及率低，人均占有排水管道长度大约为 0.55m，而发达国家人均占有长度超过 4m（辛玉玲和张学强，2012）。

7. 各部门未能协调运作

在城市规划和建设过程中，各部门往往独立分管几项内容，没能协调合作管理。例如，在有些城市，防洪归水务部门管理，地下排水管网归建设部门或城管部门管理，污水处理由国资部门管理。这样就导致了划分过细，难免出现各自为政的现象，缺乏统一协调的运作，容易造成混乱（鞠宁松，2012）。

北京大学中国持续发展研究中心主任叶文虎认为，部门之间缺乏协调、分而治之，直接影响了城市排水系统的管理效率。在他看来，目前最主要的问题，不在规划能力不够，而是执行过程中不尊重规划，"谢谢指导"之后，还是按着自己的想法做。

8. 城市排水系统设计标准偏低，排水系统年久失修

按照我国现行城镇排水设施建设标准《室外排水设计规范》的要求，城市一般地区排水设施的设计暴雨重现期为0.5~3年（即抵御0.5~3年一遇的暴雨），重要地区也只有3~5年，而在实施过程中，大部分城市普遍采取标准规范的下限（鞠宁松，2012）。我国70%以上的城市排水系统建设的设计暴雨重现期小于1年，90%老城区的重点区域甚至比规范规定的下限还要低（辛玉玲和张学强，2012）。为了省钱和省事采取的较低设计标准，在现今城市扩张、城市化进程加快以及气候变化导致的极端天气频繁发生的情况下已经无法达到要求。

很多城市的老城区道路排水系统建设较早，设计标准低，管径小，布置混乱，而且年久失修，管道老化、淤堵、破损严重，排水能力下降或丧失，已不能完全满足城市发展的要求，加之一些泵站由于修建时间较长，设备老化，甚至不能正常运行，更无法满足城市排水的需要（丁燕燕和韩乔，2012）。

城市排水设计问题繁多，主要表现在：①城市排水系统设计重现期较小，当遇到重现期较大的暴雨时，就无法承担该负荷；②排水系统设计的体制不合理，雨污合排负荷大，无法满足雨季排水要求（胡盈惠，2012）。

9. 气象服务体系尚未建立

目前，城市强降水与内涝气象服务体系的建设在我国许多大城市还处于起步阶段。城市建设经费中对城市内涝等气象灾害的监测、信息加工处理和预警预报服务体系建设经费投入严重不足，尤其中西部地区城市的气象服务体系建设相当薄弱（郭雪梅等，2008）。气象服务体系的缺失造成城市内涝灾害预测和评价能力差，城市灾害防治能力弱（胡盈惠，2012）。

10. 防洪排水系统运行维护存在缺陷

在雨污分流片区经常出现管网错接，因为污水管道汇集到污水处理厂，而雨水管道直接排向城市河道。污水管道错接到雨水管道，就会使污水不经处理，直接排入天然水体，导致严重的城市水体污染（叶斌等，2010）。

排水管道错接，雨水管道错接到污水管道中。另外，由于同一段路污水管道管径往往远远小于雨水管道管径，暴雨来临时就可能导致局部积水。一些城市餐饮业集中地区，含有大量菜叶、瓜果皮、动物皮毛、油脂的餐饮废水随意倾倒，严重堵塞雨水口和管道（曾重，2013）。

管网的建设缺乏科学规划和系统布局，城市排水系统不能与城市各方面发展规划配套，导致排水能力滞后于城市化进程；城市排水管网的管护不到位，导致城市内部管渠和外围河流水系淤积、淤塞严重，过水能力大大降低等（辛玉玲和张学强，2012）。

排水系统的建设和管理存在漏洞和技术难题。排水系统的建设和管理不仅处于经费投入长期不足的状态，还存在一系列的管理漏洞和技术难题（韦铖，2007）。缺乏管网关键缺陷点的评估和改造，缺乏管网设施的科学巡查和有效养护，缺乏科学有效的应急预案和措施。

排水管网"重建设、轻管理"，管理维护不到位。排水管网维护经费不足，难以按标准进行定期维护。据统计，我国目前的排水系统维护费仅占市政基础设施财政性资金的4%。缺乏经常性的疏通和定期检查，路面砂土、树叶等垃圾杂物堆积于雨水口或检查井中，造成了下水道堵塞不畅。管理单位不屑或不愿做基础设施维护工作，没有科学制定城市排水应急预案（黄泽钧，2012）。

11. 国民的某些不文明习惯

一些人图方便，将垃圾倾倒入排水管网；清洁工人将垃圾、树叶等直接扫入雨水口等。国内很多城市的老城区都是雨污合流排水体制，城市中最容易发生排水管道堵塞的地方是餐饮业集中的地区。餐饮业产生的废水中含有大量菜叶、瓜果皮和动物毛皮等，这些物质与排放的油脂混合，经长期堆积就会发酵成为极其黏稠的物质，严重阻塞管道（丁燕燕等，2012）。

1.3 城市内涝典型案例

1.3.1 北京市2012年"7·21"涝灾

2012年7月21日，一场61年不遇的特大暴雨导致北京山区出现泥石流，城市遭受内涝灾情，市区路段积水、交通中断、市政水利工程多处受损、众多车辆被淹。这场暴雨洪水导致至少77人死亡，近60 000人被迫撤离，直接经济损失估计约100亿元人民币。

"7·21"暴雨洪水具有如下特点。一是降雨总量之多历史罕见。全市平均降雨量170mm，城区平均降雨量215mm，为1949年以来最大一次降雨过程。房山、城近郊区、平谷和顺义平均降雨量均在200mm以上，降雨量在100mm以上的面积占北京市总面积的86%以上。二是强降雨历时之长历史罕见。强降雨一直持续近16h。三是局部雨强之大历史罕见。全市最大点房山区河北镇为460mm，接近500年一遇，城区最大点石景山328mm，达到百年一遇；山区降雨量达到514mm；小时降雨超70mm的站数多达20个。四是局部洪水之巨历史罕见。拒马河最大洪峰流量达2500m³/s，北运河最大流量达1700m³/s。

此次降雨过程导致北京受灾面积16 000km²，成灾面积14 000km²，全市受灾人口190万人，其中房山区80万人。全市道路、桥梁、水利工程多处受损，全市民房多处倒塌，几百辆汽车损失严重。

暴雨洪水对基础设施造成重大影响。全市主要积水道路63处，积水30cm以上路段30处；路面塌方31处；3处在建地铁基坑进水；地铁7号线明挖基坑雨水流入；5条运行地铁线路的12个站口因漏雨或进水临时封闭，机场线东直门至T3航站楼段停运；1条110kV站水淹停运，25条10kV架空线路发生永久性故障；降雨造成京原等铁路线路临时停运8条。对居民正常生活造成重大影响。全市共转移群众56 933人，其中房山区转移20 990人。雨水进屋736间，积水496处，地下室倒灌70处，共补苫加固房屋649间，疏通排水141处。

1.3.2 北京市2011年"6·23"涝灾

2011年6月23日，北京遭遇入汛以来最大降雨，城区部分路段出现拥堵，首都机场全部航班取消。截至16时45分，城区共计有39处路段出现拥堵排队现象，同时部分地区出现积水情况，其中西四环五路桥南北双方向、海淀香泉路口、石景山路上庄大街路口，以及居庸关景区门前道路因路面积水道路基本中断。截至20点，城区平均降雨量63mm。虽然大雨被提前准确预报，但依然导致交通瘫痪，城区部分路段严重积水导致拥堵，3条轨道交通线路受到影响，维持区间运行。

此次降雨为10年以来最大一次降雨，部分地区降水量甚至达到百年一遇标准。由于北京多数地区的城市排水系统按照1~3年一遇的标准建设，部分地区甚至不到1年一遇。此次降雨造成了严重的城市内涝，环路上积水十分严重，网友甚至笑称"到北京来看海"。

1.3.3 广州市2010年"5·7"暴雨洪涝

2010年5月6日夜间至7日凌晨，广州各区普降大暴雨，不少地方还出现特大暴雨，中心城区多处出现严重内涝险情，全市共发生内涝点118个，部分地区低洼地、危房群众受困，安全受到威胁。全市各级三防、排水和市政等部门出动抢险救灾人员6270人，投入抢险救灾机械设备300多具，转移群众1860人。广州市"5·7"暴雨过程具有三个"历史罕见"的特点。一是雨量之多历史罕见。广州五山站5月6日20时至7日8时录得雨量213mm，仅次于5月历史极值的215.3mm。绝大部分测站记录到超过100mm的降水，南湖一带达244.3mm，破历史同期纪录。二是雨强之大历史罕见。这次降水时间非常集中，在6h之内出现了超100mm降水，其中五山站7日1~3时出现了199.5mm降水；1h最大雨量达99.1mm。三是范围之广历史罕见。这次大暴雨覆盖了全市各地。根据广州市三防办的材料，广州市"5·7"特大暴雨因洪涝次生灾害死亡6人。受暴雨影响，全市102个镇（街）受水浸，109间房屋倒塌，25.68万亩[①]农田受淹，受灾人口32 166人。中心城区118处地段出现内涝水浸，其中44处水浸情况较为严重。造成局部交通堵塞，部分临时商铺受淹。全市经济损失约5.438亿元。

---

① 1亩≈667m²，下同。

1.4 城市排涝典型案例

1.4.1 江西省赣州市

在江西省赣州市，始建于宋代的排水系统——"福寿沟"，能使这座同样遭受多次暴雨袭击的千年古城鲜有内涝。"福寿沟"是一处地下水利工程。它位于江西赣州，修建于北宋时期，工程由数度出任都水臣的水利专家刘彝主持，是罕见的成熟、精密的古代城市排水系统。它根据街道布局和地形特点，采取分区排水的原则，建成了两个排水干道系统，因为两条沟的走向形似篆体的"福"、"寿"二字，故名"福寿沟"。虽经历了900多年的风雨，至今仍完好畅通，并继续作为赣州居民日常排放污水的主要通道。

2010年6月21日，赣州市部分地区降水近百毫米，市区却没有出现明显内涝，甚至"没有一辆汽车泡水"。此时，离赣州不远的广州、南宁、南昌等诸多城市却惨遭水浸，有的还被市民冠上"东方威尼斯"的绰号。一时间，效率低下、吞吐不灵的城市排水系统成了众矢之的。这一切的不同，都源于赣州市至今发挥作用的，以宋代"福寿沟"为代表的城市排水系统。至今，全长12.6km的"福寿沟"仍然承载着赣州近10万旧城区居民的排污功能。有专家评价，以现在集水区域内人口的雨水和污水处理量，即使再增加三四倍流量都可以应付，也不会发生内涝。

1.4.2 山东省青岛市

在中国，最不惧暴雨的城市，不是首都北京，也不是国际大都市上海，而是青岛。早在100多年前，德国人就为这个沿海小渔村设计了足够使用百年的现代排水系统，其中雨污分流模式，即使到了今天，还有很多中国城市未能做到。20世纪初，德国人建造的下水道，100年后的今天仍在发挥着余热。德国排水系统主干道甚至宽阔得"可以跑解放牌汽车"，当时青岛还是中国唯一一个能够做到雨污分流的城市。青岛污水治理专家、青岛污水处理厂总设计师姜言正评价说，雨污分流的规划是非常先进的，修建单独的污水管道，进行分类处理和排放，保障雨水管道的畅通，尤其是100年前能意识到这一点非常不易。后来这套排水系统一直未经过大的改造。目前这套系统所占全市管道长度的比例不足1/30，但至今老城区内仍有几十万人受益于这套系统，直至今日，雨后老城区的街道仍然十分干净，甚少积水，在这座城市，排水重现期的设计高于国家标准，主干道的排水重现期一般是3～5年，部分暗渠甚至达到10～20年的标准。

1.4.3 福建省福州市

2005年10月的"龙王"台风暴雨，对福州市区及周边地区造成前所未有的极其严重的涝灾。福州主城区受淹面积13.7km²，最大受淹水深达2m以上，大量地下车库进水，大面积停电，交通瘫痪，严重影响城市正常的生产、生活秩序，造成经济损失超32亿元。福州市内涝治理思路：结合新城规划建设和旧城改造，减少城区的涝水量，加大城市的排水能力和滞（蓄）涝容量，提高市民的防灾意识和应对能力。以城市总体规划为基础，综合考虑社会经济状况和城市发展的需要，建立健全防洪排涝体系。拟规划建设的新城区，在进行土地开发和城市总体规划时，必须同步进行治涝规划。旧城区建筑物密集，排涝标准低，工程建设征迁难度大，应进行河道清淤清障，挖深湖泊、池塘，扩大水闸、泵站，充分挖潜，提高治涝能力，结合旧城改造，分期分片逐步提高治涝标准。在充分挖掘城区内河排水、蓄滞潜力的基础上，采用"排、疏、蓄、滞、截、引、防"等综合治理措施，提高城市的排涝能力（陈能志，2013）。

1.4.4　江西省景德镇市

2011年6月14~15日，景德镇市突发大暴雨，虽然市区防洪未出现大的险情，但形成了一定范围的城市内涝，部分地势比较低洼的地区，如西瓜洲、东一路、高专、豪德路口、里村等区域都形成积水，影响了城市居民的工作、生活。为此，江西景德镇市采取了一系列措施来治理城市内涝。首先，景德镇市更新了只通过排水来解决内涝的理念，提出运用蓄排相结合的方式，开展雨洪调蓄和雨洪利用。同时，城市内应建成绿色森林而不是混凝土森林。在城市建设中，应留有绿化空间，预留渗水功能区。可选用生态透水硬化方案，采用有孔面砖、吸水砖，混合土基层。当城市地面各小环境改善后，就会有效吸纳雨水，减轻局部内涝和城市排水压力。在城市低洼地带，如韭菜园等低洼区域，建设一定规模的人工湖泊，既可调节雨水又能够改善环境，蓄水错峰，减轻内涝压力。其次，提高排水标准，完善排水系统。重点做好市区下水管网、雨水井、盖板沟等清淤疏浚养护工作，特别是老城区街道、低洼的地段。另外，景德镇市还制订了城市暴雨应急计划：根据城市暴雨近中期预报及时发布预警消息；降雨达到一定强度后按照预案开展防洪减灾活动，如避难、抢险、救援等；明确防洪减灾的目标，落实各部门、各地区行动指挥的负责人及行动计划（汪郁渊，2012）。

1.4.5　广西壮族自治区南宁市

2010年5月底，广西南宁的大雨，使得城市一片汪洋，让市民"望洋兴叹"。虽然造成这次水患的主要原因是突发的一场暴雨，这次暴雨刷新了南宁的水文纪录。仅仅是一场暴雨，就造成了严重的内涝，城区很多路段严重积水，导致交通瘫痪，不少群众都被困在路上。南宁作为广西的首府，每逢雨季都大雨大涝、小雨小涝，内涝作为严重的恶疾困扰着南宁市民。为了防治城市内涝，南宁采取了一些相应措施。重视管道建设，同时加强控制设施的建设，如泵站、阀门设施的建设。城市建设规划时，仔细地研究城市所在地区的地貌，制定科学的分流、截洪、调蓄措施。对那些具有蓄洪和排水功能的重要沟、塘、河道要严格地进行保护，禁止随意侵占和填埋。在城市中要建造适当的降雨蓄水池，城市建设规划中要留有适当的蓄滞洪区。要增加城市的绿化面积，使城市的地表和高处都能有效地进行植被覆盖。采取新技术和新方法，改善生态环境，增加透水层，提前做好大规模降雨的防范（赵东文和康洪娟，2011）。

1.5 城市内涝治理的主要措施和理念

(1) 建立城市排水系统 GIS 数据库

建立城市内详细的排水管网数据库并实时监控。GIS 系统与分布在管网内部的传感系统结合，当暴雨发生时，实时监测排水管网的水压若发生异常则报警，为排水管网抢修提供宝贵的时间，从而避免水涝灾害的进一步扩大（叶斌等，2010）。

基于 GIS 的管理模式，将管网数据以空间和属性数据一体化方式存储，实现基本的地图显示和查询功能（丁燕燕等，2012）。基于监测和模拟的综合管理模式综合了 GIS 和专业模型的优势，以 GIS 提供数据管理和空间分析能力，同时利用管网水动力学模型提供专业计算和分析功能，为排水管网运营监控提供科学的参考意见。

GIS 系统工具将描述地球地面空间信息数据有效地整合起来，通过分类、分层叠加，完整地表达客观地理世界，并且该系统能够自动进行空间分析，为决策者提供有效决策方案，帮助决策者有效分析。利用较方便快捷的网络技术进行信息共享，更好地指导人们的生产、生活方式。城市排水管网附属资源相关信息数据，如雨水及污水篦子、雨水及污水检查井、雨水及污水通风井、雨水及污水管线等，大多与地理空间位置分布紧密相关，利用 GIS 系统提供的空间地理信息和属性数据的储存、管理、分析能力，在计算机系统中图形化地再建城市排水管网系统，管理人员可以在计算机上进行储存、显示、查阅、编辑、分析、打印各区排水管网和设施的空间位置、连接关系以及工程属性的操作。通过管网与 GIS 系统的集成，工作人员还能实时监测管网的流量、流速、淤积、水质等参数。另外从排水管网的管理需求出发，充分利用排水管网地理信息数据库和实时监控数据库信息，制定排水管网的资源管理系统和综合办公自动化软件系统，实现排水管网管理的网络化、信息化和智能化，从而提高排水管网的运行效率，全面提高排水管网设施管理水平，为城市提供安全可靠的公共卫生环境（白璐，2012）。

(2) 保护城市天然水体

在城市建设过程中，不到万不得已的情况，不要破坏天然水体。目前，国内许多城市都出台了保护城市天然湖泊的地方性法规，重要的是如何使这些法规在实际工作中确实得到遵守（叶斌等，2010）。

各地应立法明令禁止填湖造地，对违法者给予严厉惩罚。对于已经出现的水体污染以及水域面积减少的现状，积极采取措施进行弥补，如进行补水，恢复水体周边的生态功能；加强水体周边污染的综合治理；完善水体保护的法律法规；加大对城市水体保护的资金投入等（白璐，2012）。

(3) 借鉴国外内涝防治经验

国外一些发达国家已经对于城市内涝有了一定的研究，其中一些成功的治理经验值得我国借鉴。日本在城市建设中大规模兴建滞洪和储蓄雨水的蓄洪池，甚至利用住宅院落、地下室、地下隧洞等一切可利用的空间调蓄雨洪，防治内涝灾害，有效减少了损失（刘香梅，2008）。在德国汉堡，为应对暴雨洪水兴建了大规模的城市地下调蓄库，并积极推广新型的"洼地-渗渠雨水处理系统"，将洼地、渗渠等设施与带有孔洞的排水管道连接成一个系统。一方面通过雨水在洼地、渗渠中的储存，分流了暴雨洪水；另一方面通过洼地、渗渠使雨水下渗，及时补充了地下水，避免了地面的沉降，从而形成了一个良性循环的城市水文生态系统（黄泽钧，2012）。

（4）加强城市内涝防治管理的法规建设

目前，我国在城市内涝、防洪及排水方面的规定仍然停留在技术层面上，并未上升到法律层面。在实际操作过程中，相关部门在监督、管理时缺乏有效的法律依据。所以，关于城市内涝的立法迫在眉睫。我国应当广泛借鉴国外一些城市比较成熟的防治内涝的立法规范，从而研究制定出适合我国国情，与我国城市相适应的城市内涝、防洪及排水方面的法律。

完善城市规划建设法规，规范城市规划建设中的排水问题，明确内涝防治的措施。让城市内涝防治做到有法可依，执法有据，逐步形成司法监督、群众监督、舆论监督、自身监督的有机监督体系和运行机制（黄泽钧，2012）。

（5）统筹规划，合理规划

城市发展要尊重自然，在进行城市规划时首先要协调好城市与自然环境的关系，尊重和利用好自然规律，做到人水和谐（司国良和黄翔，2009）。

在规划收集排水系统时，应当综合考虑历史雨量，现在城市的排水标准和未来城市发展将会带来的新增量。在规划建设城市之初，需预留足够的空间给雨水排污系统，保证雨污分流（薛梅等，2012）。

由于城市建设涉及多个部门，那么对于排水系统的规划，以往城市基础设施建设中，局限考虑的就地块论地块、就路论路、就排水管网论排水管网的倾向需要改变，转变为由规划、水利、城建、市政等部门联合编制用地竖向规划、防洪排涝规划及雨水系统规划，统筹安排道路、防洪排涝设施及雨水系统建设，使由不同部门分管的规划建设工作实现有机协调（曾重，2013）。

在城市拓展建设的过程中，一定要把基础设施的建设作为真正的基础工作来抓紧、抓好，地下隐蔽工程的建设方案没有经过科学严密的认证推敲，绝不贸然建设上部建筑（鞠宁松，2012）。城市规划要以基础设施规划先行，道路和地下管网的实施要先于地面建筑，排水管网的建设要留足余地，能满足该地区远期规划的发展需要。在城市延伸发展时，严格把关建设用地规划管理，严禁随意填埋河道水系，对于一些有条件的已建成区，应当有计划地疏通恢复已淤塞的河流。城市新区等开发建设规划时期，要充分考虑排涝的实际需要，同步配套建设排涝设施，做好水土保持工作。

尽量选择用透水材料来铺设城市的地面，让城市地面能够像人呼吸空气一样呼吸水分，使得水分能够充分从地表吸收到地下，这是在一定程度上解决城市内涝的有效办法。在城市建设中，尽量对各类地面采取非硬化铺设，这样既能避免城市在大降暴雨时出现大面积的积水现象，又能帮助城市利用雨水来补充地下水资源，是一种比较有效的人工补偿方法（叶斌等，2010）。例如，在建设停车场时用中空砖进行铺设，在砖中间种植草皮，这样一方面提高了植被覆盖，另一方面也较好地解决了雨水下渗问题。除此之外，还可以将城市中的景观园林、街头公园、绿化带等建设成下凹式绿地，提高城市绿地蓄水、排水的能力（张悦，2010）。

各城市应根据自身发展的总体要求，结合当地水文气象资料，并根据新城区、老城区的不同特性，实事求是地确定排水工程的近远期建设规划，以指导排水管网系统的建设及改造。此外，还应适时更新城市规划管理理念，将渗透、调蓄等措施体现在前期规划中（丁燕燕等，2012）。

城市规划要兼顾发展与防灾减灾。①明晰城市面临的灾害风险和承灾能力标准；②重视对城市市区内气候因子的变化特点和影响的评估，加大对气象灾害监测、信息处理和预测的资金投入，开展研究工作，提升灾害预测和评估的能力（吴正华，2001）。

需要做到强化施工治理管理。一套合理先进的雨水排蓄系统是保证城市畅通的基础。政府主管部门及各市政施工企业均应充分认识到地下排水管网的重要性，重视排水规划，严格按规划进行设计与施工，并加强施工质量管理，尤其是对"隐蔽工程"，如排水管渠工程的施工验收工作等（薛丽，2013）。

(6) 加强对城市雨水的调蓄和利用

如考虑在小区建下沉式花园，在城市低洼地带建广场，在暴雨来袭时将雨水暂时储存起来，在洪峰过后排入河道或回灌井。在市区建设绿地，在需硬化的地面铺设渗水砖，将雨水直接入渗，很好地补充了地下水（薛梅等，2012）。

刘树坤研究提出了一些具体的方式：利用各种运动场地，降低地面高程，平时作为运动场，降雨时作为蓄水池。为了蓄水时不造成危险，蓄水深度在半米左右，晴天后可用水泵将水抽出排走。利用公园绿地，降低地面高程，平时作为公园，雨天作为蓄水池。一般可以划分为若干区，按照降雨量的多少，逐步启用。利用楼房之间的空地，降低高程，平时可作为公共用地，雨天可作为蓄水池。另外可以修建地下水库调蓄雨水。对于房屋屋顶，也可以加以利用，在屋顶建设屋顶雨水调蓄设施，大型建筑物还可以把收集到的雨水处理后用作室内空调用水或者作为建筑物减震平衡箱用水。

(7) 加强预警预报，加大应急处理能力

与当地气象部门联合起来建立暴雨天气预报预警系统，及时掌握雨情，并向社会及时通报降雨情况和道路积水情况，便于市民选择出行路线。做好遭遇强降雨的演练，制订应急预案，增加机动的排水设施，在重点地段和可能出现危险的时候及时到位，将由暴雨造成的损失降到最小（薛梅等，2012）。

明确各管理部门的职责权限，确保各部门能按照预案统一指挥、统一调度，强排设施和抢险人员随时待命，随时巡查，并做到快速反应、快速应对（丁燕燕等，2012）。

(8) 加强排水设施的维护保养和宣传教育

建立统一协调的管理部门，统筹调度指挥工作，在日常时间内，做好雨水管网的定期维护和保养。例如，已知汛期即将来临，及时检修、清掏管网，保证管网的畅通。另外，加大教育宣传力度，提高市民爱护雨水设施的意识，增加责任感，做到不随意向雨水设施内倾倒垃圾，帮助管理部门监督举报破坏雨水设施的行为，保障雨水排放畅通无阻（薛梅等，2012）。

对于城市已建的排水管网系统应加强管理和维护，制订城市防汛排涝预案并落实具体措施，加强防范和宣传力度，让市民进一步了解城市排水设施现状和管理所面临的问题，增强市民爱护城市排水设施的自觉性和积极性（丁燕燕等，2012）。

从全民治理的角度上来解决问题（鞠宁松，2012）。对于城市尺度来说，防洪排水是一项较为复杂的工程，但是当具体到每一个小区、每一户人家时，却是可以集合力量，产生大的影响，如每一家、每一户平日里有条件的话，种植一些树木、花草；单位公司可以在环境区域内做好绿化工作。如果每个人、每个家庭、每个集体都行动起来，对城市的治理目标会做出巨大的贡献。

（9）应用综合措施治理内涝

城市内涝治理是一项特殊的系统工程，国内外的成功经验表明，只有采取综合的治理措施，才能达到较好的效果。破解城市内涝的难题，可以通过"渗、滞、蓄、用、排"5个字来实现（曾重，2013）。渗，有关部门在城市建设过程中，加大雨水渗透措施的建设力度；滞，通过建设城市湿地，减缓洪水的洪峰形成时间，减少洪峰峰值，避免超大洪水的出现；蓄，是指利用低凹地、池塘、湿地等收集雨水，既能减轻防洪压力，还能改善城市小气候；用，在雨水丰富的地区，利用雨水用于城市绿地灌溉、景观用水、消防、道路清洗等领域；排，建设畅通排水管道和河道，让雨水能顺畅地排出城区。

针对地形、地貌特征，认真研究城市排水系统中的截洪、分流和调蓄措施。作为城市蓄洪排水的重要载体，对具有涵养水源及景观价值的洼地、沟、塘、河道等应严格保护，不能随意填埋或侵占。此外，在适宜的地区建造雨水蓄水池，规划一定比例的蓄滞洪区，保留一定的蓄洪塘坝，也可以达到有效延缓雨水径流形成时间，削减洪峰流量的目的（丁燕燕等，2012）。

目前，正在修订的《室外排水设计规范》标准中进一步强化了内涝防治、排水系统排涝能力校核、雨水调蓄等方面的要求（鞠宁松，2012）。

1.6 暴雨径流模拟的重要性

随着城市化的发展和城市人口密度的增加，降雨带来的水文和水质问题对城市水体的影响越来越大（Tsihrintzis and Hamid，1997）。如何预测暴雨径流对城市环境的影响对于城市水资源的管理具有重要的意义。基于这一目的，降雨径流模型得到了广泛的应用（Kanso et al.，2006），常见的模型包括 CMSS（Davis et al.，1998）、SLAMM（Ventura，1993）、HSPF（Bicknell et al.，1993）和 SWMM 等。

城市暴雨径流模型是将整个研究区域分成若干个子流域，再将子流域按下垫面透水性划分为透水面和非透水面，分别进行产流计算并叠加，经地面汇流后就近汇入计算节点。以圣维南方程组模拟管网汇流，计算得出研究区内的地面淹水分布范围、水深以及淹水历时（张建涛，2009）。

从 20 世纪 40 年代提出降雨径流模型以后，已经有各种不同复杂程度的模型得到了发展。SWMM 是其中应用最广泛的模型之一。SWMM 是美国环境保护署为解决日益严重的城市排水问题所推出的暴雨管理模型（Huber，1992），此模型可仿真分析与城市排水有关的水量、水质问题。SWMM 根据排水系统的水流特性，分成地表径流及管道输水两部分，分别用非线性水库模型和圣维南方程来模拟，并通过一定的数值分析规则求解（赵冬泉等，2009）。

城市暴雨径流模拟分析系统可对暴雨产生的地面积水的分布范围、最大积水深度、淹水过程做出有效预报。张建涛通过上海市徐汇区台风"麦莎"暴雨的实际验证表明，模拟结果较为准确合理。该模型系统在城市防洪减灾方面有广泛应用前景和实际推广价值，对于城市洪水安全方案的制订有着科学的借鉴意义。

城市暴雨径流模拟系统具备的先进性、实用性、可靠性体现在两个方面：一是充分利用水文水力学科成熟和先进的技术，开发实用可靠且易操作的城市水情预报及仿真模型，建立一套完整的城市洪涝灾情预测、模拟、决策数学模拟计算系统；二是开发计算机编程技术和应用软件，直观和动态显示计算系统得出的水情和灾情的变化过程，可以迅速查询水情和灾情的基本特性，为城市防汛减灾提供支持（丁国川和徐向阳，2003）。

第 2 章 SWMM 研究进展与发展趋势

SWMM 是 20 世纪 70 年代 EPA 开发的一个比较完善的城市暴雨水量、水质预测和管理模型,可根据降水输入(雨量过程线)和系统特性(流域、泄水、蓄水和处理等)模拟完整的城市降雨径流过程,包括地表径流和排水系统中的水流、雨洪调蓄处理,以及受纳水体模式和水质影响评价等。城市雨洪模型主要有水文学模型和水动力学模型两大类型。水文学模型采用系统分析的途径,把汇水区域当作一个黑箱或灰箱系统,建立输入与输出的关系。水动力学模型建立在微观物理定律(连续性方程和动量方程)的基础上,模拟坡面的汇流过程。国内外的城市降雨径流模型较多,相对而言,SWMM 包含水文模块、水力模块、水质模块,能够对连续事件和单一事件进行模拟,模型适用性将比其他模型更加广泛。

2.1 模型基本介绍

SWMM 是一个基于水动力学的降水-径流模拟模型,并包含水质模块。核心模块包括径流模块、输送模块、扩展输送模块、调蓄/处理模块和受纳水体模块等。此外,SWMM 还包含多个服务模块:降水模块、统计模块、绘图模块、联合模块、运行模块以及执行模块等。SWMM 的结构如图 2-1 所示,运行流程如图 2-2 所示。

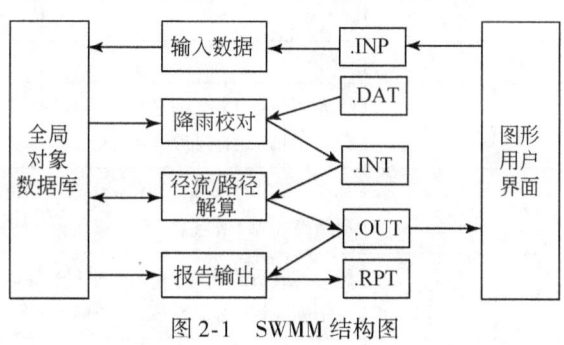

图 2-1 SWMM 结构图

SWMM 具有较好的灵活性,可以跟踪模拟不同时间步长任意时刻内每个子流域所产生径流的水量水质,以及每个管道和河道中水的流量、水深及水质等情况;可用于规划设计和实际操作,尤其适用于排水系统相对复杂的水质模拟;通用性较好,对城市化地区和非城市化地区均能进行准确的模拟;在具有地表信息和地下管道数据的情况下,既可对小流域进行模拟,也可对较大流域进行模拟;与其他模型相比,SWMM 的模拟结果与实测值更为接近,且模拟的径流量达到峰值所需的时间最短。综上所述,SWMM 可称得上是现阶段

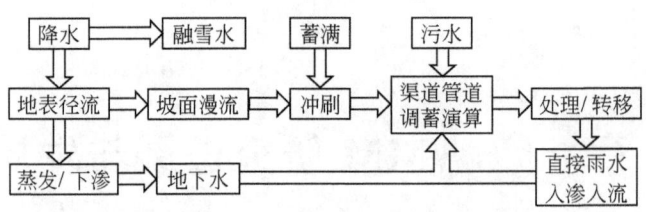

图 2-2 SWMM 运行流程

城市地表径流研究及污染负荷研究的最佳模型。

2.2 研究进展及应用

2.2.1 SWMM 应用现状

SWMM 是由 EPA 在 1971 年开始开发的第一个综合性城市径流分析模型，经过不断地完善和升级，目前已经发展到 SWMM 5.1.007，于 2014 年 10 月发布，其发展历程见表 2-1。该版本以 Windows 为运行平台，具有友好的可视化界面和更加完善的处理功能，可以对研究区输入的数据进行编辑，模拟水文、水力和水质情况，并可用多种形式对结果进行显示，包括对排水区域和系统输水路线彩色编码，提供计算结果的时间序列曲线和图表、坡面图以及统计频率分析结果等。在世界范围内广泛应用于城市化地区暴雨洪水、合流制管道、污水管道以及其他排水系统的规划、分析和设计（王海潮等，2011a）。

表 2-1 SWMM 发展历程

时间	版本	开发机构	改进
1971	SWMM 1	M&E, UF, CDM	—
1975	SWMM 2	UF	引入 Extran 模块，可以按指定路线输送水流，分析更全面（Daeryong et al, 2006）
1981	SWMM 3	UF, CDM, OSU	地区的灵活性增强（Extran 中自然通道横截面）；对某些特征模拟更精确（地下水流路径）；资料输入输出更方便（Wayne, 1988）
1988	SWMM 4	UF, CDM, OSU	地区的灵活性增强（Extran 中自然通道横截面）；对某些特征模拟更精确（地下水流路径）；资料输入输出更方便（Wayne, 1988）
2004	SWMM 5	EPA, CDM	相应水质分析得到提高（Roger, 2006）
2014	SWMM 5.1	EPA	增加 Low Impact Development (LID) 模拟功能

注：M&E 为麦特卡夫–埃迪有限公司；UF 为佛罗里达大学；CDM 为清洁发展机制；OSU 为俄亥俄州立大学；EPA 为美国环境保护署

2.2.2 国内外研究进展

国外对于 SWMM 的研究几乎与其开发历史相当。Marsalek 等（1975）对美国 3 个流域 12 场暴雨事件的研究，结果表明 TRRL、SWMM 和 UCURM 模型在典型小流域模拟结果与实测径流较为接近。国内 1990 年以后开始对 SWMM 进行研究。叶为民等（1990）翻译了 C. Baffaut 和 J. W. Delleur 的《校正洪水管理模型的专家系统》一文，开启了国内对 SWMM 的研究与应用历程。相对于国外而言，国内虽然对 SWMM 研究起步较晚，有对各种模型分析对比的研究，但是对参数敏感性分析、自动率定、与 GIS 耦合等已形成一定的理论研究体系，为 SWMM 的进一步完善奠定了基础。SWMM 强大的功能和免费易上手的特点，使其得到了全世界的认可和广泛应用，主要包括以下几个方面：雨洪模拟、水质模拟和低影响开发效果评估。

2.2.2.1 国外研究进展

（1）雨洪模拟方面

SWMM 自 1971 年被美国环境保护署开发出后，很快获得了广泛关注，并被投入应用。初期只是用于单纯的雨洪过程模拟和一些验证性、参数不确定性研究。Meinholz 等（1974）将 SWMM 应用于分析美国威斯康星州雷辛市的下水道涌水情况，并分析比较 3 种处理措施的效益。Liong 等（1991）用 SWMM 模拟预测了新加坡一实验区的降雨径流过程，取得了良好的模拟效果。Ibrahim 和 Liong（1993）将 SWMM 用于预测新加坡武吉知马流域的雨洪过程，得到了较理想的预测结果。同年，Lei 等（1994）进行了 SWMM 参数不确定性研究，为建立 SWMM 模型的参数选择提供了依据。

20 世纪初，SWMM 在对城市雨洪过程方面的模拟结果得到了进一步的肯定和证明，以 SWMM 为基础的城市水文分析、优化研究也得到了进一步的发展。另外，部分学者转向将 SWMM 与其他模型、算法结合研究，以期扩展模拟范围、提高精确度：Barber 等（1994）将 SWMM 与 GIS 结合，模拟计算了美国密苏里州堪萨斯市的 3 个流域的雨洪过程。Loganathan 等（1994）将 SWMM 应用于滞留池的水文效应研究，模拟效果良好。Liong 等（1995）采用遗传算法为 SWMM 寻找参数，并选取了新加坡 6 场典型暴雨进行了建模和验证，得到了预测精度更高的结果。Sherman 等（1998）根据 SWMM 模拟结果提出了改善底特律区域排水系统的方案。Shamsi（1998）提出了一种将 ArcView 软件与 SWMM 结合的方法，以提高模型精度。Balascio 等（1998）用遗传算法和多目标编程优化校准了 SWMM 模型，提高了雨洪预测的精确度。

随着 SWMM 精度的提高，模型本身也得到了设计者的不断改进。TenBroek 等（1999）分析总结了这些改进，并做了参数不确定性研究。Campbell 和 Sullivan（1999）用 SWMM 模拟了美国亚拉巴马州斯蒂芬斯峡洞的降水径流过程，以计算地表径流到达峡洞后的损失量。Newman 等（2000）用 SWMM 进行了滞留池的削减污染效益研究。Kug 和 Lee（2003）以韩国大田市为例，分析了不同城市化程度、设计暴雨情景下，城市流域的水文过程。

Camorani 等（2005）用 SWMM 预测了意大利博洛尼亚市附近小流域在 3 种不同土地利用条件下的水文过程。Dong Xin 等（2008）研究了在不透水表面下 SWMM 参数的确定方法。Delfs 等（2010）将 OpenGeoSys 软件与 SWMM 结合，提供了一种地表-地下径流联合分析的方法，并用乌克兰西部 Poltva 流域的数据加以验证。Piro 等（2010）分析了意大利 Cosenza 市的排水系统并提出了优化方案。Chow 等（2012）用升级后的 SWMM 分别模拟了住宅区、商业区和工业区 3 种城市流域的雨洪过程和水质变化，模拟结果与原始数据吻合良好。Liu 等（2013）结合 SWMM 和 IHACRES，以美国俄亥俄州哥伦布市部分区域为例，研究了城市河流的基流特性。Huong 和 Pathirana（2013）以越南芹苴市为例，用 SWMM 模型分析了城市化及气候变化对流域雨洪过程带来的影响。Vander 等（2014）用 SWMM 成功模拟了澳大利亚悉尼市西部的雨洪过程。

（2）水质模拟方面

SWMM 应用于水质模拟初期以单纯的验证性研究为主，Jewell 等（1974）用 SWMM 对美国马萨诸塞州一区域内城市暴雨径流的悬浮固体含量进行了模拟分析。Warwick 等（1991）分析验证了 SWMM 预测雨洪过程的可靠性，并指出软件计算出的固体悬浮物含量偏低。Pandit 和 Gopalakrishnan（1997）用 SWMM 分析了美国佛罗里达州坦帕市的非点源污染负荷。Walters 和 Thomas（1998）将 SWMM、ArcInfoGIS 和 WASP 结合，用于分析牙买加 Kingston 港的点源和非点源污染负荷，得到了较好的模拟效果。Tsihrintzis 和 Hamid（1998）以 SWMM 为基础，对美国佛罗里达南部的城市流域进行了水质预测，结果与实测数据吻合较好。Zug 等（1999）将 SWMM 用于模拟分析 5 个差异显著的流域的降水径流污染，并用大量数据进行了校验。

21 世纪初，随着 SWMM 在水质模拟方面的功能被认可，并逐步投入到与其他模型结合的研究中，将该功能作为基础参与到影响水质因素的评估研究，包括 2012 年以后 LID 措施改善水质的效益研究。Burian 等（2001）将 SWMM 与 CIT 模型结合，用于模拟分析美国洛杉矶地区大气和雨洪过程中含氮物质的输移过程。Endreny（2002）将 SWMM 模型与 HSPF、P8 和 TOPLATS 三个模型结合，提出了模拟分析城郊地区降水径流污染的方法。Patrick 等（2002）以美国明尼苏达州双城大都会区域为研究对象，构建 SWMM 模型对区域内的污染物浓度、季节和土地进行了分析，发现污染物的平均浓度在融雪径流中比在降水径流中高，几乎所有污染物浓度的季节性差异都很大。Heui 等（2005）用 SWMM 模拟分析了韩国全州的降雨径流面源污染负荷。Jang 和 Park（2006）结合 SWMM 与 GIS，以韩国一小流域为例，分析了联合下水道溢流对城市径流非点源污染的影响。Temprano 等（2006）分析了西班牙桑坦德水质污染情况，得到了精确度较高的模拟结果。Smith 等（2007）以 SWMM 水质模块为基础提出了控制城市降水径流污染的最优方案，包括成本和效率两个方面的考量。Lee 等（2010）将普遍使用的两个水质分析模型 HSPF 和 SWMM 进行了对比，得出在时间步长以小时为单位的条件下，HSPF 更为有效。Shon 等（2013）以韩国釜山市为例，用 SWMM 研究了不同土地利用方式对非点源污染负荷的影响。Heineman 等（2013）为波士顿的排水管道建立了 SWMM 水质模型，模拟效果良好。Piro 和 Carbone（2014）建立了意大利科森扎部分区域的 SWMM 水质模型，分析了当地固体悬浮颗粒的冲刷和输移过程，并用 8 场暴雨过程进行了验证，模拟效果良好。这一年还有很多学者用 SWMM 做了控制非点源污染措施效益方面的评估研究。

（3）低影响开发方面

Villarreal 和 Annette（2004）在人工模拟 0.5 年、2 年、5 年和 10 年重现期降水强度的条件下对中心城区的雨洪管理措施效果进行了模拟，发现绿色屋顶能够明显减少屋顶的径流量，并且滞留塘对削减 10 年一遇的降水产生的洪峰流量也很有效。Laurent 等（2012）以印第安纳州波利斯两个流域为研究对象，验证了改造雨水管道和铺设透水路面等 LID 措施对缓解城市内涝的效果显著。Shon 等（2013）以 SWMM 为基础，研究了工厂区 LID 措施减缓非点源污染的效果。Daeryong 等（2014）构建了韩国蔚山广域市 SWMM，探讨了 3 种调蓄池（标准分别为 2 年一遇、10 年一遇、100 年一遇降水）所需的规模以及可调蓄的区域范围，并对其建筑、土地费用以及直接经济利益做比较，结果表明，设计标准为 2 年一遇的调蓄池盈利最多。

2.2.2.2 国内研究进展

（1）雨洪模拟方面

国内 1990 年以后开始对 SWMM 进行研究，并以各种典型城市为例开展研究，证明了 SWMM 可以良好地模拟国内许多城市的雨洪过程。近年来以 SWMM 为基础应用于城市雨洪模拟方面的研究蓬勃发展，同时也有很多研究者致力于 SWMM 与其他模型的耦合，以期取长补短。

刘俊和徐向阳（2001）首先将 SWMM 投入应用，建立了天津市的产汇流模型，并用王顶堤小区和纪庄子实验区的观测数据对模型进行了参数率定和检验，对天津市区二级河道进行了排涝模拟，并计算出市区内有关控制断面的出流过程。任伯帜等（2006b）采用 SWMM 对长沙市霞凝港区 3 场降水径流过程进行模拟，证明该模型在港区小流域雨洪分析中有较高的精度。丛翔宇等（2006）基于 SWMM，对北京市典型小区的暴雨过程进行了模拟分析，并计算出不同绿地形式和道路条件对径流量的影响。章程等（2007）以桂林丫吉为例，验证了 SWMM 可以用于模拟预测岩溶峰丛洼地系统的降雨径流过程。吴月霞等（2007）模拟了重庆金佛山水房泉的两种降水径流过程，与实测数据吻合较好，证明了 SWMM 可以用于岩溶区的雨洪模拟。赵冬泉等（2008）基于地理信息系统（GIS）对 SWMM 城市排水管网模型进行快速构建，并在澳门某小区进行了应用和案例分析。陈鑫等（2009）运用 SWMM 对郑州市区 184.85hm² 的区域进行了雨洪模拟，对城市排涝与排水体系重现期衔接关系进行了分析研究。

黄卡（2010）利用 SWMM 和实测资料，推求了南宁心圩江的暴雨洪水过程，并据此提出城市排水的优化方案。同年，胡伟贤等通过理论分析证明了 SWMM 可应用于模拟山前平原区城市的雨洪过程，并用济南市 15 场暴雨的实测数据进行了检验，模拟结果良好。牛志广等（2012）将 SWMM 与 WASP 结合，实现了华北某生态小镇的雨洪过程及水质变化过程的模拟。宋敏等（2011）将 SWMM 应用于模拟珠江三角洲地区城市雨洪过程，并据此提出削减洪峰流量的方法。张杰（2012）用 SWMM 与 GIS 结合，模拟验证并预估了郑州市的暴雨内涝灾害。同年，张胜杰等根据北京地区的数据，对 SWMM 的水文数据进行了敏感性分析，为在其他研究区域建立模型提供了参考。付炀（2013）将 SWMM 与 Infoworks CS 结合，模拟计算了长沙市南湖路的排水系统在暴雨条件下的工作状况，并提出了改进方法。边易达（2014）将 SWMM 与 HEC-HMS 模型耦合，模拟分析了济南市小区域内的排水系统。

（2）水质模拟方面

经过国内各地模拟验证，证明 SWMM 可以良好地模拟区域内水质变化过程。但国内以 SWMM 为基础的城市优化、措施评估类研究还较少。林佩斌（2006）用 SWMM 模拟了深圳市的面源污染过程，分析了河流水质受到的影响。同年，邹安平等也基于 SWMM 对深圳市的面污染和点污染情况进行了模拟分析。王志标（2007）用 SWMM 模拟了各种条件下重庆棕榈泉小区的非点源污染负荷，结果与监测数据匹配较好。李家科（2009）以 SWMM 为基础，定量计算了渭河流域的非点源污染负荷。同年，齐苑儒模拟了西安市小区域内的非点源污染负荷。金蕾等（2010）论证了 SWMM 可以用于估算北京市的非点源污染负荷。韩娇（2011）以东莞市牛山汇水区为例，以 SWMM 为基础进行了城市降雨径流面源污染动态模拟，并用监测数据检验，得到的结果精度较高，证明了该模型的可靠性，为城市面源污染控制分析提供了依据。同年，姜体胜等用 SWMM 分析了不同降水量情况下城市降水径流总悬浮固体量（TSS）的变化。张倩等（2012）利用 SWMM 研究了截流式合流制降水径流污染。马晓宇等（2012）构建了温州市典型住宅区非点源污染负荷计算的 SWMM，分析了在不同降水条件下非点源污染总悬浮固体量、重铬酸钾作氧化剂化学耗氧量（COD_{Cr}）、总氮（TN）含量和总磷（TP）含量的污染负荷量及其累积变化过程。结果表明，SWMM 的模拟值可以较好地与实测值相吻合，4 种污染物模拟的相对误差均小于 10%。

（3）低影响开发方面

我国运用 SWMM 解决了各种水文问题，除城市化地区外，还广泛应用于小流域、地下室、屋顶绿化等方面。陈守珊（2007）以天津市为例，应用 SWMM 讨论了几种雨水利用模式及其可行性，计算出了雨水利用带来的削洪和供水效益。贾海峰等（2014）以 SWMM 为基础，提出了一系列城市降水径流控制低影响开发最佳管理措施（LID BMP）。晋存田等（2010）采用 SWMM 对北京某区域内铺设透水砖和采用下凹式绿地措施，对排水管道主要断面洪峰流量的变化进行了分析计算，结果表明，两种措施均可有效削减洪峰流量，减小径流系数；但下凹式绿地在降水频率较大的地区效果较好，透水砖则在降水频率较小的地区效果较好。李岚等（2011）用 SWMM 研究了下凹式绿地、透水砖等构造对城市雨洪过程的影响。桑国庆等（2012）以济南市某小区为例，采用 SWMM 分别对雨洪滞留池和蓄水池模式下的城市雨洪过程进行了动态模拟。结果表明，雨洪滞留池侧重于洪水调节，蓄水池利用自身容积对雨洪进行调节，相比雨洪滞留池其侧重于洪水利用。在实际应用中，应根据不同雨洪控制利用目标，结合区域水文特征、下游最大允许流量及工程经济等选择适宜的雨洪控制与利用模式。何爽等（2013）用 SWMM 评估了单个、组合 LID 措施下的雨洪控制利用效果。王昆等（2014）基于 SWMM，研究并提出了渗渠措施的补偿机理。2014年还有很多学者用SWMM检验或提出适合某区域的LID措施，取得了较为良好的模拟效果。

2.3 SWMM局限性

SWMM自推出以来，在世界各地都获得了广泛的应用，为各地的雨洪管理、水质分析、雨水利用措施影响提供了可靠的技术支持，但模型仍存在局限性。在解决实际工程问题中结合其他模型或组件，将SWMM的应用充分最大化，通过和各种模型的分析比较，发现了SWMM存在的不足主要体现在如下几个方面：①水文过程物理规律不全面，没有蒸发模型。②不是一个完整的城市雨水综合管理模型，没有沉积物运移或者侵蚀过程，不能模拟污染物在地表和排水管道中运移时的生化反应过程，不能用于地表下的水质建模；仅能反映土地覆被类型面积比例的变化对地表径流和非点源污染的影响，不能反映土地利用格局变化的影响。③缺乏地表地下耦合机理。缺乏地表径流与地下管网排水的数据交换，只能进行一维集总式流量运算，运算无法脱离推理计算方法。④对模型输入数据要求较高。当难以获取实时数据和大量基础数据时，模拟很难进行，影响模型对实际问题的解决。⑤水动力模型的功能有限，难以直接计算出淹没深度。

2.4 发展趋势

2.4.1 SWMM衍生模型

鉴于上述SWMM的一些局限性，近年来在EPA SWMM的基础上，众多公司开发了各种衍生模型（王海潮等，2011b），见表2-2。

表2-2 SWMM衍生模型

模型名称	开发机构/个人	改进
MIKE URBAN	DHI	和GIS界面完全整合；可自动率定；包含生物过程模块，可模拟化合物反应过程
PCSWMM	CHI	可直接将SWMM数据导入GIS；方便SWMM的更新升级；可进行参数敏感性分析
XPSWMM	XP Soft	引入二维模拟；XP界面代替嵌入式专家系统；与CAD、GIS有良好的接口；在原有SWMM动力波解决的方面有所增强
InfoSWMM	MWH Soft	可轻松处理节点和链接较多的系统，有着超强的模拟功能
OTTSWMM	Wisner, Kassem	适用于双排水系统模型，可同时解决主要和次要系统流动方程

注：DHI为丹麦水力研究院；CHI为国际水力计算所；XP Soft为XP软件有限公司；MWH Soft为美华软件公司

(1) MIKE URBAN

MIKE URBAN是丹麦水力研究院（DHI）结合SWMM 5和EPA NET（标准模拟供水

管网软件）开发的软件，基于 MOUSE 模型界面，与 GIS 用户界面做到了完全的整合。MIKE URBAN 主要是利用 DHI 公司的水动力模块，以克服 SWMM 模拟水动力过程的缺陷，可用于任何忽略分层的二维自由表面流的模拟；从 SCADA 系统获取数据进行在线分析，模拟结果（包括水动力、水质和能量消耗）实时在用户界面上显示；诊断最易发生淤积的管道和城市暴雨时最易发生洪水的地点；描述多种化合物系统的反应过程，包括有机物的降解、空气和污水管网需氧量的氧交换等。但是，MIKE URBAN 在水质模拟过程（包括水质处理）中，不像模拟水流一样细致，且在无缝集成方面有所欠缺，单独的水流之间运行时的反馈难以获取；在选择水源和供应优先级上有所限制，自由度不大。

实际应用中，马洪涛等（2008）针对城市积水问题，提出了基于 MIKE URBAN 的应急排水措施制定方法，为有效准确地制订城市积水应急预案提供了基础，并在北京市奥运中心区进行了应用。韩冰等（2011）基于 MIKE URBAN 软件建立了上海市浦西世博园区供水管网水力、水质模型，评估了管网系统正常运行时的工况，对消防事故预案进行分析，发现水质问题后，通过模型予以解决，保障世博园区（浦西）的供水安全。

（2）PCSWMM

PCSWMM 是国际水力计算所（CHI）开发的 SWMM 计算引擎界面，专为 SWMM 引擎更新而设计。PCSWMM 加入了敏感性分析，可以在基于降水量（包括雨量分布图）和其他气象输入，以及系统属性（集水区、运输、存储/处理等）的基础上，精确地模拟真实暴雨事件，从而预测雨水径流在数量和质量方面的特性；引入了 GIS 接口程序，不使用 SWMM 引擎，可直接将 SWMM 中的输入洪水高程导入至 GIS 数据库，从而有效减少模拟一次降雨事件浪费的时间。但是，PCSWMM 在模拟透水比例较高的非城市化地区时，不管模拟时间是干燥的夏季还是湿润的秋季，流量都普遍偏低。

实际应用中，Tillinghast（2011）选取了 House Creek Watershed 一个 12.9acre[①] 的流域作为研究区域，选用 SWMM 5.1 和 PCSWMM，通过研究河道护坡、特定横截面、河段的卵石、流域土地等，估算临界流量、允许的年度侵蚀小时数及允许的年度河道每单位宽度侵蚀推移质沉积物量。

（3）XPSWMM

XPSWMM 是 XP 软件有限公司（XP Soft）基于 SWMM 开发的软件，包括暴雨、污水排水系统（包括污水处理厂）的水文、水力、水质分析。XPSWMM 将二维分析引擎 TUFLOW 作为 XP 二维模块，可用于二维曲面模型；建模系统包含图形用户界面和分析引擎以及 CAD/GIS 类型接口和数据管理工具；对计算引擎有单一的接口，可以进行强大的水力水质运算；支持用一系列图形对象（链接与节点）代表物理系统，可以处理只有照片可用的大项目；有完整的后处理程序，可以进行最佳管理措施仿真模拟等。但是，XPSWMM 无法模拟地下水在集水区之间的交互；模型以库朗数为指导，避免数值衰减，但选取的时间步长对此影响较大；软件绘图模块从第三方购买，漏洞多，没有基础选择，

---

① 1acre≈0.4047hm^2，下同。

数据展示不完善。

实际应用中，Leonard 和 Madalon（2007）在世界环境和水资源会议（World Environmental and Water Resources Congress）上展示了他们用 XPSWMM 评价雨水最优管理措施对子流域和集水区的影响的成果。

（4）InfoSWMM

InfoSWMM 是美华软件有限公司（MWH Soft）基于 SWMM 开发的无缝集成 GIS 技术与先进网络建模技术支持的软件，可以保证工程解决方案的成本效益。InfoSWMM 可以有效管理城市雨水和污水收集系统，具有城市雨水和污水分析和仿真功能；跟踪每个支流集水区径流的质量、流量及水深，模拟包含多个时间步数阶段的每个管道和渠道的水质，允许回水效果的模拟；能够求解完整的动力波方程，轻松地管理含有大量节点和链接的系统。但是，InfoSWMM 需要的输入参数较多，当数据资料不充分时，难以进行精确地建模和模拟；模型使用显式解决方案求解圣维南方程，可能会带来不稳定性；价格相对昂贵，一次购买只能获得一个许可证。

实际应用中，Joshua 等（2008）以芝加哥 Oakdale Avenue 流域的一个 12.9acre 的集水区为研究区域，分析了不同程度的管道和支流集水区聚集对简化混合排水系统的影响。研究中，作者选用了 HEC-HMS、InfoSWMM、ILLUDAS 等模型，指出 InfoSWMM 是研究中最复杂的模型，但是使用最简单，而且提供了友好的界面去分析水文、水力行为，解决了系统中沟渠里水流的完全动力波模型。

（5）OTTSWMM

OTTSWMM 是 Wisner 和 Kassem（1982）基于 SWMM 开发的适合双排水系统模拟分析的软件。OTTSWMM 主要和次要的排水系统不需要平行或者处于同一方向，雨水管道路线被看作自由表面流；对于小的系统超载，用户可以限制雨水管道进口或逐步扩大管道去携带流量。但是，OTTSWMM 无法模拟管网的回水、逆流，只有与 SWMM 的扩展模块结合，才能采用完整的动态波解决更为复杂的超载问题，同时需要在雨水口处有流量限制设备，保证雨水管网中都是自由表面流。

实际应用中，Wisner 等（1984）证实当利用限制路缘进水口去减少超载的同时，也加大了主要排水系统中的水流。Pankrantz 等（1995）用 SWMM、OTTHYMO-89 和 OTTSWMM 三种双排水建模方法处理复杂的加拿大埃德蒙顿街道洪水情况，结果表明，OTTSWMM 可以对较低的地区街道洪水进行充足的模拟。

2.4.2　SWMM 应用展望

虽然众多版本的版本升级已使 SWMM 趋于完善，但在未来的发展中，SWMM 应更加关注水文过程规律研究、拓展 SWMM 处理范围、增加二维或三维动态模拟和实现无充足资料地区数值模拟等方面的改进，以期更加真实地模拟城市水文过程。若 SWMM 能克服模拟水动力过程的缺陷，将拥有更加广阔的应用空间。

SWMM 的局限性及衍生模型对 SWMM 的改进，为今后 SWMM 的发展研究提供了方向。①进一步研究水文过程物理规律。SWMM 是一个概念性水文模型，水文过程物理规律目前还未完全表述，一定程度上限制了 SWMM 的发展。②拓展 SWMM 处理范围。引入泥沙沉积模块，提高对暴雨径流中泥沙和污染物的模拟能力，包括对地表侵蚀冲刷和管道中泥沙和污染物运动、污染物与泥沙相互作用，以及污染物在地表和管道中生化反应过程的模拟，提高对水质分析的精确度；引入地表下的水质分析模块，对地表下水的质量、运动路线进行建模；引入土地分析模块，模拟不同土地类型、土地利用格局带来的影响。③地表地下耦合求解。实现地表径流与地下管网排水之间的数据交换，耦合求解水动力模型，使模型能够精确计算出内涝淹没深度。④无充足资料或无资料地区数值模拟。在 SWMM 中应探讨在无充足资料或无资料情况下模拟城市地表径流污染负荷的途径和方法，并能处理只能获取照片资料的工程。⑤克服 SWMM 模拟水动力过程的缺陷，在城市内涝模拟中将发挥更大的作用。

2.5 模型对比分析

SWMM、InfoWorks CS、MOUSE 已经被国内众多机构和学者所使用，因此作为模型使用者来说，遇到实际问题时如何选择合适的模型就成为了一个难题。表 2-3 从不同角度对 SWMM、InfoWorks CS、MOUSE 进行了对比分析，提供了一种比较机制，模型使用者可以根据实际情况来进行对比选择。

表 2-3 SWMM、InfoWorks CS、MOUSE 对比

对比因素	SWMM	InfoWorks CS	MOUSE
气象信息输入入流	降水，温度，蒸发，风速，融雪，节点入流	降水，温度，蒸发，风速，融雪，节点入流	降水，温度，蒸发，风速，融雪侧向入流，节点入流
产流模块	Green-Ampt 模型，Horton 模型，SCS 曲线	固定比例径流模型，Wallingford 固定径流模型，新英国径流模型，SCS 曲线，Green-Ampt 模型，Horton 模型，固定渗透模型	时间面积曲线，运动波，线性水库，单位线，长系列模拟（额外流量；RDI 模型）
汇流模块	美国非线性水库模型	双线性水库（Wallingford）模型，大型贡献面积径流模型，SPRINT 径流模型，Desbordes 径流模型，SWMM 径流模型	
地下水模块	两层地下水模型	无	地下水库（RDI 模型）
渠道模块	稳定流，运动波，动力波	圣维南方程组（Preissmann 求解）	动力波，扩散波，运动波
水质模块	地表径流水质污染物运移	生活、工业污水，污染物运移	地表径流水质，废污水，污染物运移、降解
泥沙沉积	无	分永久沉积和泥沙运移两层（管道）	地表沉积，管道沉积，泥沙运移

续表

对比因素	SWMM	InfoWorks CS	MOUSE
旱流模块	节点入流定义旱流量（不涉及水质），渠道入渗，人工设定模拟步长	居民生活污水，工业废水，渠道入渗，自动设定模拟步长	废污水，渠道入渗，人工设定模拟步长（线性水库）
工程措施	管道，堰，孔，闸门，蓄水池，泵站	管道，堰，孔，闸门，蓄水池，泵站	管道，堰，孔，闸门，蓄水池，泵站
二维模块	无	二维地面洪水演算模型	二维漫流模型
数据接口	与图片进行对接	与GIS、AUTOCAD、Google Earth实现对接	与GIS、AUTOCAD、Google Earth实现对接
所有权/免费/定制	免费	付费	付费

总结起来，SWMM 具有简单、实用、容易上手的特点。其不仅适用于城市管道水力学模型构建，同样适用于明渠水力学模型构建；更加适用于多种土地利用下垫面情况，用户可以免费使用并获得源代码对模型进行定制；由于起步较早，对 InfoWorks CS、MOUSE 的软件开发具有一定的借鉴意义。

InfoWorks CS、MOUSE 功能强大，操作起来相对复杂；具有良好的前处理、后处理程序，动态结果展示更加直观；产汇流模型可选择余地较多，适用性更好；实现了与 GIS、AutoCAD 等专业软件的对接；更加适用于城市管道水力学模型构建；需要付费，不能进行定制。三个软件都没有与 RS 专业软件的数据接口，其主要原因是遥感技术正处在一个蓬勃发展时期，在城市水文循环方向的应用还不成熟，依然处在探索阶段。随着 RS 技术的成熟与应用范围的更加广泛，与 RS 专业软件的结合将成为城市雨洪模型的发展趋势（王海潮等，2011a）。

第3章 SWMM 结构、原理及操作

3.1 SWMM 结构及功能

SWMM 是一个动态的降水-径流模型,主要用于对城市某一单一的降水、径流和污染负荷的模拟。汇流模块则通过管网、渠道、蓄水和处理设施、水泵、调节闸等进行水量传输。模型可以对不同时间步长任意时刻每个子汇水区所产生径流的水质和水量进行跟踪模拟,同时也可以对每个管道和河道中的水流、水深及水质进行模拟,如图3-1所示。

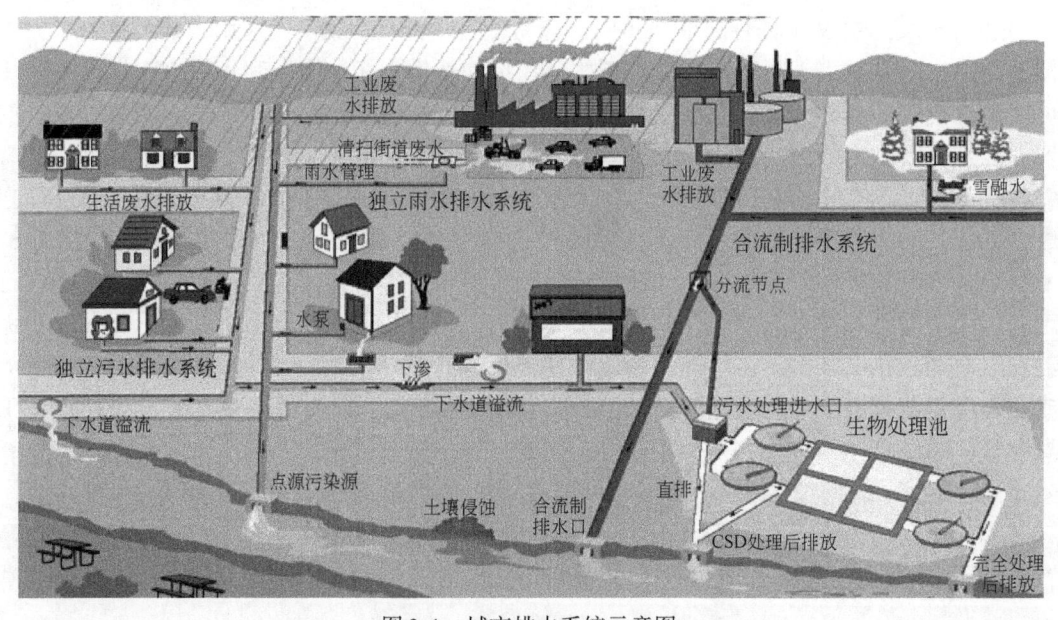

图 3-1 城市排水系统示意图

模型将排水系统概化为径流和物质（主要是污染物）在不同功能模块之间的运移,并将排水系统概化为具有不同功能的模块,这些模块包括大气模块、地表模块、地下水模块和运移模块。大气模块主要接受降水数据,来自大气的降水和污染物通过大气模块可直接进入地表模块,沉淀物堆积在地表环境中,在模型中,地表模块的输入数据接口是雨量计;地表模块的主要功能是模拟水流在地表的运动,接受来自大气模块降水产生的径流,并将径流通过下渗的方式将水流传送到地下水模块,同时也将地表径流和污染物输送到运移模块;地下水模块主要模拟地下水在含水层的下渗过程,将下渗的水量输送到运移模块；运移模块是模型的核心模块，其主要功能是模拟水流和物质在管道或河流之间的运移过程，运移模块由一系列具有传输性质的设施或具有储水和处理性质的设施组成（尹炜和卢路，2014）。

3.2 SWMM 模拟能力与模拟原理

3.2.1 模型模拟能力

SWMM 在功能模块中可以处理以下过程：模型通过地表模块处理城市径流发生时的各种水文过程；利用运移模块模拟地表径流和外来水流在管道、渠道、蓄水和处理设施以及分水建筑物等输水系统中的流动，同时模拟产流、汇流过程中产生的水污染负荷量。

水文过程模拟。模型可以处理包括时变降水量、地表水蒸发、积雪与融雪、洼地对降水的截留、降水在不饱和土壤层中的下渗、下渗对地下水的补给、地下水与排水系统之间的水量交换、非线性水库法计算坡面汇流量以及模拟各种使降水和径流量减少或延缓的各种低影响开发（low impact development，LID）等十余种过程。

水力过程模拟。模型可以处理无大小限制的排水网、水流在河道和各种封闭式管道和明渠中的运动、模拟蓄水和处理设施、分流阀、水泵、堰和排水孔口等一些特殊设施、接受外部水流和水质数据的输入。输入数据包括地表径流、地下水量交换、降雨所产生的渗透和入渗、晴天排污入流以及用户自定义的入流、应用动力波或完整的动力波方程进行汇流计算、模拟各种形式的水流，如回水、溢流、逆流和地面积水等，以及应用用户自定义的动态控制规则控制水泵、孔口开度、堰顶胸墙高度等进行模拟。

水质模拟。模型在模拟产流/汇流过程时，同时可以对产生的水污染负荷量进行处理，可以处理以下过程和项目：晴天时不同土地利用类型污染物的堆积过程；降水对指定土地利用类型污染物的冲刷过程；降雨沉积物中的污染物；晴天由于清理街道导致污染物的减少量；由于采取最优管理措施（best management practices，BMP）对冲刷负荷的减少量；排水管网中任意地点晴天排污的入流和用户自定义的外部入流；对排水管网中水质进行演算；经过储水单元中处理设施的处理，或者在管道、渠道、河道中由于自然净化作用而导致水质项目污染负荷的减少。

3.2.2 水文过程模拟原理

水文过程模拟是在子汇水区基础上完成的。子汇水区又称子流域（对流域）或子汇水面积（对城市），是模型中最小的水文响应单元。子汇水区被划分为透水区域和不透水区域两部分。地表径流透过透水区域上表层下渗，但是不能通过不透水区域表面。不透水区域也分为两部分：一部分是具有蓄水功能的区域；另一部分是不具备蓄水功能的区域。同一个子汇水区中,透水区域和不透水区域之间的水流可以相互流动,但两者的水流都流向同一个排水口。

3.2.2.1 地表径流计算

地表产流计算采用非线性水库法,通过联立连续性方程和曼宁方程求解方程组,得到地表产流量。

在模型中,每个子汇水区被概化成一个非线性水库,如图3-2所示。子汇水区输入项包括降水,流出项包括下渗水量、蒸发水量和向下出流水量。最大洼地蓄水量为水库最大可容水量,在现实中最大蓄水量包括洼地滞水量、植被截留水量等。如图3-2所示,当蓄水深度超过最大洼地蓄水深d_s时,地表才出现径流,计算公式如下:

$$\frac{\mathrm{d}V}{\mathrm{d}t} = A\frac{\mathrm{d}d}{\mathrm{d}t} = Ai^* - Q \tag{3-1}$$

式中,V为总蓄水量(m³);A为子汇水区面积(m²);t为时间(s);d为水深(m);i^*为净雨量(m);Q为径流流量(m³)。

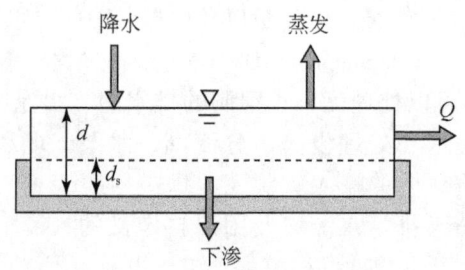

图3-2 模型地表产流示意图

其中,将径流流量代入曼宁公式进行计算:

$$Q = W\frac{1.49}{n}(d-d_s)^{\frac{5}{3}}S^{\frac{1}{2}} \tag{3-2}$$

式中,W为子汇水区宽度(m);n为子汇水区曼宁系数;S为子汇水区坡度;d_s为最大洼地蓄水深。

蓄水池中的水量和水深随时间变化而变化,计算机最后根据水量平衡方程计算水量和水深。

3.2.2.2 下渗水量计算

下渗是降水通过子汇水区透水区域地表进入下层土层的过程。SWMM提供经典霍顿方程、修正霍顿方程、格林-安普特方程、径流曲线数值方法4种计算方程对下渗进行模拟。

(1)霍顿方程

霍顿方程是根据长期试验观察经验得出的方程,其原理如下:在一个长历时降水事件过程中,下渗衰减指数从初期的最大下渗速率减小到某一最小值。输入参数包括:最大和最小下渗速率、用来描述速率随时间变化的衰减系数以及土层从完全饱和到完全干燥所需要的时间（用来模拟晴天下渗速率的恢复情况）。其计算方程如下。

$$f = f_t + (f_0 - f_t) e^{-kt} \tag{3-3}$$

式中，f_0 为初始下渗速率（最大下渗速率）（mm/h）；f_t 为稳定下渗率；k 为下渗衰减系数（1/h）；t 为下渗历时（h）。

（2）修正霍顿方程

修正霍顿方程是经典霍顿方程的修正版本，其目的是提高计算精度。当发生较小强度降水时，变量参数采用最小速率时的积累下渗量代替长系列霍顿曲线数，以提高计算精度。

（3）格林-安普特方程

格林-安普特方程在模拟下渗时，假定土壤层中存在一个将初始土壤含水层与饱和土壤含水层分割开来的湿润锋，湿润锋位于两者之间。计算时，将土壤分为非饱和区域和饱和区域两部分，两部分下渗水量分别进行计算。输入参数包括：初期土壤含水量、水力传导度以及湿润锋的水头高（深）。下渗水量计算方程如下。

当净降水量 I < 土壤饱和含水量 Q 时，没有下渗水量产生。

当土壤饱和含水量 Q_m > 净降水量 I > 土壤含水量 Q 时，$f=I$，下渗计算方程为

$$Q = \frac{a_0 \times Q_m}{\dfrac{1}{K_s} - 1} \tag{3-4}$$

式中，Q 为下渗水量（m³）；a_0 为土壤平均吸附力；K_s 为饱和土壤导水率；Q_m 为最大下渗水量（m³）。

当净降水量 I > 土壤饱和含水量 Q_m 时，$f=f_t$，下渗计算方程为

$$f_t = K_s \left(1 + \frac{a_0 \times Q_m}{Q}\right) \tag{3-5}$$

（4）径流曲线数值方法

SCS 数值曲线在《小流域 SCS 研究——以城市水文为例》（1986 年）一书中列表给出。该方法在计算径流 NRCS（SCS）数字曲线方法的基础上演化而来。方法假定土壤的总下渗能力可以从土壤（含水量）数值曲线获取。在一次降水事件中，下渗能力随着降水和持水的增加而减少。输入参数包括：构成曲线的数据序列以及土壤从饱和湿润到完全干燥所需要的时间（用来模拟晴天下渗能力的恢复情况）。其计算方程如下。

$$Q = \frac{(I - 0.2S)^2}{I + 0.8S} \tag{3-6}$$

$$S = 25.4 \left(\frac{1000}{CN} - 10\right) \tag{3-7}$$

式中，Q 为径流量；S 为土壤水吸力；I 为降水量；CN 为数值曲线数。

在一次降水事件中，土壤下渗能力随土壤含水量的增加而减小。根据美国水土保持部门研究结果，根据土壤孔隙特性将土壤分成了 A、B、C、D 四组，每类土壤的 CN 可以在表中查到，见表3-1。

表 3-1　SCS 径流数值曲线法

土地利用描述	土壤类型分组			
	A	B	C	D
耕作土地				
缺少保护措施	72	81	88	91
实施保护措施	62	71	78	81
牧场或山地				
条件恶劣	68	79	86	89
条件较好	39	61	74	80
草地牧场				
条件较好	30	58	71	78
林地				
薄地面，覆盖物，无杂草叶	45	66	77	83
覆盖良好	25	55	70	77
开阔空地，草坪，公园，高尔夫球场，公墓等				
覆盖较好：草地覆盖达到了75%及以上	39	61	74	80
覆盖条件一般：草地覆盖为50%~75%	49	69	79	84
商业地区（85%不透水）	89	92	94	95
工业区（72%不透水）	81	88	91	93
居民区				
平均场地大小（不透水百分比）				
1/8acre 或更小（65）	77	85	90	92
1/4acre（38）	61	75	83	87
1/3acre（30）	57	72	81	86
1/2acre（25）	54	70	80	85
1acre（20）	51	68	79	84
衬砌的停车场，屋顶以及车道等	98	98	98	98
街区及道路				
使用石头衬砌或者排水管道	98	98	98	98
砂砾石	76	85	89	91
泥土	72	82	87	89

3.2.2.3　地下水计算

在 SWMM 中，计算地下水交换量将土壤分成两个区域，上层为非饱和区域，下层为饱和区域，如图 3-3 所示。上部分非饱和区域的含水量随时间发生变化。下部分饱和区域的含水量区域稳定，是一个常量，其值一般为土壤饱和时的含水量。

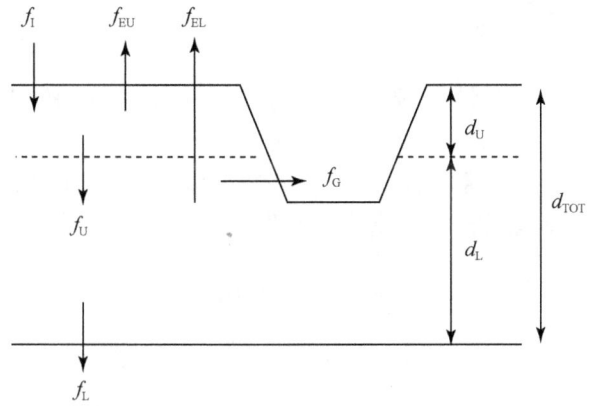

图 3-3 地下水模拟示意图

f_I 为地表下渗量;f_{EU} 为上部分区域的蒸发量;f_U 为上层区域对下层区域下渗补给量;f_{EL} 为下层饱和区域蒸发量;f_L 为深层地下水下渗量;f_G 为地下水侧向补给排水系统中的水量;d_U 为上层土层深度;d_L 为下层土层深度;d_{TOT} 为土层总深度

3.2.2.4 融雪计算

融雪产生的径流是水文现象之一。在模型中每个子流域融雪状态取决于积雪累积量、空间损耗和移除量,以及通过热量收支平衡方程计算的融雪量。融雪产生的径流通常作为降水来源作为模型的输入。

模拟融雪产流包括以下几个步骤。

1) 实时的空气温度数据和融雪系数数据。
2) 降水以降雪形式的数据(即每次降雪数据)。
3) 根据移除系数计算积雪的再分布数据。
4) 根据研究区域损耗曲线估算透水区域和不透水区域的积雪覆盖面积。
5) 计算融化成液态水的雪的数量可以用以下方法计算:在降水时融雪计算采用热量平衡方程。该计算方法特点是融雪速率随着空气温度、风速和降水强度的增大而增大。在非降水时采用日积温法。这时融雪速率等于融雪系数与空气温度和融雪表面温度之差绝对值的乘积。
6) 如果没有融雪发生,那么积雪温度高低可以根据当前和过去温度差的不同以及融雪系数的不同来进行调整。如果发生了融雪,那么积雪温度随着热量的增加而升高,直到升高至积雪开始融化时的温度,融雪只要超过这个温度将转向为径流。
7) 由于土壤具有一定的持水能力,融化的水量一部分被土壤的持水能力所劫持,剩下的融雪水将作为一个额外的降水量输入模型。

3.2.3 水力过程模拟原理

水流在管线中的运动,SWMM 提供了稳定流法、运动波法和动力波法三种计算方法。前者采用简单的方程计算管线径流量,后两者通常利用曼宁公式将流速、水深和河床坡度(摩擦力)联系在一起,通过求解质量和动量守恒方程组计算导管中的稳定流和非稳定流,组成的方程组称为圣维南方程组,其基本方程为。

$$\frac{\partial A}{\partial t} + \frac{\partial Q}{\partial x} = q_L \tag{3-8}$$

$$\frac{1}{g}\cdot\frac{\partial v}{\partial t} + \frac{\gamma}{g}\cdot\frac{\partial v}{\partial x} + \frac{\partial h}{\partial x} = S_0 - S_f \tag{3-9}$$

式中,Q 为流量;A 为过水断面面积;q_L 为单位长度入流量;v 为流速;h 为静压水头;t 为时间;x 为距离;S_0 为管底坡降,为重力项;S_f 为摩阻坡降,为摩擦力项。

3.2.3.1 稳定流法

稳定流法是最简单的汇流计算方法,它假定在每个计算时段流动都是均匀的和稳定的。因此它仅仅将水流从导管入水口端输送到导管出水口端,期间没有延迟或形状变化。这种水流方程可以将水流速率和水流面积(长度)联系在一起。

这种汇流的演算不能计算管渠的蓄变、回水、进出水口损失、逆流和有压流。该方法仅仅在树枝状的传输网络中适用,该网络的特点是每个节点只有一个出水口(除非该节点安装了一个连接两个出水口的转向装置)。该方法对时间步长的设定不敏感,但对长期连续性模拟,初期分析尤为重要。

3.2.3.2 运动波法

运动波法仅仅运用连续的动量守恒方程计算每个导管的水流情况,采用此计算方法时,需要水面坡度等于导管坡度。

运动波模拟计算采用连续方程和简化的运动方程对管道和明渠水流运动进行模拟。在计算过程中,模型动量方程假定水流的坡度和管道的坡度一致;管道可输送水量用曼宁公式计算。运动波可以准确模拟管道水流和面积随时间和空间变化的过程。其计算方程如下所示。

$$\frac{\partial A}{\partial t} + \frac{\partial Q}{\partial x} = q_L \tag{3-10}$$

$$S_f = S_0 \tag{3-11}$$

$$Q = \frac{A}{n} R^{2/3} S_0^{1/2} \tag{3-12}$$

式中,A 为流水断面面积;Q 为断面流量;q_L 为网格单元或河道的单宽流量;n 为曼宁糙率系数;R 为水力半径;S_0 为网格单元地表坡降或河道的纵向坡降;S_f 为摩擦坡降。

质量守恒方程采用有限差分方程进行离散,其方程如下。

$$\frac{(1-\omega_t)(A_{j,n+1}-A_{j,n})+\omega_t(A_{j+1,n+1}-A_{j+1,n})}{\Delta t}$$
$$+\frac{(1-\omega_x)(Q_{j+1,n}-Q_{j,n})+\omega_x(Q_{j+1,n+1}-Q_{j,n+1})}{\Delta x}=0 \qquad (3\text{-}13)$$

式中，ω_t，ω_x 分别表示时间和空间的权重系数，通常为 0.55；$\Delta t=t_{n+1}-t_n$，为时间步长（s）；$\Delta x=x_{j+1}-x_j$，为空间步长（管道长度）（m）；j，$j+1$ 为管线标号；n，$n+1$ 为时间步长。

最大的水流为通过导管的满负荷流量，凡是在入水口节点超出这个流量的水量要么直接从系统损失掉，要么存储在上一个节点的入水口处，等该节点水流回落至可用时再重新输入导管。

运动波节点控制方程：

$$\frac{\partial H}{\partial t}=\sum\frac{Q_t}{A_{ik}} \qquad (3\text{-}14)$$

式中，A_{ik} 为节点过流断面的面积（m²）；Q_t 为进出节点的流量（m³/s）。

通常情况下，在实际模拟过程中，采用有限差分方程进行计算，其计算方程为

$$H_t+\Delta t=H_t+\sum\frac{Q_t\Delta t}{A_{sk}} \qquad (3\text{-}15)$$

运动波可以模拟管道中水流和水面面积随空间和时间的变化，该方法能削弱和延缓通过渠系的入流和出流水位曲线，但是这种形式的演算方法仍然不能描述回水、进出水口损失、逆流和有压水，在树状管网网络的应用也是被限制的。通常适用于以大尺度时间步长（如 1~5min）进行的模拟，在此条件下，模拟往往得到较为稳定的结果。如果不重点考虑上述情况时，可以在模拟精度和模拟效率之间进行选择，对长时间序列的模拟，往往侧重于模拟效率，选择合适的步长进行模拟对长时间序列的模拟尤其重要。

3.2.3.3 动力波法

动力波法通过求解完整的圣维南方程组来进行汇流演算，理论上结果是最准确的，圣维南方程组包括导管中的连续和动量方程以及节点处的质量守恒方程。

动力波方法可以计算封闭导管满负荷时的有压流，这种情况下，水流可以超出导管满负荷水量。当洪水发生时，节点处的水深超出了节点最大蓄水深，这时超出水量要么直接从系统损失掉要么存储在上一个节点处，等待导管水流负荷减小时重新输入排水系统。

动力波法可以计算渠系蓄变量、回水、进出水口损失、逆流以及有压水流。因为它能解决节点处水深和有压水流在导管中的运动问题，因此它适用于任何管网系统，甚至那些包含多个转向器和循环管网的系统。可以在系统里选择通过对孔口和堰的控制，对由于下游水流限制和径流调节器带来滞水所产生影响的调节。通常情况下，该部分模拟的时间步长应很短，如1min或者更少，采用该方法时，往往设置的模拟演算步长较小。如果在模

拟过程中，用户模拟步长设置过大，为了使模拟结果更为稳定，SWMM 通常会将用户自定义的最大时间步长调短。

联立质量守恒方程和动量守恒方程可求解管网中的水流，方程组如下。

$$g \cdot A \cdot \frac{\partial H}{\partial x} + \frac{\partial (Q^2/A)}{\partial x} + \frac{\partial Q}{\partial t} + g \cdot A \cdot S_f = 0 \qquad (3-16)$$

$$\frac{\partial Q}{\partial x} + \frac{\partial A}{\partial t} = 0 \qquad (3-17)$$

其中，由于摩擦损失引起的能量坡降由曼宁公式计算：

$$S_f = \frac{K}{g \cdot A \cdot R^{4/3}} \cdot Q \cdot |V| \qquad (3-18)$$

$$K = gn^2 \qquad (3-19)$$

将 $\frac{Q^2}{A} = v^2 A$，$Q = A \cdot v$ 代入以上方程组分别得到

$$g \cdot A \cdot \frac{\partial H}{\partial x} + 2A \cdot v \frac{\partial v}{\partial x} + v^2 \cdot \frac{\partial A}{\partial x} + \frac{\partial Q}{\partial t} + g \cdot A \cdot S_f = 0 \qquad (3-20)$$

$$A \cdot v \cdot \frac{\partial v}{\partial x} = -v \cdot \frac{\partial A}{\partial t} - v^2 \cdot \frac{\partial A}{\partial x} \qquad (3-21)$$

联立以上方程组，得到基本的流量方程式：

$$g \cdot A \cdot \frac{\partial H}{\partial x} - 2v \frac{\partial A}{\partial t} - v^2 \cdot \frac{\partial A}{\partial x} + \frac{\partial Q}{\partial t} + g \cdot A \cdot S_f = 0 \qquad (3-22)$$

依据以上方程组可依次求解各个时段内每个管道的流量和每个节点的水头，用有限差分的形式可表示为下式：

$$Q_{t+\Delta t} = Q_t - \frac{K}{R^{4/3}} |V| Q_{t+\Delta t} + 2V \frac{\Delta A}{\Delta t} + V^2 \frac{A_2 - A_1}{L} - gA \frac{H_2 - H_1}{L} \Delta t \qquad (3-23)$$

$$Q_{t+\Delta t} = \left[\frac{1}{1 + (K\Delta t / \overline{R}^{4/3}) |\overline{V}|} \right] \cdot \left[Q_t + 2\overline{V}\Delta A + V^2 \frac{A_2 - A_1}{L} \Delta t - g\overline{A} \frac{H_2 - H_1}{L} \Delta t \right] \qquad (3-24)$$

式中，$\overline{V}$、$\overline{A}$、$\overline{R}$ 分别为 t 时刻管道末端的加权平均值。此外，为考虑管道的出水口进口损失，可以从 H_1 和 H_2 中减去水头损失。式（3-24）的主要未知量为 $Q_{t+\Delta t}$、H_1 和 H_2，变量 $\overline{V}$、$\overline{A}$、$\overline{R}$ 都与 Q、H 有关系。因此还需要有 Q 和 H 有关的方程，可以从节点方程得到。

动力波节点控制方程写成有限差分形式为

$$H_{t+\Delta t} = H_t + \frac{\sum Q_t \Delta t}{A_{sk}} \qquad (3-25)$$

求解时段 Δt 内每个连接段的流量和每个节点的水头只需对以上方程组进行求解。

该模拟方法通常利用曼宁公式将流速、水深和河床坡度（摩擦力）联系在一起。一个不适用的特例是：圆形的有压管道类型——采用 Hazen-Williams 方程或 Darcy Weisbach 方程代替曼宁公式。

3.2.4 水质模拟原理

在模拟管线中运动水质变化过程时,首先假定在导管中的水是充分混合的。通过一个活塞式的装置搅拌使水混合均匀更合理一些,这样做可以使水流在管道中的传输时间和污染物在管道中的传输时间相差最小。时段末,流出连接导管污染物浓度可以由质量平衡方程算出,对计算时段内可能发生变化的项目,如流量和管道容积等,则取其在时段中的平均值。

$$\frac{\mathrm{d}VC}{\mathrm{d}t} = \frac{V \cdot \mathrm{d}C}{\mathrm{d}t} + \frac{C \cdot \mathrm{d}V}{\mathrm{d}t} = Q_i \cdot C_i - Q \cdot C - K \cdot C \cdot V \pm L \tag{3-26}$$

式中,$\frac{\mathrm{d}VC}{\mathrm{d}t}$ 为管段内单位时间的变化;$Q_i \cdot C_i$,$Q \cdot C$ 为管段的质量变化率;$K \cdot C \cdot V$ 为管段中的质量衰减;C 为管道中及排出管道中的污染物浓度(kg/m^3);V 为管道中的水体体积(m^3);Q_i 为管道的入流量(m^3/s);C_i 为入流的污染物浓度(kg/m^3);Q 为管道的出流量(m^3/s);K 为一阶衰减系数(s^{-1});L 为管道中污染物的源汇项(kg/s)。

Q、Q_i、C_i、V、L 以 t 至 $t + \Delta t$ 时段的平均值代入方程进行求解一阶线性微分方程,得

$$C(t + \Delta t) = \left(\frac{Q_i \cdot C_i + L}{V/\mathrm{DENOM}}\right)(1 - e^{-\mathrm{DENOM} \cdot \Delta t}) + C(t) \cdot e^{-\mathrm{DENOM} \cdot \Delta t} \tag{3-27}$$

式中,

$$\mathrm{DENOM} = \frac{Q}{V} + K + \frac{1}{V}\frac{\mathrm{d}V}{\mathrm{d}t} \tag{3-28}$$

对蓄水单元节点处水质的模拟,可采用与上述连接管道相同的方法。而对于没有储水容量的节点,该节点处的水质浓度简单地由进入该节点的水体污染物浓度表示。

3.3 模型界面与操作步骤

3.3.1 模型界面

SWMM 主界面由标题栏、主菜单栏、工具栏、状态栏、工作区、工程浏览、地图浏览、属性编辑和参数设置板块组成,如图 3-4 所示。

1) 标题栏。标题栏位于主界面的左上方,其主要功能是显示软件版本和正在进行工程的名称。

2) 主菜单栏。主菜单栏位于标题栏下方,如图 3-4 所示。主菜单由文件菜单、编辑菜单、视图菜单、工程菜单、报告菜单、工具菜单、窗口菜单和帮助菜单等不同功能的子菜单组成。各菜单功能如下。

文件菜单。文件菜单包含工程的新建工程、打开已有工程、打开最近用过的工程、保存当前工程、另存为其他名称工程、发送为热启动文件、链接两个界面文件、页面设置、

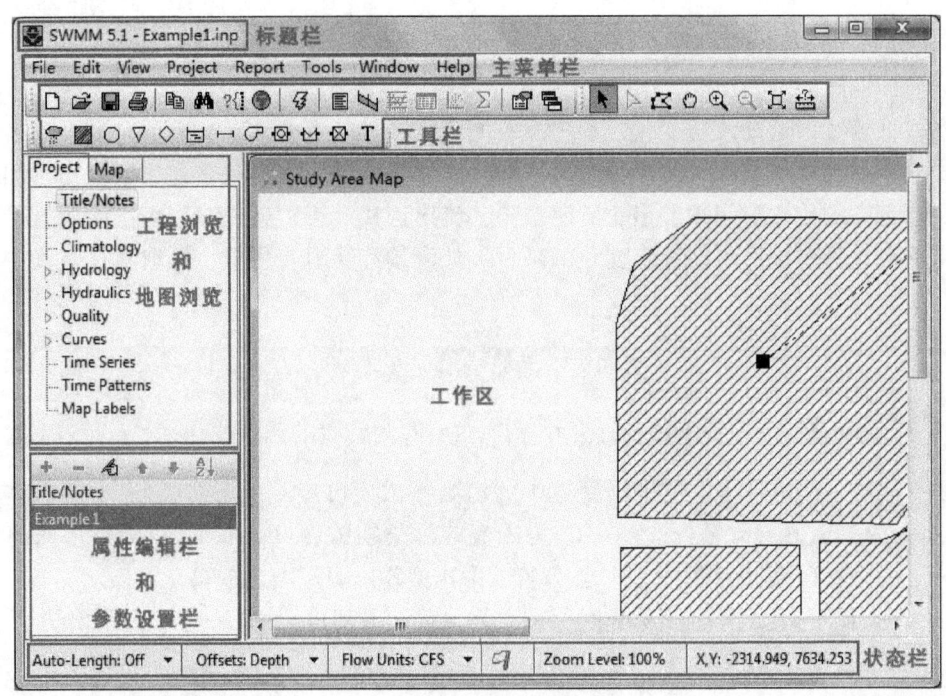

图 3-4　模型主界面

当前文件打印预览、打印视图和退出模型等功能命令。

编辑菜单。编辑菜单包含将当前对象复制到剪贴板或文件里、选择研究区对象、选择编辑顶点、选择区域、选择所有对象、查找指定对象、编辑当前对象、删除当前对象、组编辑和删除组等功能命令。

视图菜单。视图菜单包含设置工作区参考坐标和长度、加载背景图片、移动当前对象、放大地图、缩小地图、全屏工作区、查询指定对象、全景查看、对象显示设置、图例控制、工具栏设置等功能命令。

工程菜单。工程菜单包含工程摘要、工程详细说明、缺省值设置、标准数据注册、增加一个新的对象和运行模型等功能命令。

报告菜单。报告菜单包含模型运行结果状态、模拟结果摘要、模拟结果绘图、模拟结果制表、模拟结果统计以及用户自定义当前图像显示状态等功能命令。

工具菜单。工具菜单包括工程对象参数设置、地图显示参数设置、加载外部工具配置等功能命令。

窗口菜单。窗口菜单包括地图当前窗口合理显示、地图最小化显示以及关闭所有窗口等功能命令。

帮助菜单。帮助菜单包含调出帮助文件、对操作命令主题列表进行显示、模型使用单位、提示错误信息、用户指南以及显示当前模型使用的版本等功能命令。

3）工具栏。工具栏位于主菜单栏下方。菜单栏包含标准工具栏、图像工具栏和对象工具栏三部分。标准工具栏可以对工作区对象进行快速编辑等操作，图像工具栏可以对图像进行快速操作，对象工具栏用于快速向研究区添加工作对象。各工具栏功能如下。

标准工具栏。包含新建工程、打开已有工程、新建工程、打开已有工程、保存当前工程、打印当前页面、复制当前选择到剪切板或文件、查找研究区地图指定的对象或报告单中指定的文本、运行模型、可视化条件查询、将模拟结果用一个新的剖面图显示、将模拟结果用一个新的时间曲线显示、将模拟结果用一个新的散点图显示、将模拟结果用一个新的表格显示、将模拟结果用统计分析结果显示、更改当前可视区域的属性和重新布置窗口的叠放方式，同时将研究区最大化等快捷按钮。

图像工具栏。包括选择工具、顶点选择工具、区域选择工具、图像移动工具、放大工具、缩小工具、全屏幕显示工具和测量工具等快捷操作按钮。

对象工具栏。增加雨量计、增加子汇水区、增加交叉节点、增加排水口节点、增加分流设施节点、增加存储单元节点、增加连接导管、增加连接水泵、增加连接孔口、增加连接塘堰、增加排水口连接和添加文本。

4) 状态栏。状态栏位于 SWMM 主界面的底部，由自动调整长度、偏移状态、工程单位、运行状态、缩放以及光标位置坐标组成。模拟者可通过状态栏状态查看工程运行情况。如模拟未运行，运行状态将显示一面白色旗子。

5) 工作区。工作区位于软件可视区中部，用于设计排水系统平面图。模型中对对象的操作均在工作区进行，包括显示排水系统示意图、显示对象的属性、添加或删除对象、设置工作底图、显示对象之间的位置，以及图像打印预览等操作。

6) 工程浏览和地图浏览。工程浏览和地图浏览在主界面中的位置如图 3-4 所示，选择工程浏览可以选择工程中可见对象。用户选择工程浏览时，列表框将显示工作区模拟对象的分类情况。地图面板由 3 个嵌入模块组成，3 个嵌入模块分别是主题嵌入模块、时间嵌入模块和动画嵌入模块。主体嵌入模块可以对研究区地图中对象的显示颜色进行控制，包括对子汇水区、节点和连接的显示方式进行设置。时间面板可以设置模型开始模拟的日期，并将模拟结果显示，设置的时间类型有选择查看模拟结果的日期、选择要查看模拟结果的时间，以及选择模型运行的总时间。动画嵌入面板可以设置模拟过程的运动轨迹，可以对模拟过程中水力深度变化过程进行持续显示；动画面板包括回到原点、倒退、暂停和向前播放动画等命令按钮。

7) 属性编辑和参数设置板块。属性编辑板块可以对工作区中对象的属性进行编辑，参数设置板块可以对工程的显示特征进行设置。属性设置面板可以对当前选中对象的属性进行编辑，包括编辑对象名称和赋值、对表格大小进行编辑、对注释区域进行编辑、对当前编辑字体进行设置等功能。参数设置面板包含两个子页面，一个是常规设置子页面，一个是模拟数据精度设置子页面。其中常规设置子页面中可以对工程中字体大小、粗细、对象显示方式、标签注释显示名称、删除提示框、自动保存提示、清除最近列表以及临时文件路径等进行设置；数据精度设置可以对模拟结果小数点显示位数进行设置，设置后模拟结果将以该格式进行显示。

3.3.2 模型的操作步骤

SWMM 运行前，首先要新建或打开一个工程，设定工程参数和工程主体。例如，设定工程名称、备注、模型运行方式、模拟下渗所采取的方程、模拟日期、模拟时间步长、动力波和运动波方式参数确定等。之后再绘制研究区示意图，如添加导管、子汇水区、出水口、储水设施等项目；接着对加载的对象进行编辑，并对对象进行参数化，经调参确定各参数值后即可运行模型。

3.3.2.1 添加对象

添加研究区对象包括添加研究区组成排水系统的各种单元，主要包括可见对象和不可见对象。

可见对象添加方法。在模型中，物理对象是可见的，包括雨量计、子汇水区、节点、连接和地图标签。这些可见对象模型均提供了两种加入的方法：①在对象工具栏选中要添加对象的图标，直接拖拽到地图中；②在数据浏览栏中选中要添加的对象，点击➕按钮添加到工作区。第一种方法让对象直接显示在工作区；第二种方法需输入对象放置的 X、Y 坐标。和第二种方法相比，第一种方法较为直观，操作也较为简便，故推荐使用第一种方法。

不可见对象添加方法。不可见对象包括气象数据、含水层、雪包、单位流量过程线、LID 控制器、横断面、调控规则、污染物、土地利用类型、曲线、时间序列以及时间类型等。添加方法为在数据浏览栏下选择需要添加的对象，单击➕按钮完成添加，进而编辑添加对象的属性。

添加对象完毕，需要移动对象时，可以通过在对象上点击鼠标不放，任意拖拽对象到需要放置的位置。对象放置完毕，即可对对象属性进行编辑。

3.3.2.2 编辑对象

编辑对象主要是对置入工作面板的可见对象进行编辑，使可见对象外观符合排水系统要求。在模型中，提供了两种编辑对象的方法：一种是选择需要编辑的对象，在对象上右键单击，在弹出的下拉列表中选择需要的操作；另一种是在地图中双击或在属性编辑栏中双击需要编辑的对象，在弹出的属性编辑框中对对象属性进行编辑，如输入管线长度对管线进行编辑等。

(1) 子汇水区

对子汇水区进行编辑只需选择需要编辑的对象，在工具栏选择对象编辑工具，在需要编辑的对象上右键单击，在弹出增加顶点、删除顶点和退出编辑的下拉菜单中，选择增加或删除顶点，可以对子汇水区顶点进行编辑，见图 3-5。

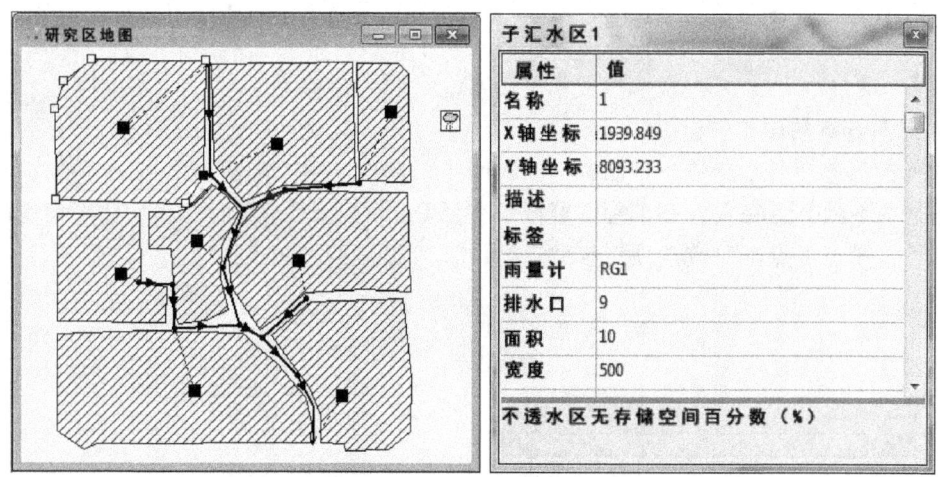

图 3-5　子汇水区编辑示意图

（2）导管

对子导管进行编辑只需在需要编辑的导管上双击，在弹出的导管编辑对话面板中对控制导管形状的参数进行设置，其中点击形状缺省按钮，调出导管横截面编辑面板，见图3-6。更多详细参数设置见后文模型参数设置部分。

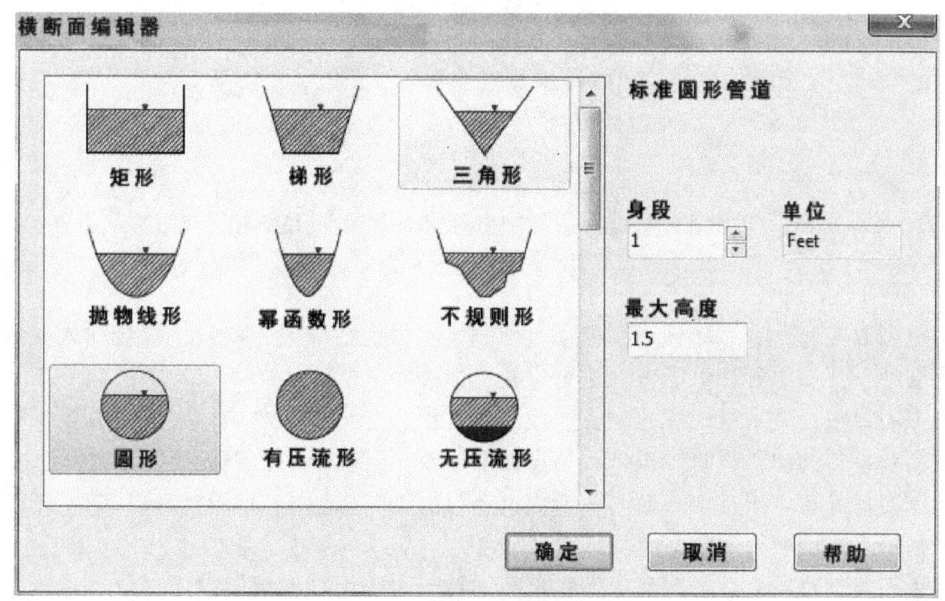

图 3-6　导管横断面编辑示意图

3.3.2.3　模型参数设置

模型运行前，必须对模型的系统参数、大气模块、地表模块、地下水模块和运移模块的参数进行设置，设置完毕即可对产流、汇流和水质进行模拟。模型参数设置包括系统参数、工程参数和对象参数的设置。打开或新建一个工程，都需要对参数进行重新设置或确认。设置参数前，每个工程原始参数都采用系统默认的缺省值。

(1) 系统参数设置

系统参数包括通用选项、日期选项、时间步长选项、动力波方程参数、界面文件选项和报告选项 6 项，可在主界面工程浏览框中选择 Options 选项，在属性参数栏将出现以下 6 个子选项，用户可点击对应选项对参数进行设置，如图 3-7 所示。

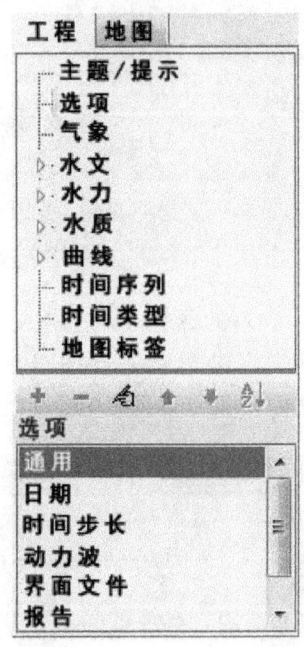

图 3-7 工程选项对应属性参数栏项目示意图

1) 通用选项设置。

用户可以在通用选项面板对模拟项目、积水容量、结果报告项目、报告输入摘要、管道最小坡度、下渗方程和汇流方程进行设置，如图 3-8 所示。

模拟项目包括降水、径流、融雪、地下水、汇流、水量和水质。用户可以根据模拟需要设置需要模拟的项目，减少模拟项目可以缩短模型运行时间，以加快模型运行速度。

积水容量是节点水发生滞留时，节点上方可容纳的水量。如果勾选该参数，则需要在节点处指定节水区域。

结果报告项目可以帮助用户了解模型在运行过程中出现的离散调控过程，这些行为全部由调控规则控制。

报告输入摘要可以设置模拟状态报告显现所有工程输入数据项目。

设置管道最小坡度是让模拟继续运行的充分条件。如果其值设置为零，系统将采用默认值对径流进行演算，该默认值往往很小，如 0.0001m。

下渗方程选项可以设置模型运行中计算下渗所采用的方法，该选项包括霍顿下渗方

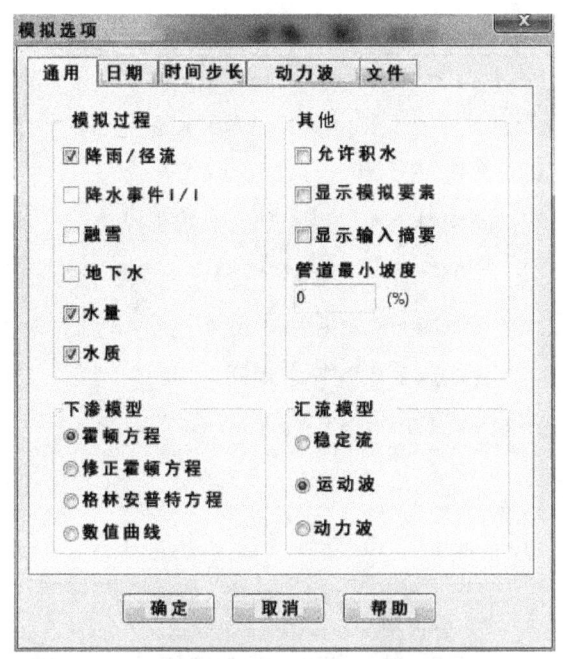

图 3-8　通用选项参数设置框

程、修正霍顿下渗方程、格林-安普特下渗方程和数值曲线法。

汇流方程可以设置模型运行中计算汇流所采用的方法，该选项包括稳定流、运动波方程和动力波方程。

2）日期选项设置。

日期选项对话框可以对模拟开始分析日期和时间、模拟结果开始报告日期和时间、模拟结束分析日期和时间、模拟过程中开始清扫街道开始时间和结束清扫街道时间，以及模拟开始前距离上次下雨的时间天数等参数进行设置，见图 3-9。需注意的是，如果模型直接从外部文件读取数据，其数据设置日期必须和文件中的日期一致。

3）时间步长选项。

时间步长面板用于设定模型模拟径流、汇流以及结果报告的时间步长，时间编辑面板见图 3-10。具体包括设置报告时间步长、晴天径流演算时间步长、雨天径流演算时间步长、汇流时间步长，以及稳定流时间步长及容差。时间步长可以是天，也可以是时：分：秒的格式。

4）动力波方程参数设置。

用户可以在动力波方程参数设置面板对初始项目、超临界参数、主动力方程、变时间步长、管线延长时间步长、最小流域面积、计算最大迭代次数、水头收敛容差等项目进行设置，具体参数设置方式如图 3-11 所示。

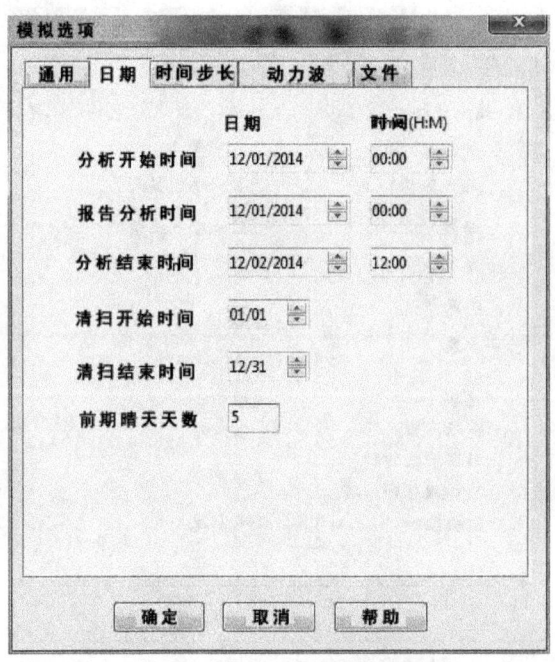

图 3-9　日期参数设置框

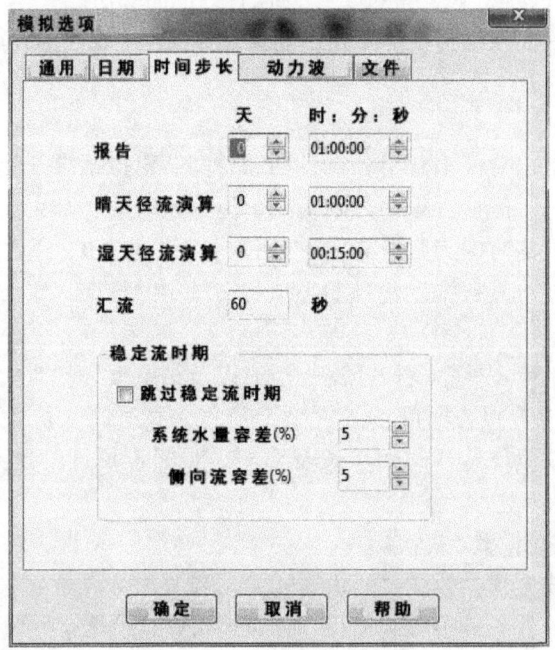

图 3-10　时间步长设置框

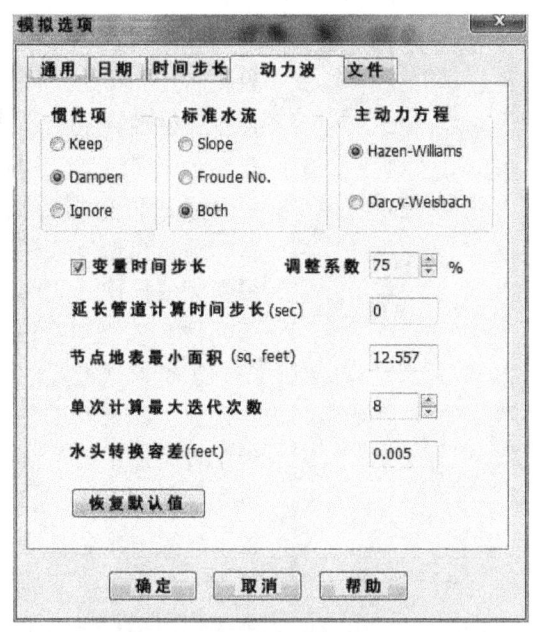

图 3-11 动力波方程参数设置框

5) 界面文件设置。

界面文件对话框用于设定模拟过程中使用和保存界面文件的路径见图 3-12。页面中除了一个显示界面文件名称的文字窗口，还有增加、编辑和删除三个按钮，用户可以通过此按钮完成界面文件的添加、编辑和删除。

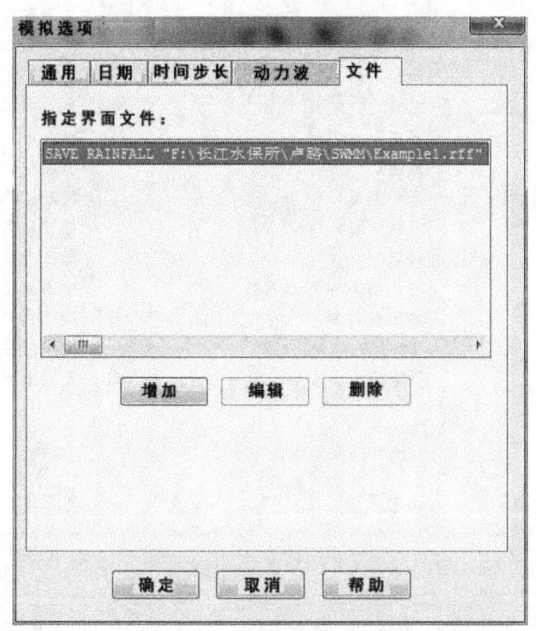

图 3-12 界面文件加载框

6）报告选项设置。

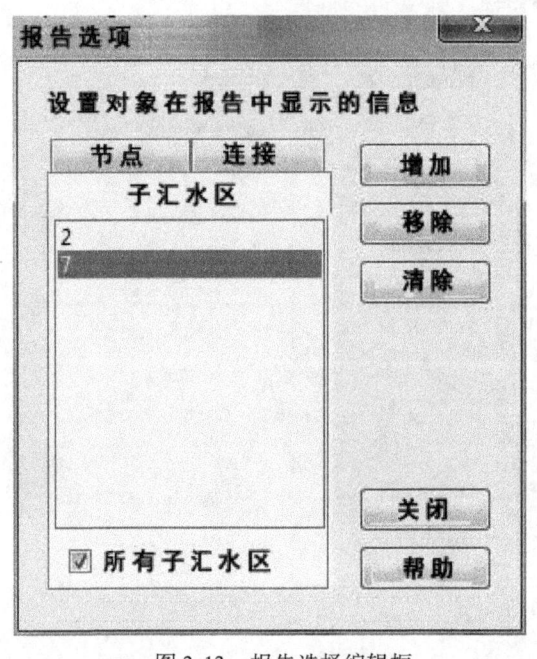

图 3-13 报告选择编辑框

在报告选项对话框中可以设置需要在结果报告中显示的项目，如图 3-13 所示。报告选项框包含节点、连接和子汇水区 3 个表头子复选框，点击对应表头，选择对应项目。用户可根据需要，选择需要报告的项目，通过点击复选框右边增加、移除和清除按钮完成操作。

（2）工程参数设置

工程参数设置主要对工程默认缺省值进行设置，如果不需要改变其默认值，计算过程中将采用系统默认缺省值。工程参数设置可在主菜单工程选项默认值子菜单进行设置。设置对象包括雨量计、子汇水区、汇水节点、出水口、管线等对象的标签，该标签主要用于用户识别不同的对象。选择子汇水区还可以对子汇水区面积、宽度、坡度、透水面积和不透水面积、下渗方式等属性进行设置，设置完毕后，该参数可以应用于所有子汇水区。对节点和连接默认参数的设置，包括节点最大深度、节点处可滞水面积、导管长度、导管类型、导管糙率、径流单位、主动力方程等项目进行设置，如图 3-14 所示。

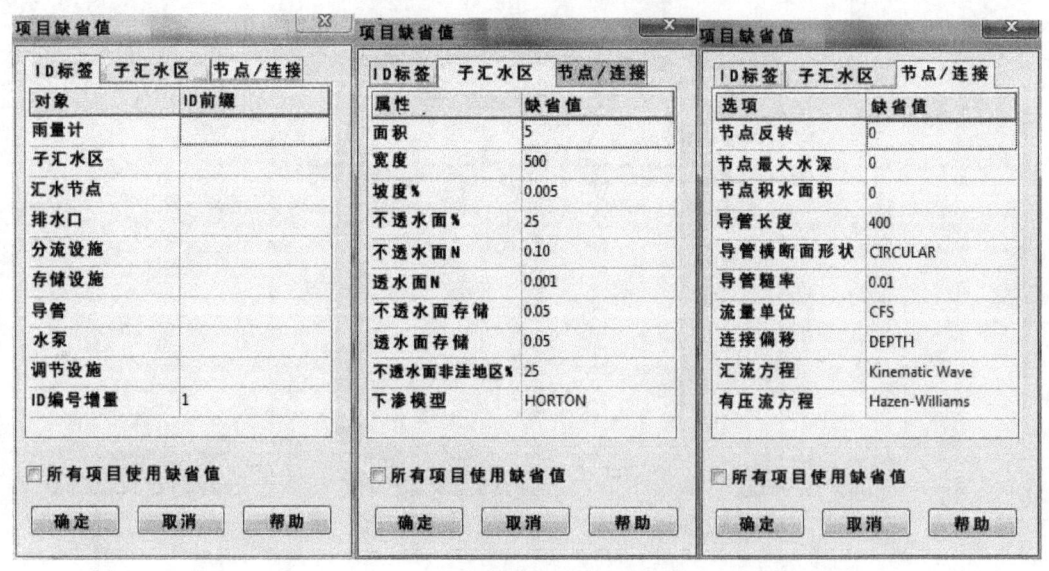

图 3-14 工程默认值参数设置面板

以上可编辑的缺省值有三种类型：一是缺省标签 ID，如导管、节点等的默认命名方式；二是缺省流域属性，包括流域面积、宽度、坡度等；三是缺省节点/连接属性，包括节点转化器、导管长度、演算方法。最后模型测量单位也可以在此阶段进行设置，模型测量单位见表3-2，设置完单位后工程将以此单位进行模拟。如果模型运行过程中，改变模型演算单位，之前计算数据的单位不会自动调整，需人工进行处理。

表 3-2 模型测量单位

参数	美制标准单位	米制标准单位
面积（子汇水区）	acre	hm²
面积（蓄水单元）	ft²	m²
面积（堰塘）	ft²	m²
毛管吸力	in	mm
浓度	mg/L	mg/L
	μg/L	μg/L
	#/L	#/L
衰退系数（渗透）	1/h	1/h
衰退系数（污染物）	1/d	1/d
洼地蓄水	in	mm
深度	ft	m
直径	ft	m
释水系数		
孔口	无因次	无因次
堰	ft³/(s/ftⁿ)（CFS/ftⁿ）	m³/(s/m)
海拔	ft	m
蒸发	in/d	mm/d
水流	ft³/s（CFS）	m³/s
	gal/min（GPM）	L/s
	m gal/d（MGD）	mL/d
水头	ft	m
水力传导度	in/h	mm/h
下渗率	in/h	mm/h
长度	ft	m
曼宁粗糙度 n	s/m^{1/3}	s/m^{1/3}
污染物积累	质量/acre	质量/hm²
	质量/长度单位	质量/长度单位(如8mg/m)
降雨强度	in/h	mm/h
雨量	in	mm
坡度（子汇水区）	%	%

续表

参数	美制标准单位	米制标准单位
高度差	高度差/水平距离	高度差/水平距离
街区清理时间间隔	d	d
量	ft³	m³
宽度	ft	m

(3) 对象参数设置

模型对象主要包括雨量计、子汇水区、交叉点、排水口、分流设施、存储设施、导管、水泵、孔口、堰、出水口、地图等项目。

雨量计主要设置参数包括雨量计在工作区 X 轴和 Y 轴的坐标、降水数据格式、时间步长、降雪因子、数据及数据来源、数据文件名称、雨量站、降水计量单位等。

子汇水区主要设置参数包括子汇水区在工作区 X 轴和 Y 轴的坐标、雨量计名称、出水口名称、子汇水区面积、宽度、坡度、透水面积、不透水面积、透水面积曼宁系数、不透水面积曼宁系数、不透水区洼地蓄水深度、透水区洼地深度、不透水面中无洼地部分所占百分比、径流流向、下渗方式、LID 控制、地下水、融雪包、土地利用、污染物初始堆积量、汇水区总边长等。

交叉点主要设置参数包括交叉点在工作区 X 轴和 Y 轴的坐标、外部入流量、污染物削减方程、交叉点底标高、最大深度、初始水深、滞留水深、积水区域面积等。

排水口主要设置参数包括排水口在工作区 X 轴和 Y 轴的坐标、外部入流量、污染物削减方程、排水口底标高、防潮门设置、排水类型、排水水位高、潮汐曲线方程和排水时间过程。

分流设施主要设置参数包括分流设施在工作区 X 轴和 Y 轴的坐标、入流量、污染物削减方程、分流设施底标高、最大深度、初始水深、积水面积、滞留水深、连接分流设施导管名称、分流类型、分流标准参数和相关系数。

存储设施主要设置参数包括存储设施在工作区 X 轴和 Y 轴的坐标、蒸发因子、下渗方式、存储设施功能函数、函数设计参数以及数值曲线等项目。

导管主要设置参数包括导管进水节点和出水节点的名称、导管横截面几何形状、导管直径、长度、糙率、进水口和出水口偏移量、模拟初期导管中水流量、最大径流量、进水入口损失系数、排水口退水损失系数、平均损失系数、退水阀门设置、进水流量调控。

水泵主要设置参数包括水泵进水节点和出水节点的名称、水泵调控曲线名称、水泵初始状态、水泵初始水深和关闭水泵时进水节点水深。

孔口主要设置参数包括孔口进水节点和出水节点的名称、孔口类型、孔口形状、孔口全开时高度、孔口离进水节点的距离、释水系数、回水阀门设置和孔口开关状态设置。

堰主要设置参数包括堰进水节点和出水节点的名称、堰的类型、堰打开时高度和水平宽度、堰里进水口近点上方的距离、释水系数、回水阀门、通过三角堰的释水系数和过水末端收缩数量。

出水口主要设置参数包括出水口进水节点和出水节点的名称、出水节点在进水口上方的高度、回水阀门、过水流量方程、方程相关参数和数值曲线名称。

地图主要设置参数包括地图 X 轴、Y 轴的坐标、对象在工作区显示相对距离和字体属性参数等。

3.3.2.4 模型文件输入

SWMM 中文件可分为三大类，一种为模型运行输入文件类型，包括工程文件、界面文件、降水文件、气象文件和时间序列文件，这类文件的主要功能是为模型运行提供各种支持数据，其中工程文件是模型运行不可或缺的；一种为模型输出文件类型，主要指报告和输出文件，这类文件主要的功能是对模拟结果进行统计和显示；最后一种为标准数据文件类型，这类文件的功能主要是和模型输出文件结果进行对比，用以校核模拟结果。

工程文件。工程文件包含了描述研究区域的所有数据以及用来分析研究区域的所有信息，工程文件由不同功能模块组成，每个部分对应一种特定的对象，可以在打开的工程中，在模型界面主菜单中选择 Project >> Details 查看工程文件，该文件是纯文本文件。

界面文件。界面文件的主要功能是加快模型运行速率，其原理是将模型运行过程中需要处理的数据直接输入模型，减少模型运行时间。模型常用的界面文件包括降水界面文件、径流界面文件、热启动文件、RDⅡ界面文件和汇流界面文件。降水、径流、热启动文件是二进制文件，其好处是该文件可以作为源文件被反复使用。其中，热启动文件可以避免模型运行初期数据不稳定的问题，同时可以利用热启动文件将长时间序列数据分割成若干小的热启动文件，可以加速模型预处理时间。RDⅡ界面文件包含了一组指定排水系统节点受下渗/入流影响的降水时间序列，该界面文件可以直接指定给子汇水区。汇流界面文件存储的是排水系统模块中排水口节点排水量和污染物浓度的时间序列数据。当另一个排水系统模块连接到排水口时，排水系统的入流数据可以利用这个路径界面文件作为自己入流的输入数据。可以将两个汇流界面文件链接合成一个界面文件，用这种方法可以将很大的系统分解成很多的小系统，并可以对这些小系统单独进行分析，最后通过路径界面文件将这些小系统文件合成一个文件。

降水文件。降水文件主要是为雨量计提供降水数据，该降水文件一般可以从美国国家气象服务中心和加拿大气象中心网站获取，同时，用户还可以根据自己的需要准备自己的降水文件，当用户自己准备降水文件时，该文件需满足一定的格式。例如，

STA01 2004 6 12 00 00 0.12
STA01 2004 6 12 01 00 0.04
STA01 2004 6 22 16 00 0.07

可以看到，文件一行数据包含雨量计站点代码、降水日期和时间，以及降水量。用户可以在同一个文件夹中，用这种格式记录多个站点的数据。

气象数据文件。在模型中，该文件主要为模型提供温度、蒸发和风速等外部气象数据。该数据文件的每行包括站点名称、日期、最高温度、最低温度，以及可选项蒸发速率和风速等数据，如果缺少部分数据，可用 * 代替。

时间序列文件。时间序列是用户在模型外处理好的模型输入数据，其功能是为模型运

行提供经处理过的数据，这些数据可不经过模型处理而被模型在模拟过程中直接使用，可大大缩短模型运行时间，常见时间序列数据包括降水、蒸发、排水系统中通过节点的水流以及在排水口边界节点处的水量数据等。

校准数据文件。校准数据文件的功能是将校准数据与模拟结果进行比较，用以判断模拟结果的好坏。校准文件的数据格式应满足以下要求：第一行用于校准对象的名称；第二行可输入解释说明文字；第三行可输入校核对象名称，接着子行包括记录日期和记录值。例如，

```
; Flows for Selected Conduits
; Conduit Days Time Flow
; ----------------------
1030
    0 0：15 0
    0 0：30 0
    0 0：45 23.88
    0 1：00 94.58
    0 1：15 115.37
1602
    0 0：15 5.76
    0 0：30 38.51
    0 1：00 67.93
    0 1：15 68.01
```

注："；"后面的都是注释。

3.3.2.5 模型运行

参数设置完毕，即可运行模型。点击标准工具栏的运行按钮，模型自动运行，在运行过程中，将弹出运行状态提示框，显示模型完成百分数和模拟运行时间，如图 3-15 所示。

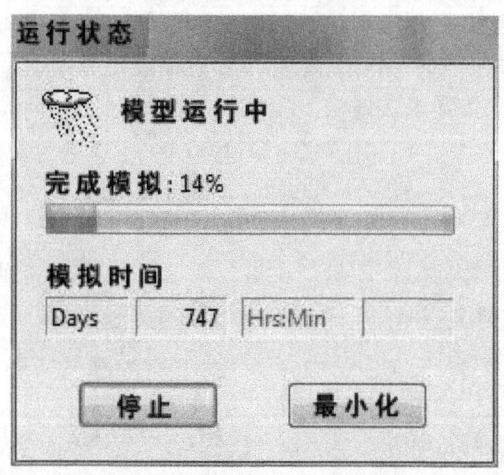

图 3-15 模型运行状态提示面板

导致模拟结束情形有以下两种：①模型模拟完毕，模型停止运行，这时模型主窗口下边状态栏将出现一个正常运行的绿色旗子图标；②运行出错，模型停止运行。由于模型参数设置错误，在运行过程中，导致计算出错而使模型停止运行，这时主窗口状态栏将显示一个红色小旗子。同时，模拟误差或警告信息将被列在状态报告窗口中。当一次模拟成功后再修改相关参数，旗子将变成黄色旗子，表明当前模拟结果与修改参数后的模拟工程不匹配。

3.3.2.6 模型结果校正

模型在运行过程中，可能由于某种原因导致模拟提前终止运行或模拟结果发生较大偏差。如果发生这种情况，将弹出运行提示错误和警告的对话框。常见的提示包括运行错误、属性设置错误、格式设置错误、文件格式错误和警告信息。

(1) 运行错误

运行错误包括地址分配错误、不能求解 KW 方程、打不开常微分方程和模拟步长设置不合理 4 种情况，如表 3-3 所示。出现相关情况时一般只需根据提示进行相关操作即可。例如，出现错误 107，表示在模拟过程中，径流或导管中水流流向不能按有效时间步长进行计算。

表 3-3 SWMM 属性参数设置错误提示列表

提示代码	提示说明*
101	地址分配错误
103	管线××处不能求解 KW 方程
105	不能打开常微分计算器
107	不能模拟不合理时间步长

*更多详细说明见《暴雨洪水管理模型——EPA SWMM 用户教程》(2014) 附录 E 运行时间错误 P150

(2) 属性设置错误

可能出现属性设置错误的情况有对象名称指向不明、对象参数设置错误、对象形状定义错误等 40 种情形，详见表 3-4。这类错误一般是用户失误操作导致。例如，出现此类错误提示，用户只需按照错误提示的问题进行相关操作即可。例如，出现错误提示 131，表明稳定波及动力波方法存在于有死循环的系统，系统不能有效计算结果，大多数死循环可以通过转化其中一个连接水流的方向来消除，产生循环连接的名称将在弹出的消息框中列出。

表 3-4 SWMM 属性参数设置错误提示列表

提示代码	提示说明*	提示代码	提示说明*
108	子流域×××的出水口名称指向不明	113	管线糙率设置不合法
109	含水层×××参数错误	114	管线×××连接不合法
111	管线×××长度设置错误	115	管线×××走向反向
112	管线×××首末高程设置超过管线长度	117	连接×××没有定义横断面

续表

提示代码	提示说明*	提示代码	提示说明*
119	连接×××横断面设置错误	156	输入雨量计×××的数据文件不符
121	水泵×××调控曲线缺失或不合法	157	雨量计数据格式不符
131	排水系统中连接计算循环	158	雨量计×××正在使用的时间序列被其他对象应用
133	连接节点×××的出水口多于一个	159	记录的时间间隔大于雨量计×××设置的时间间隔
134	节点×××连接Dummy不合法	161	节点×××污染处理函数循环
135	分流设施连接少于两个	171	曲线×××赋值数据排列出错
136	分流设施×××分流管线不合法	173	时间序列×××赋值顺序出错
137	堰型分流设施参数设置不合法	181	融雪参数设置非法
138	节点×××初始深度大于最大深度	182	积雪包参数设置非法
139	调节器×××是一个没有存储功能的出水口	183	LID×××没有指定类型
141	连接排水口×××的进水连接或出水连接多于一个	184	LID×××缺少图层
143	调节器×××横断面设置错误	185	LID×××参数设置不合法
145	排水系统缺少排水口节点	187	LID设置面积大于所在子汇水区面积
151	×××水文单位线时间步长设置非法	191	模拟开始时间早于模拟结束时间
153	×××水文单位线反应时间不合理	193	报告开始时间晚于结束时间
155	节点×××处设置的RDⅡ面积不合理	195	报告时间步长小于汇流时间步长

*更多详细说明见《暴雨洪水管理模型——EPA SWMM用户教程》(2014) 附录E属性错误P150~P153

(3) 格式设置错误

格式设置错误是较为常见的错误。较为常见的一种情况是：一个对象与另一个没有被定义的对象相关联时，会出现这种错误提示。例如，子汇水区的出水口被指定给节点N29，但是子汇水区内以N29命名的出水口节点不存在。类似错误的参数也可能在曲线、时间序列、时间类型、含水层、融雪包、横断面、污染物以及土地利用类型等对象上发生，此类错误一般只需重新命名即可修正。常见的格式设置错误有输入文件格式错误、横断面站点设置错误、函数表达式书写错误等17种情形，详细提示见表3-5。

表3-5　SWMM格式设置错误提示列表

提示代码	提示说明*	提示代码	提示说明*
200	输入文件多于一个错误	211	输入文件第N行字符×××非法
201	输入文件一行字符过多	213	输入文件第N行时间/日期×××非法
203	输入文件单行少项	217	输入文件第N行控制程序出错
205	输入文件单行存在非法关键字	219	输入文件第N行数据赋予了未被定义的横断面
207	输入文件第N行ID已被使用	221	输入文件第N行横断面站点设置出错
209	输入文件第N行项目×××未被定义	223	×××横断面站点定义过少

续表

提示代码	提示说明*	提示代码	提示说明*
225	×××横断面站点定义过多	231	横断面×××没有定义深度
227	横断面×××没有设置曼宁系数 n	233	输入文件第 N 行指定污染函数表达式出错
229	横断面×××坝站点非法		

*更多详细说明见《暴雨洪水管理模型——EPA SWMM 用户教程》(2014) 附录 E 格式错误 P152~P153

(4)文件格式错误

常见的文件错误包括找不到原文件、文件格式错误、存放文件的路径、用户没有写入或读取数据的权限等，常见模型文件格式错误提示的信息见表3-6。例如，模型运行过程中出现错误219，表明输入文件第 N 行数据赋予了未被定义的横断面。说明在[TRANSECTS]输入文件 NC 行后面的 GR 行出现了描述横断面站点高程的数据（包括名称），但是在 X1 行之前已经定义了横断面 ID 的名称。出现此类错误提示时，用户应该认真阅读提示信息，根据运行错误提示信息进行相关操作。例如，模型运行前，先检查模型读取临时文件夹中数据的权限，一般系统默认的临时文件夹是系统自带的文件夹，如果用户没有读取该临时文件夹的权限，用户应重新指定一个新的路径，将该文件夹置于该路径下。

表 3-6　SWMM 文件格式错误提示列表

提示代码	提示说明*	提示代码	提示说明*
301	不同文件拥有相同文件名	333	在热启动文件中出现了非法数据格式
303	不能打开输入文件	335	读取热启动文件出错
305	不能打开报告文件	336	蒸发或风速数据缺失
307	不能打开二进制文件	337	不能打开名称为×××的气象文件
309	写入二进制文件出错	338	读取名称为×××的气象文件时出错
311	读取二进制文件出错	339	读取范围超出了名称为×××气象文件的范围
313	不能打开临时降水界面文件	341	不能打开临时 RD Ⅱ 界面文件
315	不能打开名称为×××的降水界面文件	343	不能打开名称为×××的 RD Ⅱ 界面文件
317	不能打开名称为×××的降水数据文件	345	RD Ⅱ 界面文件格式出错
319	降水界面文件格式非法	351	不能打开名称为×××的路径界面文件
321	赋予雨量计×××的降水界面文件没有数据	353	名称为×××的汇流界面文件格式出错
323	不能打开名称为×××的径流界面文件	355	名称为×××的汇流界面文件名称不匹配
325	在径流界面文件中发现了不匹配数据	357	入流和出流界面文件名称相同
327	读取数据步长超过了径流界面文件本身数据步长	361	不能打开名称为×××的外部时间序列文件
329	读取径流界面文件出错	363	名称为×××的外部时间序列文件数据格式出错
331	不能打开名称为×××的热启动文件		

*更多详细说明见《暴雨洪水管理模型——EPA SWMM 用户教程》(2014) 附录 E 文件错误 P153~P155

(5) 警告信息

警告信息只是提示模型运行过程中发生的情况，运行过程中模型会自动处理这种状况，模型运行不会中断。例如，出现警告 8 时，导管两端的高差超过了导管的长度，模型将用导管两端的高差除以导管的长度计算得到坡度，而不是采用更为精确的直角三角形法计算坡度。这时，用户应该仔细检查导管长度、导管上下游节点内底标高和偏移量，以找出错误。常见警告信息见表 3-7。

表 3-7 SWMM 警告信息提示列表

警告代码	警告说明*
警告 1	模拟过程中，名称为×××的雨量计降水时间步长减小
警告 2	节点×××处深度自动增加
警告 3	忽略连接×××处偏移量
警告 4	管线×××两端最小高程差过小
警告 5	采用管线×××最小设置坡度
警告 6	晴天模拟步长增加与雨天步长一致
警告 7	汇流演算步长减少与雨天步长一致
警告 8	管线×××两端高程差超过了管线本身长度
警告 9	雨量计×××时间序列步长比记录时间步长大
警告 10	具有调节功能连接×××处开口高度低于下游出水口高程

*更多详细说明见《暴雨洪水管理模型——EPA SWMM 用户教程》(2014) 附录 E 警告信息 P155 ~ P156

3.3.2.7 模型结果显示

模型运行介绍后，可以查看模拟结果报告，其结果可以以图形、表格及统计分析方式进行显示。

(1) 模型运行状态报告

本部分报告是关于模型模拟最后结果的报告，而不是关于模型模拟过程的报告。报告有分析的项目包括模拟系统摘要，地表径流、管道汇流和水质演算等连续性误差分析，汇流时间步长分析等项目。

系统摘要。该部分主要对模型采用的单位、模型模拟过程、模型模拟下渗所采用的方式、模拟汇流采用的方法、模型开始时间和结束时间、报告时间步长、晴天模拟时间步长、雨天模拟时间步长，以及水流在管线中的计算时间步长等进行统计。

地表径流连续误差性分析。该部分主要显示地表径流模拟过程中涉及的污染物初始堆积量、地表污染物堆积量、雨天污染物处理量、清扫移除量、下渗损失量、通过最佳管理措施后污染物减少量、地表径流量、污染物剩余量、晴天入流、雨天入流、地下水入流、来自 RDⅡ的入流量、外部入流量、外部出流量、内部出流量、蒸发损失量、深层下渗损失量、初始储水量以及最后储水量在计算过程中产生的误差进行报告。

水量连续性误差分析。主要对模型在运行过程中晴天入流、雨天入流、地下水入流、来自 RDⅡ入流量、外部入流量、内部产生的洪水、外部出流量、污染物堆积、初始污染物、模拟结束时污染物等进行了误差分析。同时对计算机在模拟过程中出现最大径流量的管线进行了统计。

汇流时间步长分析。这部分对模型设置的最小时间步长、平均模拟时间步长、最大时间步长、均衡流在模拟过程中所占的比例、每步计算平均迭代次数、运算收敛等模拟稳定性进行分析。

状态报告最后部分显示的是开始模拟时间、介绍模拟时间和模型总运行时间。

（2）模拟结果摘要

本部分报告是对排水系统中每个子汇水区、节点和连接的模拟结果用制表的方式进行显示，如图3-16所示。子汇水区统计参数包括子汇水区径流和冲刷情况；LID特性；节点统计参数包括节点水深、节点入流、节点滞留和发生在节点的最大水深；出水口主要对通过出水口的水量和水质项目进行统计；连接主要对连接水量和污染物种类及污染物量进行统计；管线主要统计通过导管的水量。

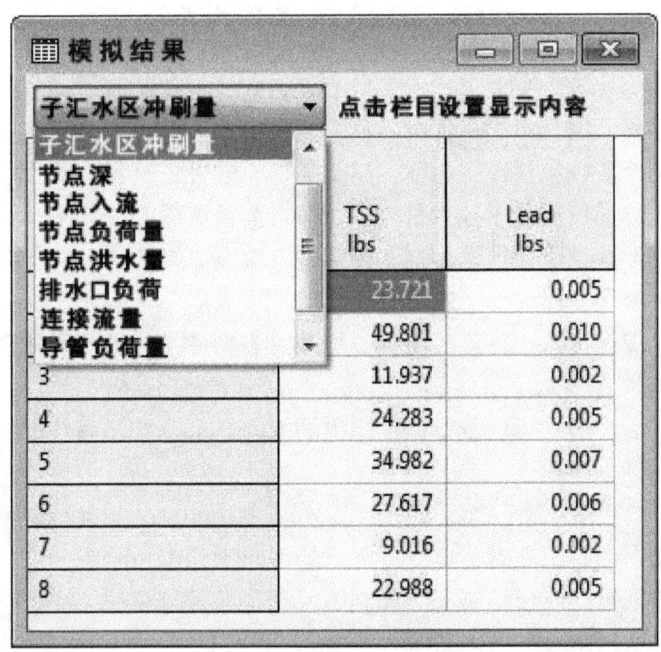

图3-16 模拟结果摘要

子汇水区径流统计参数包括总降水量、其他子汇水区流入量、总蒸发量、总下渗水量、总径流深、总径流量、径流系数等。

LID特性统计参数主要包括对发生在LID区域的总入流量、总蒸发量、总下渗量、地表出流量、渠道出流量、初始储水量和模型运行介绍储水量等项目进行统计。

子汇水区冲刷。主要是对子汇水区内所有的污染物总量进行统计。

节点深度。主要统计参数包括节点类型、节点平均水深、最大水深、最大水深发生时的高程，以及最大水深出现时的时间。

节点入流量。统计参数包括节点类型、最大测流量、最大总入流量、最大总入流量出现的日期和时间、测流总量、总入流量、水量平衡误差分析。

节点滞留量。统计参数主要包括滞留节点名称、节点类型、滞留时间、超过顶点最大深度、低于排水口最小深度。

节点洪水。统计参数主要包括洪水发生节点名称、洪水持续时间、最大洪峰流量、最大洪峰出现的日期和时间、总洪水量，以及最大积水容量，如图3-17所示。

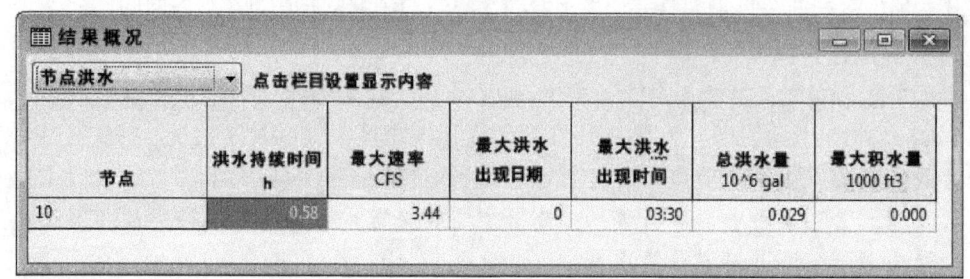

图3-17　节点洪水参数统计表

出水口负荷。统计参数主要包括出水口节点名称、排放频率、评价排放流量、最大排放流量、排放总体积，以及单一排污污染物总质量。

连接水量。统计参数包括连接名称、连接类型、最大径流量、最大径流量出现的日期和时间、最大流速、满负荷最大径流量、满负荷最大径流深。

导管超载。统计参数包括导管名称、导管首末端充满时间、上游充满时间、下游充满时间、正常水之上时间，以及导管超载符合小时数。

连接污染物。统计参数包括连接名称、加载污染物种类，以及污染物总量。

（3）模拟结果图像显示

模型运行结束后，用户可以设置模拟结果图像的显示方式，系统提供了时距图、剖面图和散点图查看三种方法。

1）时距图。时距图绘制至少需要一个参数相对时间的6个点绘制，如图3-18所示。当仅绘制单个时间点的时距图时，可以将此点的时间序列作为绘图变量的校准数据进行注册，注册后此点数据可随着模拟结果一起制图（用作对比分析）。

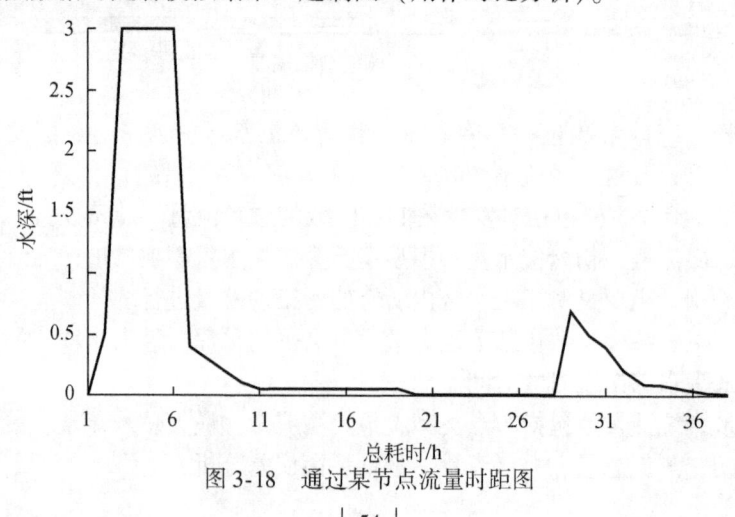

图3-18　通过某节点流量时距图

时距图可通过时距图编辑面板进行编辑，时距图编辑面板示意图如图 3-19 所示。

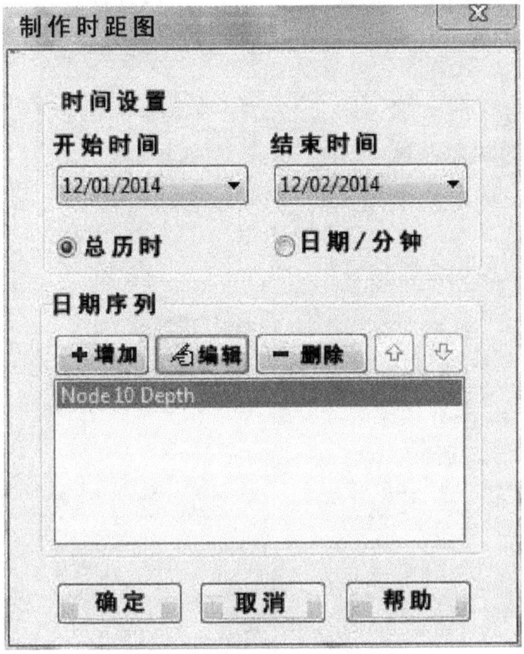

图 3-19　时距图编辑面板

2）剖面图。管线剖面图至少要连接两个及以上的节点，如图 3-20 所示，剖面图展现的是同一时间排水系统中连接和节点的模拟水深与距离之间的关系。在剖面图中，如果用户在地图浏览列表中设置了新的时间点，剖面图将自动更新，同时用户也可以对路径、管线重新设置。

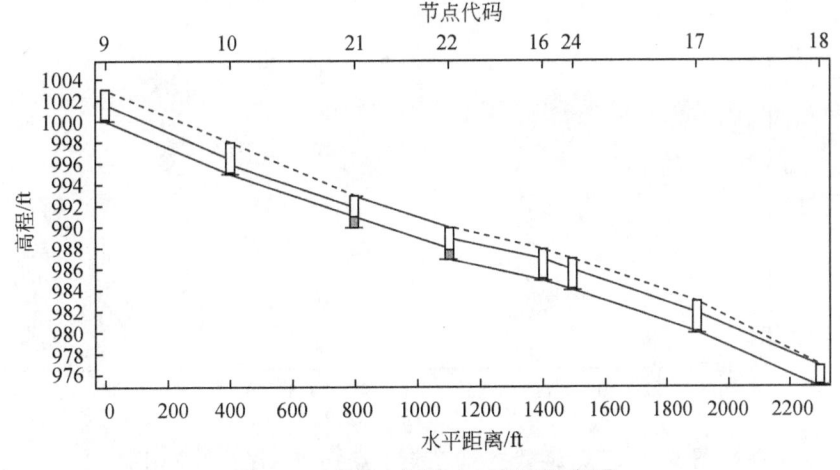

图 3-20　节点 8 至出水口剖面示意图

剖面图可以在剖面图编辑面板进行编辑，剖面图编辑面板示意图如图 3-21 所示。为了使排水系统垂向图层更具体化和形象化，剖面图可以在模拟开始之前进行设置，也可以在模拟运行介绍后进行设置，用户可以根据需要进行操作。

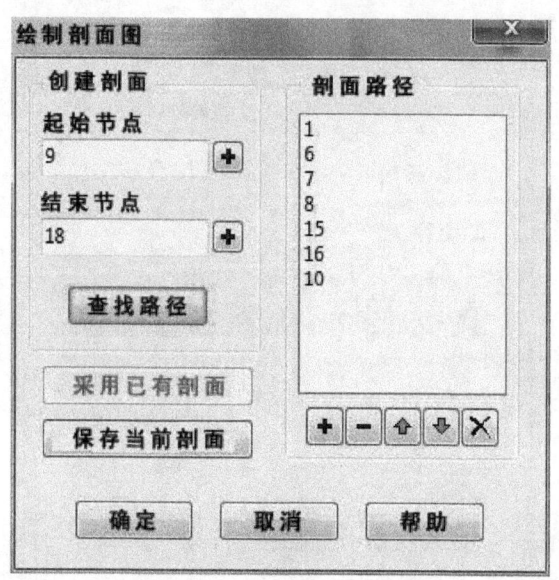

图 3-21　剖面图编辑面板示意图

3）散点图。散点图可以直观显示两个变量之间的关系。例如，管道中某节点水头和流量之间的关系，如图 3-22 所示。

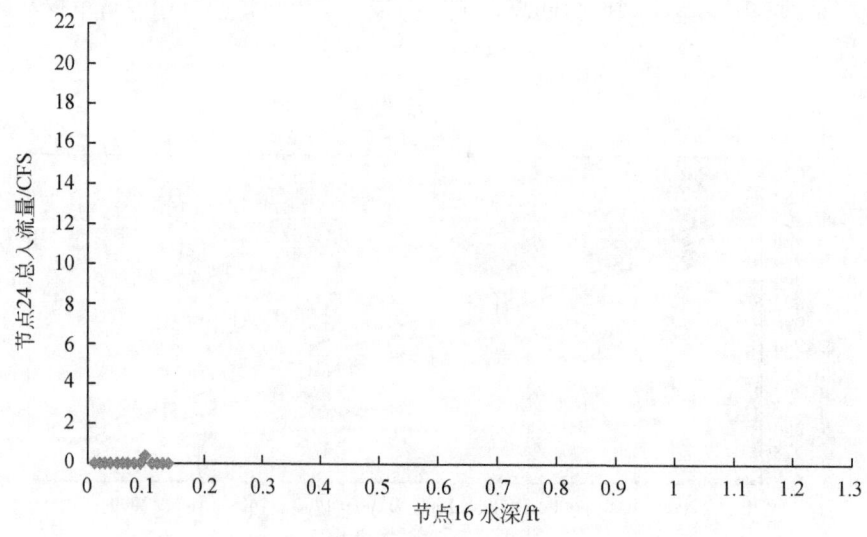

图 3-22　节点 24 处总入流量与节点 16 处水深散点关系图

散点图可以在散点图编辑面板进行编辑，散点图编辑面板示意图如图 3-23 所示。

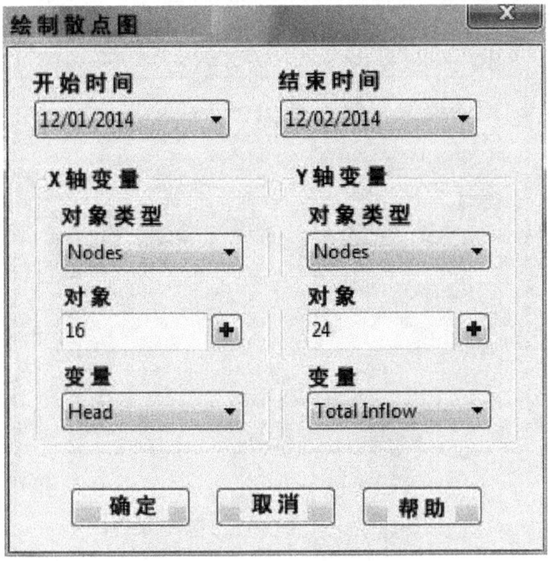

图 3-23　散点图编辑面板

(4) 模型模拟结果表格显示

模型提供了两种表格列表显示方法，一种是按对象列表统计，另一种是按变量列表进行统计。

1）按对象列表统计。把同一对象的几个变量时间序列同时进行列表显示，如图 3-24 所示，图中显示的是节点 24 的水深、水头、过水流量、侧向来水等项目。

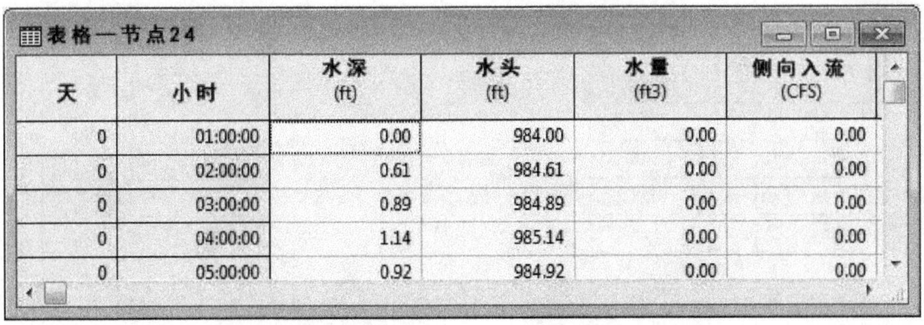

表格—节点24

天	小时	水深 (ft)	水头 (ft)	水量 (ft3)	侧向入流 (CFS)
0	01:00:00	0.00	984.00	0.00	0.00
0	02:00:00	0.61	984.61	0.00	0.00
0	03:00:00	0.89	984.89	0.00	0.00
0	04:00:00	1.14	985.14	0.00	0.00
0	05:00:00	0.92	984.92	0.00	0.00

图 3-24　节点 24 按对象列表统计表

按对象列表可以在按对象列表编辑面板进行编辑，编辑面板示意图如图 3-25 所示。

2）按变量列表统计。把几个对象的同一变量的时间序列进行列表，如图 3-26 所示，表格中列出了节点 16、节点 22 和节点 24 的水头随时间的变化关系。

按变量列表可以在按变量列表编辑面板进行编辑，编辑面板示意图如图 3-27 所示。

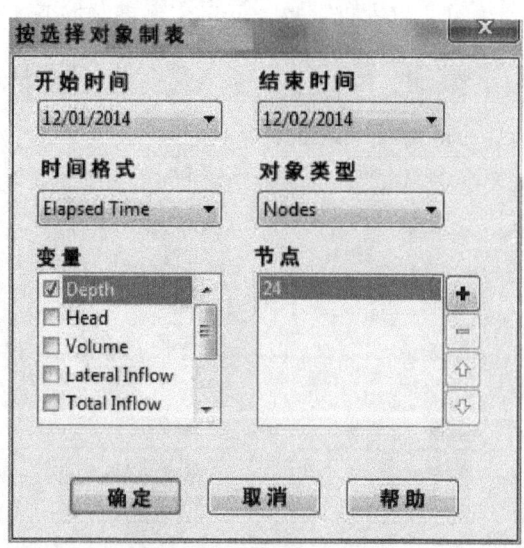

图 3-25　按对象列表编辑面板

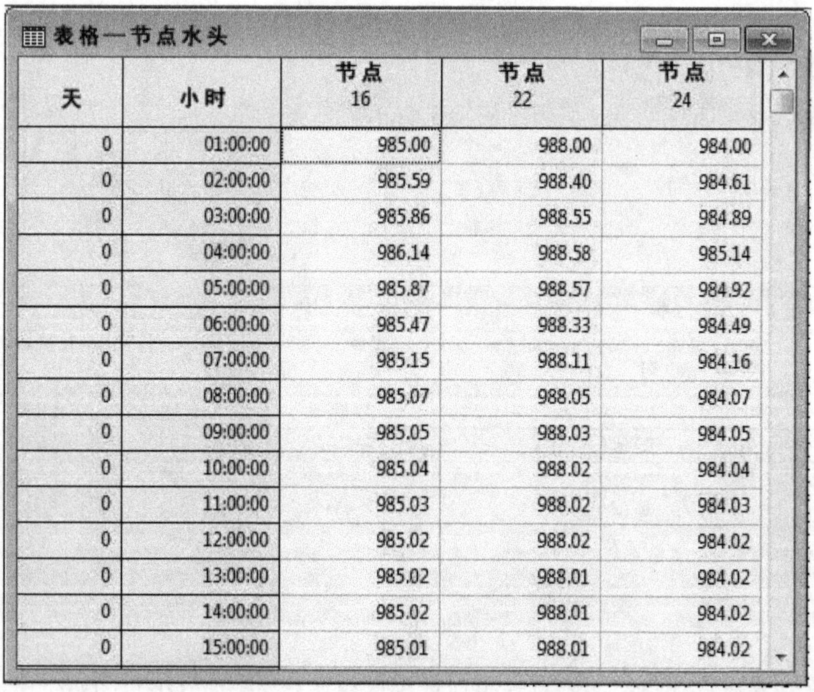

天	小时	节点 16	节点 22	节点 24
0	01:00:00	985.00	988.00	984.00
0	02:00:00	985.59	988.40	984.61
0	03:00:00	985.86	988.55	984.89
0	04:00:00	986.14	988.58	985.14
0	05:00:00	985.87	988.57	984.92
0	06:00:00	985.47	988.33	984.49
0	07:00:00	985.15	988.11	984.16
0	08:00:00	985.07	988.05	984.07
0	09:00:00	985.05	988.03	984.05
0	10:00:00	985.04	988.02	984.04
0	11:00:00	985.03	988.02	984.03
0	12:00:00	985.02	988.02	984.02
0	13:00:00	985.02	988.01	984.02
0	14:00:00	985.02	988.01	984.02
0	15:00:00	985.01	988.01	984.02

图 3-26　按变量列表编辑面板

（5）模拟结果统计分析

模拟结果统计项目包括均值、最大值、最小值、标准偏差、协方差，以及指定项目频率等十多项。当用户指定特定分析对象后，模型将按时间顺序显示该模拟结果，该统计结果可以对长系列的模拟结果进行分析。统计报告设置面板如图 3-28 所示。

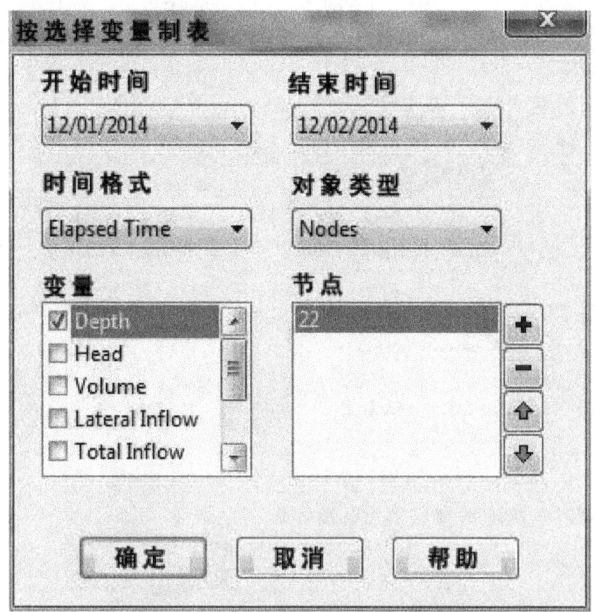

图 3-27　按变量列表编辑面板

图 3-28　统计报告参数设置面板

统计报告如图 3-29 所示，主工具栏有 4 个表头，分别是：①摘要，模拟结果摘要统计表格；②事件，事件发生的时间排序表格，包括统计日期、持续时间和数量；③直方图，统计量的统计参数用直方图；④频率图，模拟结果超频特征曲线分析。

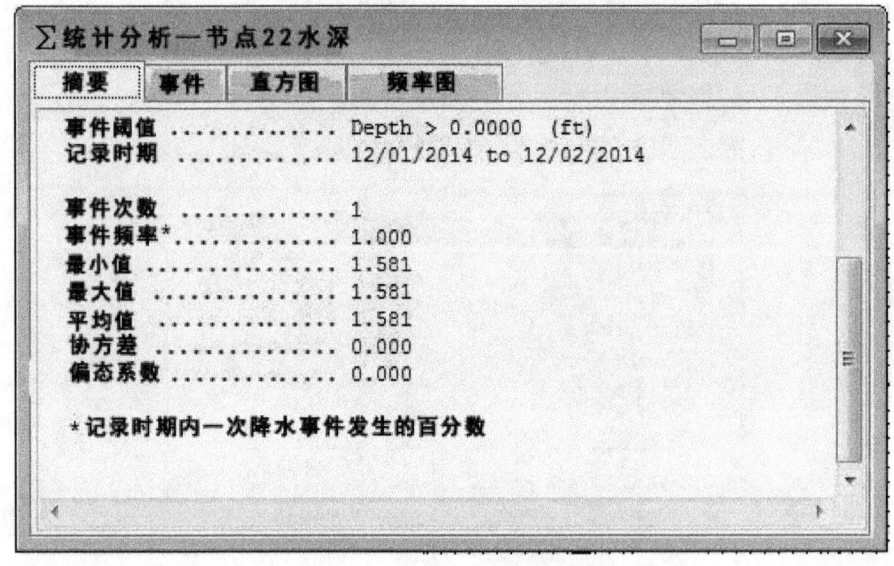

图 3-29　统计报告结果示意图

第4章　SWMM 计算实例

4.1　蓄满产流

本例说明了如何在城市流域建立一个水文模型，并应用此模型比较超渗产流和蓄满产流下洪峰流量的不同。这个例子阐述了流域划分的过程，即将流域分成较小计算单元的过程，同时还讨论了 SWMM 用于将降雨转化为径流的小流域的特征。在这个例子中我们只考虑产流，流域内通过排水管道和渠道的汇流过程将在 4.2 节中说明。

该模型在实践中应用很普遍。很多地方的洪水管理条例和政策对超渗产流情况下的洪峰流量有新的限制要求。为了满足环境可持续发展的目标，类似的条例也被应用于径流总量的控制。

4.1.1　问题阐述

图 4-1 是一幅将要作为居民住宅用地，占地 29acre 的自然流域的轮廓图。这块未开发的土地原来是土壤肥沃的牧场。图 4-2 展示了这块地方的规划发展图，除了在公园区域的洼地，其他地方没有大的地形变化，这就表明，将来的街道规划将大体遵循原有的自然坡度。然而，居民区需要建立在街道前坡度为 2% 的地方，这样排水较为方便。开发后的区域将通过这块区域东南区街道下方的排水节点进行排水，这个排水节点就可以看作是这块区域的出口节点。

这个模型将估算流域出口的洪峰流量，并与城市化前的数据进行比较。需要使用洪峰在管道中排水的典型路径，用于计算对于不同回归区域中设计洪峰流量系列值的流域水文响应。这里使用的设计洪峰流量是 2h 事件，分别对应 2 年、10 年、100 年的重现期。本例中使用的大部分参数值取自《SWMM 用户指南》（Lewis，2008），并由 Denver 出版的有关城市排水系统和洪水控制区域（UDFCD，2001）的设计指导补充。

在这里，我们将要建立两个模型：一个代表流域现阶段未开发的状况；另一个代表完全开发后的流域状况。由于模拟的是流域出口现状和未来流量的初始情况，所以未考虑管道流，只考虑了蓄满产流。本章 4.2 节的实例将在模型中加入管道、排水口等排水系统。

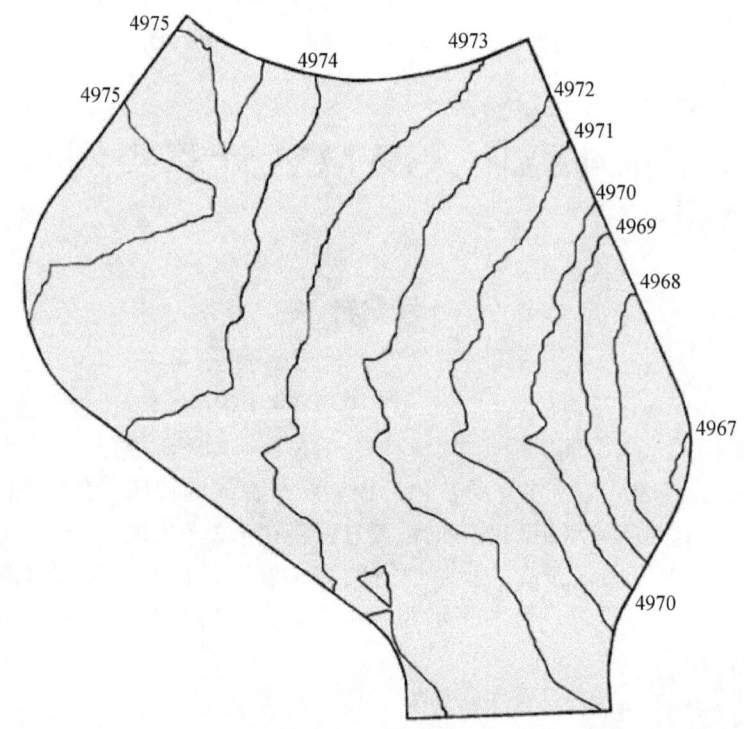

图 4-1 未开发区域

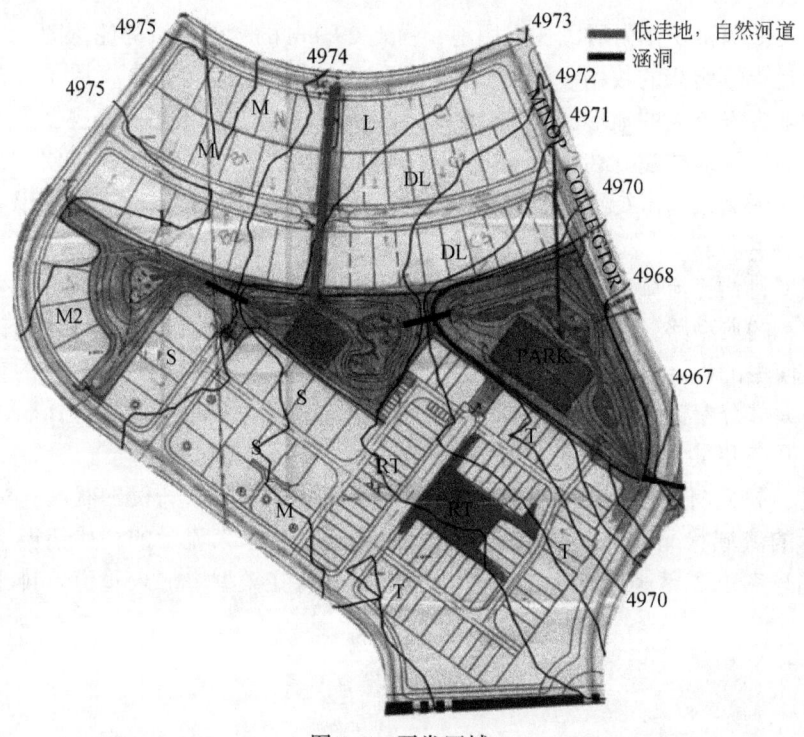

图 4-2 开发区域

4.1.2 系统代表性

SWMM 是一个分布式模型,可以将研究区域细分为任意数量的不规则小流域,这些小流域可以很好地反映地形、排水路径、下垫面、土壤等影响径流的分布特征。如图 4-3 所示,理想的小流域是一个坡度相同,宽度为 W,并排入同一个出口管道的矩形区域。每个小流域还可以进一步细分为 3 个区域:存在填洼(滞留)的不透水区域,不存在填洼的不透水区域和存在填洼的透水区域。只有最后一个区域可以通过下渗到土壤造成降雨损失。

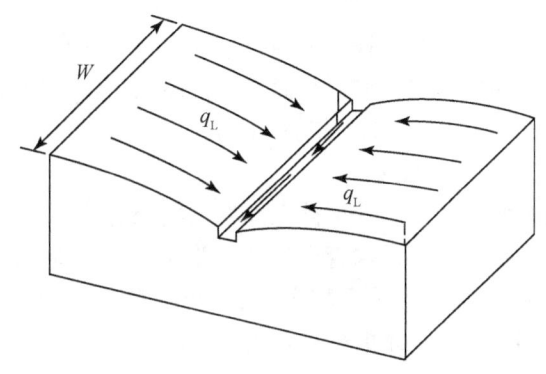

图 4-3 理想的小流域

研究区域小流域的水文特征通过以下输入到 SWMM 中的参数值确定。

(1) 面积

面积是指小流域区域内的面积。这个值可直接由地图或区域勘测获得,也可以将小流域轮廓输入到 SWMM 研究区地图中通过 SWMM 的自动测量系统测得。

(2) 宽度

宽度是指小流域的面积除以水流在区域内可以穿过区域的最长距离所得的值。在自然区域,真正穿过区域的水流只能发生在合并为溪流之前 500ft 的距离。在城市化区域,真正穿过区域的水流可能会非常短,因为它会汇集到明渠或管道中;在非城市区域,最大穿越区域值在 500ft 左右较为合适,典型的穿越区域长度是从有代表性的节点后面到城市流域街道的中心处。如果在各小流域间穿越区域的值相差很大,则需要计算各区域间的权重。

由于准确测量一个小流域中穿越区域的路径比较困难,宽度通常被当作一个校准参数用于调整径流观测值和计算值使之达到较好的匹配度。

(3) 坡度

这里的坡度是指径流流过的下垫面的坡度,透水面和不透水面的坡度相同。这个坡度就是水流穿越区域的坡度,如果小流域中有很多径流路径,则根据各个小区域间的权重进行计算。

(4) 不透水率

不透水率是指小流域中不透水面积占总面积的百分比，如屋顶、道路等雨水不能下渗的地方。不透水率可以说是流域水文特征中最敏感的参数，取值可以从未开发区域的 5% 到高密度商业区的 95%。

(5) 糙率系数

糙率系数反映了径流流过小流域表面时遇到的阻碍大小。由于 SWMM 应用曼宁公式计算径流糙率，所以这个系数与曼宁公式中糙率系数 n 相同。透水面和不透水面的糙率系数有所不同，是因为透水面的 n 比不透水面的 n 在计算中更加重要（如高密度植被区域为 0.8，光滑的沥青地面为 0.012）。

(6) 洼地存储

洼地存储是指产生径流前需要填补洼地的一个体积值。在小流域中，透水区域和不透水区域的值不同。洼地存储即初损，如下垫面塘洼，屋顶、植被的截留和使下垫面湿润的值，取值可以从不透水面的 0.05in 到森林区的 0.3in。

(7) 无洼地存储的不透水面积率

这个值说明了降雨初始阶段在洼地存储之前发生的径流状况，包括靠近排水道没有下垫面存储的人行道、直接排入街道排水管道的沥青路面，以及新建的表面无塘洼的人行道等。这个变量的缺省值为 25%，但可以根据不同的小流域进行调整。除非该区域存在特殊的环境，无洼地存储的不透水面积率的推荐取值为 25%。

(8) 下渗模型

SWMM 中有 3 种计算流域透水面积下渗损失量的方法，分别是 Horton、Green-Ampt 和特征值模型法。目前还没有定论哪一种模型最好。Horton 模型在动力学模拟中已经应用了很长时间，Green-Ampt 模型的物理依据更强，特征值是从简化计算径流模型中有名的 SCS 特征值中衍生出来的，但不完全一样。

本例中适用的是 Horton 模型。这个模型中包括如下参数。

最大下渗率：这是降雨初始时的下渗值。由于该值取决于土壤初始含水状况，故较难估计。取值从干的黏土的 1in/h 到沙土的 5in/h。

最小下渗率：这是土壤饱和后的极限下渗率。该值通常设定为与土壤饱和使得水力传导度相同的值。后者根据不同的土壤类型取值有很大变化（如取值从黏土的 0.01in/h 到沙土的 4.7in/h）。

凋萎系数：这个参数是指下渗率从最大的初始值下降到最小值的下降速率。取值一般为 $2 \sim 7 h^{-1}$。

(9) 降雨

降雨是降雨-径流-流量估算中的初始推动变量。降雨径流的流量和流速直接取决于降雨量的多少和降雨在流域上的时空分布状况。SWMM 中的每个小流域都与描述格式和小流域中降雨量关系的测雨系统相关。

4.1.3 模型设置——未开发区域

用于未开发区域的 SWMM 在图 4-4 中有所描述。其中包括为小流域 S1 提供降水输入的降水量监测 R1，该小流域的径流排入输出节点 O1。可以看出，未开发区域的轮廓图在绘制小流域轮廓时曾被用作背景图片。该 SWMM 输入文件夹命名为 Example1-Pre.inp。

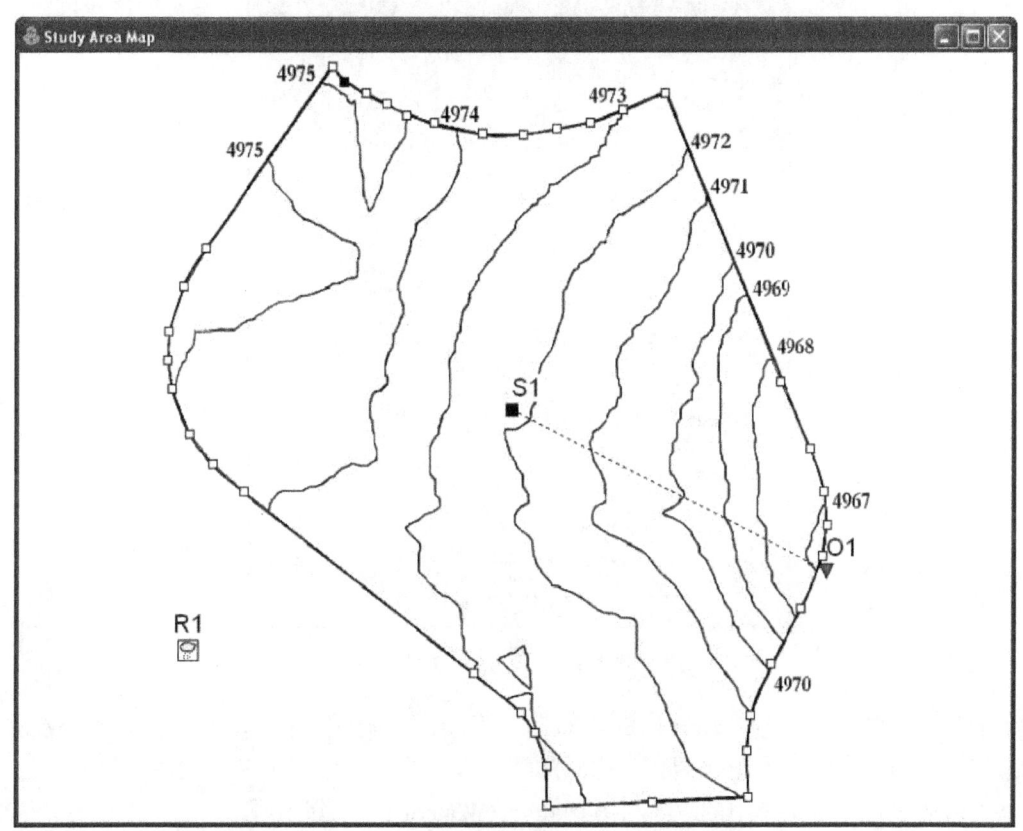

图 4-4　未开发研究区域的 SWMM 概化模型

(1) 在 SWMM 中应用背景图片

为了更好地定位排水系统，SWMM 可以设定一张图片作为项目研究区域的背景图片。该图片一般是一张有某种已知坐标的地图。任何 BMP、WMF 或 EMF、JEPF 或 JPG 格式的图片都可以作为背景图片。这些图片一般都出自 CAD 或 GIS 绘制的地图，也有可能是印刷或扫描的地形图或街道地图。

在加载背景图片之前，图片中真实的水平和垂直坐标必须已知，才能准确地描述地图。按下列步骤为一个 SWMM 项目添加合适的背景图片。

在主菜单中选择 View | Backdrop | Load。

在出现的 Backdrop Image Selector 对话框中输入需要加载的背景图片文件名。关闭对话框后,该背景图片将出现在研究区域地图中,坐标是缺省值。

在主菜单中选择 View | Backdrop | Resize 来调整背景图片和研究区地图的比例尺。在 Backdrop Dimensions 对话框中选中"Scale Map to Backdrop Image"。这就自动将题图的坐标调整为与背景图片相同的坐标。在 Lower Left 坐标中输入 0,0,在 Upper Right 坐标中输入背景的宽和高。

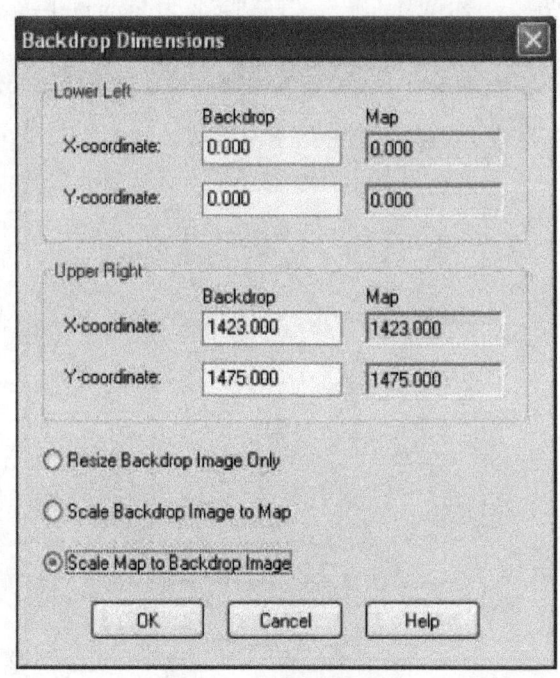

图 4-5 背景设置界面

最后,在主菜单中选择 View | Dimensions,并为地图选择合适的单位(通常为 ft 或 m)。

有时,用户会将背景图片调亮,这样加载的排水系统在地图中突出的更加明显。这一步骤可以通过选择主菜单中的 View | Backdrop | Watermark 按钮实现。

(2)小流域特性

根据地区的轮廓图,该地区地形较为平缓,而且流域中没有明显的管道,这就说明有穿越流域的径流产生。该地区没有道路或其他当地不透水区域,在整个分水岭区域土壤类型都是类似的(Sharpsbuge 淤泥)。因此,由于该流域属性的分布特征,该区域在地形上没有显著差异。在单独的小流域 S1 上,径流将排向自由出口节点 O1,该节点海拔 4967ft。

图 4-4 中的区域不是整个待开发的自然流域。该区域用已开发的道路圈出,这样更加容易进行两种情况(已开发区域和未开发区域)的比较。

小流域 S1 的特性在表 4-1 中有所归纳。这些值是基于原本有肥沃土壤牧场的未开发区域确定的。这种土壤类型的参数值可参照 SWMM 用户指南和 UDFCD 指导用书。

表 4-1 未开发小流域的特性

特性	取值	特性	取值
面积	28.94acre	洼地存储，透水面	0.3in
宽度	2521ft	洼地存储，不透水面	0.06in
坡度	0.50%	无洼地存储的不透水面积率	25%
不透水率	5%	最大下渗率	4.5in/h
糙率系数，不透水面	0.015	最小下渗率	0.2in/h
糙率系数，不透水面	0.24	下渗衰减速率	6.5h^{-1}

该小流域的面积是由 SWMM 中自动测量的工具测得的。小流域的宽度是通过初始鉴定的最大穿越区域的径流路径做出的，为 500ft，这是未开发区域的典型值。走过这段距离后，径流将汇入到小溪中，因此与穿越区域的径流流经规则的平原区有所不同。根据这个假设，该小流域被划分成一些径流路径为 500ft 的小区域和不足 500ft 的区域。从图 4-5 中可以看出，有 3 块径流路径均为 500ft 的区域，因此，平均径流路径也是 500ft。将整个面积为 28.94acre（1 260 626ft^2）的小流域除以平均径流路径可得该小流域的宽度为 2521ft。该流域的平均坡度是通过 3 块小流域的坡度加权计算所得，从图 4-6 和表 4-2 中可以看出三块小流域组成了整体的穿越区域的径流路径，坡度值为 0.5。

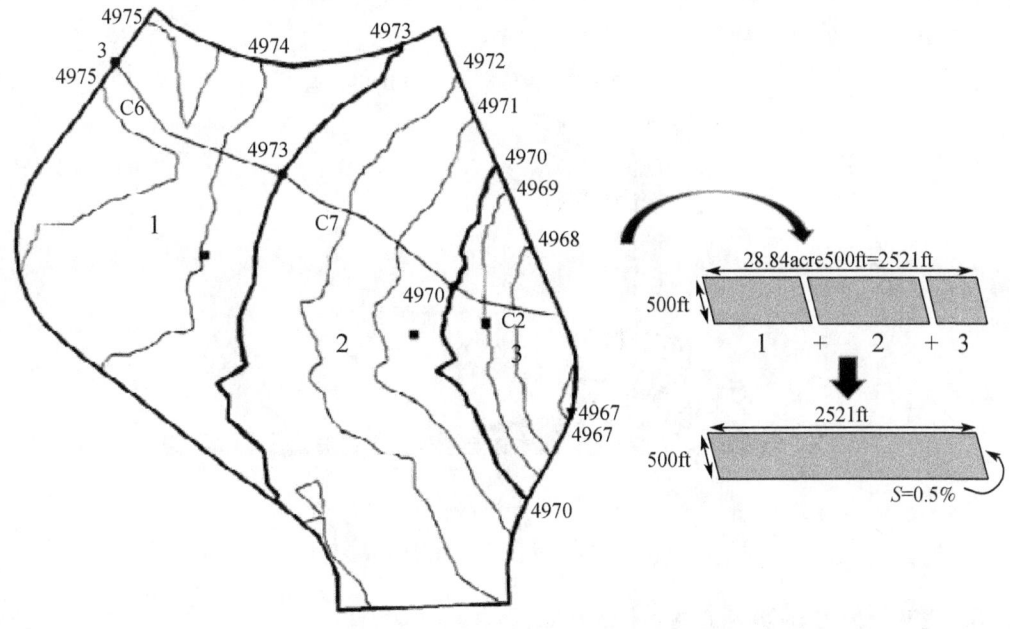

图 4-6 未开发区域的宽度计算

表 4-2　未开发区域的径流路径长度和坡度

小区域编号	径流路径长度/ft	相关面积 (A_i)/acre	上游海拔/ft	下游海拔/ft	海拔差/ft	坡度 (S_i)/%
1	500	11.13	4974.8	4973	1.8	0.4
2	500	14.41	4973	4970	3	0.6
3	500	3.4	4970	4967	3	0.6
平均值	500					0.5

加权平均计算遵循式（4-1）。

$$\sum_{i=1}^{3} \frac{S_i \cdot A_i}{\sum A_i} \tag{4-1}$$

该分析中采用 Horton 模型计算下渗率。模型中适用的参数是该区域淤泥土壤类型中的典型值，在表 4-1 中已经列出。强烈推荐在使用文献中的值之前，先使用该研究区域中所有已经有的具体值。

(3) 雨水测量属性

雨水测量属性 R1 描述了应用于该研究区域的降水输入和设计值。该例中，降雨有三种设计大小，分别对应 2 年一遇、10 年一遇和 100 年一遇的 2h 降雨量。每场洪水值在 SWMM 模型中都是由历时 5min 的雨洪记录组成的各自独立的时间序列。各时间序列分别命名为 2 年序列、10 年序列和 100 年序列，如图 4-7 所示。各雨洪深度分别为 1.0in、1.7in 和 3.7in。这些设计洪水都是从 City of Fort Collins 中挑选出来的用于 SWMM 中的数据（City of Fort Collins，1999）。

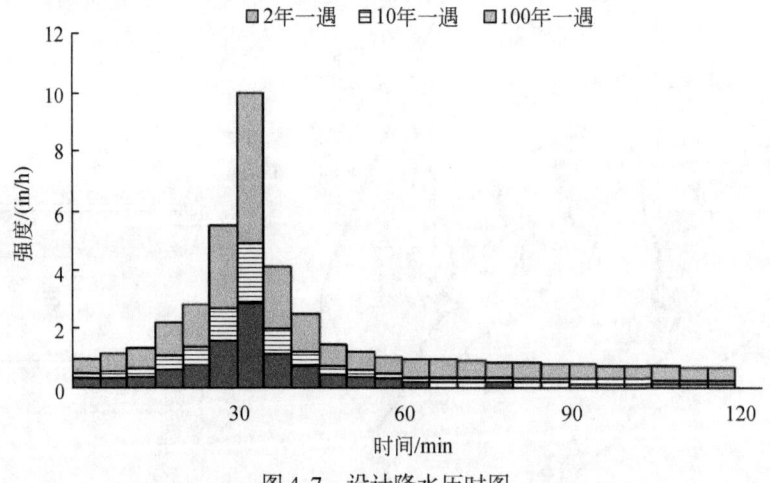

图 4-7　设计降水历时图

(4) SWMM 中的测量工具

SWMM 中图形化用户接口有很多工具可以帮助用户测量项目研究区域地图的距离和面积。其中一个工具就是 Auto-length 按钮，当该按钮启动时，任何小流域已经绘制和编辑的轮廓将自动计算其面积，并存储在其面积属性中。这个功能同样适用于测量导管的长度。该按钮的当前状态在 SWMM 主窗口底部的状态栏中有所显示。可以通过点击 Auto-length 按钮旁边向下的箭头来改变其开或关的状态。

Auto-length 按钮的另外一个功能就是可以同时在一个项目中重新计算所有小流域的面积和所有管道的长度。当用户改变地图的比例尺时，或将地图在美制单位和米制单位中互相转化时，或在该按钮关闭状态时进行大量地图编辑时，该功能将会有很大的作用。应用该功能时，需要确保 Auto-length 按钮处于开启状态，并选择主菜单中的 View | Dimensions。在弹出的 Map Dimensions 对话框中，点击按钮对所有长度和面积重新进行计算。除非用户强烈要求，对话框中其他所有设置无需改动。点击 OK 后，地图上所有子流域的面积和管道的长度数据将得到更新。

第二个测量工具就是 Ruler 工具，见图 4-8。它的功能是测量某条折线的距离，当折线闭合成一个多边形时还可以测量该多边形的面积。在 Map Toolbar 中选择 按钮激活 Ruler 工具。在测量的起始点点击鼠标，然后沿着测量路径在每个转折点处左击鼠标，在终点处右击鼠标（或按 Enter 键），便可结束路径选择同时得到路径的长度。测量周长和多边形面积时，确保路径的起始点和终点相同。

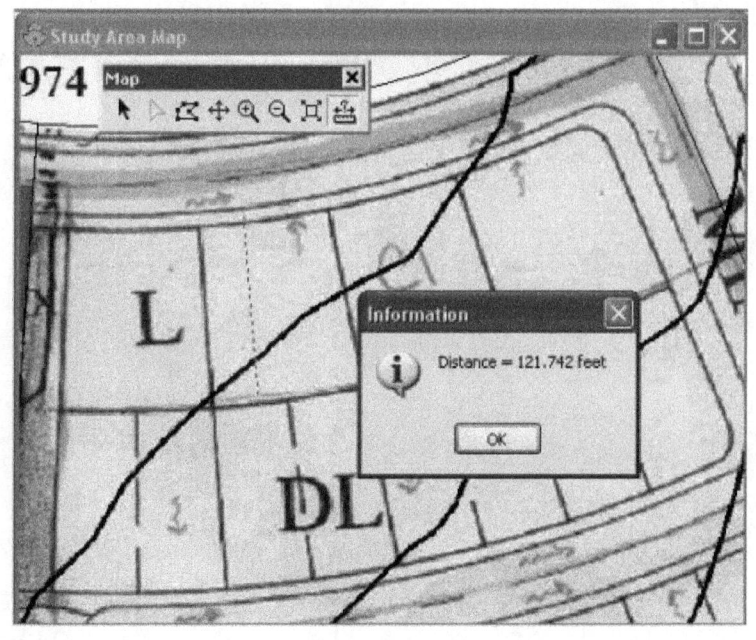

图 4-8 测量工具

4.1.4 模型计算结果——未开发区域

（1）分析选项

表 4-3 中展示了运行模型时适用的分析选项。模型共运行三次，分别针对每种设计暴

雨情况。分析某种特定暴雨时，用户只需将降雨量监测 Series Name 属性改为需要运行的降雨时间序列，然后每场暴雨出流的总流量情况将绘制在一张图表上供分析比较。

表 4-3 分析选项

选项	值	说明
流量单位	CFS	全部使用美国通用单位
路径测量方法	Kinematic 波	必须具体确定一种路径测量方法，但本例中未使用该方法计算穿越区域的径流
分析开始时间和日期	01/01/07-00:00	对单个事件的估计影响不大
报告开始时间和日期	01/01/07-00:00	即时开始报告结果
分析终止时间和日期	01/01/07-12:00	模拟时间为12h（暴雨历时2h）
报告时间步长	1min	短时间估算需要的高标准结果细节
干燥天气时计算径流步长	1h	对单个事件的估计影响不大
湿润天气时计算径流步长	1min	必须比降雨历时短
测量路径时间步长	1min	必须小于报告时间步长

(2) 模拟结果

图 4-9 中展示了每场设计洪水的出流过程线，这是使用名为 Exporting Data From SWMM 的边栏中提出的步骤所绘制的。比较洪峰流量明显上升时和回归流增加时的情况，并考虑该增加值对雨强的敏感程度（2年一遇的洪水过程线也绘制在图中作比较）。在不同的回归流中，流量的增加远远大于雨强的增加，这是由于土壤含水量在较强暴雨中逐渐饱和，从而使得更多的降雨转化为径流。

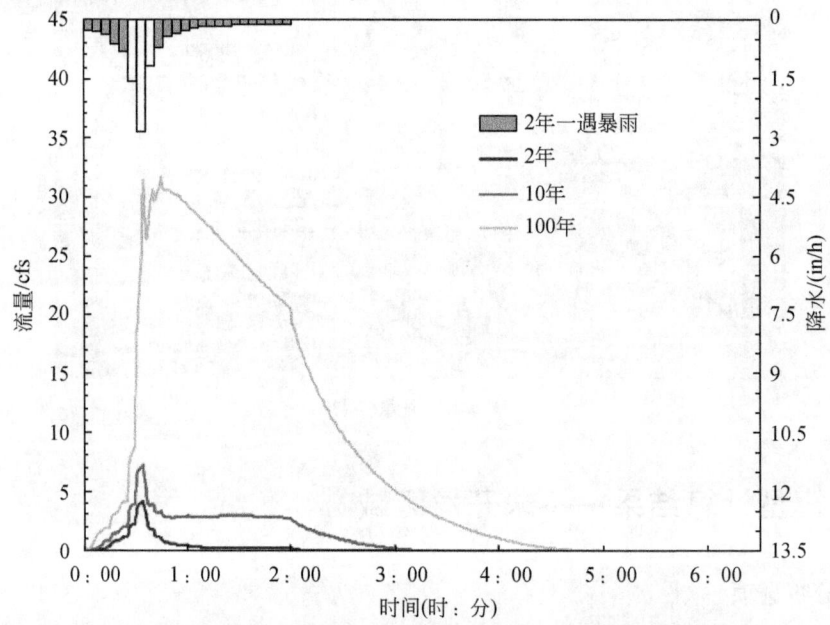

图 4-9 未开发区域径流过程线（流量-时间关系曲线）

表 4-4 比较了每场设计洪水中降雨峰值、总降雨量、总径流量、径流系数、洪峰流量和总下渗量。另外，最后一列提供了每种情况下降雨的下渗率。在 SWMM 运行中，这些值将直接从子流域径流汇总表中读出，并在 Status Report 中显示出来。

表 4-4 未开发区域运行结果汇总

设计洪水	雨强峰值/(in/h)	总降雨量/ft	径流总量/ft	径流系数/%	洪峰流量/cfs	总下渗量/ft	降雨下渗率/%
2 年一遇	2.85	0.978	0.047	4.8	4.14	0.93	95.1
10 年一遇	4.87	1.711	0.22	13.1	7.34	1.48	86.5
100 年一遇	9.95	3.669	1.87	50.8	31.6	1.80	49.1

(3) 从 SWMM 中导出数据

在 SWMM 接口中可以将某次运行的结果绘制出来，但是不能绘制较早运行结果中的任意一个结果。这样就必须将每次运行产生的结果输出到一个输出表格（图 4-10）或其他绘图软件中。SWMM 中点和表格中的数据都可以很简便地输出，下列步骤讲述了如何输出 2 年一遇和 10 年一遇的某个流域出口径流的数据。

1) 运行 2 年一遇的模拟程序。点击流域出口 O1，并在 Standard Toolbar 中选择省略控件 ▦ 。对本例来说，选择 "by Object…"。

2) 在 Table by Object 对话框中的 Time Format 中选择 Date/Time，在变量中选择 Total Inflow。点击 OK，如图 4-10 所示。

图 4-10 数据导出界面

3) 将出现一个含有径流率和相应时间的表格。在主菜单中先选择 Edit | Select | All，后选择 Edit | Copy to…。在 Copy Table 对话框中可以选择将数据复制到剪贴板上然后直接粘贴到输出表格中或保存到一个文本文件中。本例中使用剪贴板，打开一个输出表格文

件，将剪贴板的内容粘贴进去即可。

4）回到 SWMM 模型中，运行 10 年一遇的程序，重复步骤 1）~3）。将数据粘贴到同一个表格中 2 年一遇暴雨的旁边。

5）现在表格中使用 Scatter 绘图和计算工具将两组数据中 Total Inflow 的数据绘制到同一个图表中。

4.1.5 模型设置——开发后区域

城市化后，影响流域水文响应最主要的因素就是不透水面的增加和穿越区域路径的缩短。下渗面的减少增加了径流的产生和更快更大的洪峰流量。从这方面看，本例中径流的水文过程将在开发后的状态下进行模拟。本模型的 SWMM 输入数据命名为 Example1 - Post. inp。另外，关注重点将仅在降雨-径流的转化关系和越境流的过程上。渠道中的路径问题将在地表排水系统中有所阐述。

(1) 流域划分

在城市化流域中，有渠道类（排水沟和沼泽地）的介质将径流导入地区出口处。将研究区域划分为独立的小流域时，不仅要考虑地区特征分布的差异性，还要考虑渠道的分布。从本例研究区域开发研究规划（图 4-11）可以看出，将本流域分为 7 块小流域即可代表区域规划土地利用的空间差异性和区域内渠道的分布状况。小流域的边界是通过将越境流路径相同且排入同一渠道的小区域整合到一起形成的。流域分解结果见图 4-11。

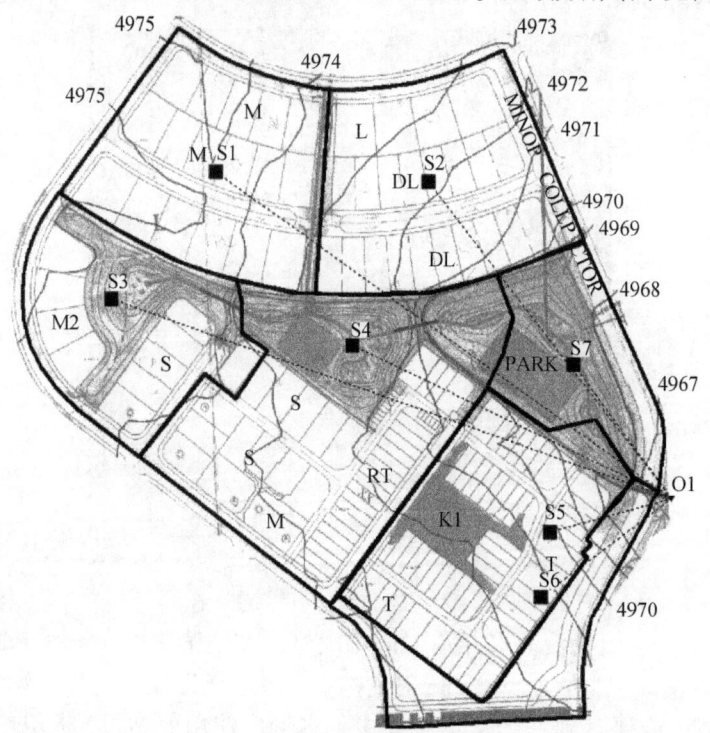

图 4-11 开发后区域的分解图

从图 4-11 中可以看出，所有小流域都将其越境流直接排入流域出口节点 O1。事实上，每个小流域的径流出口都需要指向径流排入渠道排水系统的节点处。然而，由于本例不考虑流域渠道中径流路径（4.2 节中会有所涉及），可以将研究区域出口节点（O1）作为所有小流域的公用出口。将街道下方一个规划涵洞的最低点作为高程的基准点，那么该点的海拔为 4962ft。

(2) 几何参数

表 4-5 中列出了各小流域的面积、径流路径长度、宽度、坡度和不透水率。各小流域面积是通过在背景图片中勾勒出各小流域的轮廓，并用 SWMM 中 Auto-Length 的工具测量所得。

表 4-5 开发后各小流域的几何参数

小流域编号	面积 /acre	径流路径长度 /ft	宽度 /ft	坡度 /%	不透水率/%
1	4.55	125	1587	2.0	56.8
2	4.74	125	1653	2.0	63.0
3	3.74	112	1456	3.1	39.5
4	6.79	127	2331	3.1	49.9
5	4.79	125	1670	2.0	87.7
6	1.98	125	690	2.0	95.0
7	2.33	112	907	3.1	0.0

图 4-12 讲述了如何估计小流域 S2 中的越境流路径长度，该小流域全部由居民区组成。小流域可以用矩形区域表示，其越境流长度即从典型的居民楼到街道中部的距离（本例中为 125ft）。其 SWMM 宽度可以用面积（4.74acre=206 474.4ft^2）除以越境流径流长度所得，所得值为 1650ft。

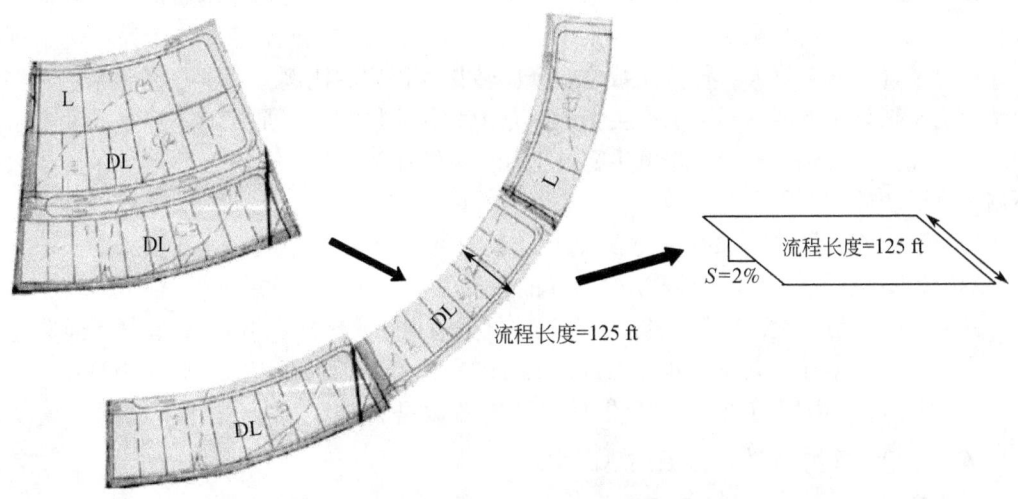

图 4-12 越境流路径定义和小流域 S2 的坡度

与 S2 不同,小流域 S3 和 S4 既有居民区,也有草地覆盖区域。这些区域的越境流路径就是通过将各种类型地区的路径加权计算所得,如图 4-13 所示。宽度就是用面积除以越境流所得。

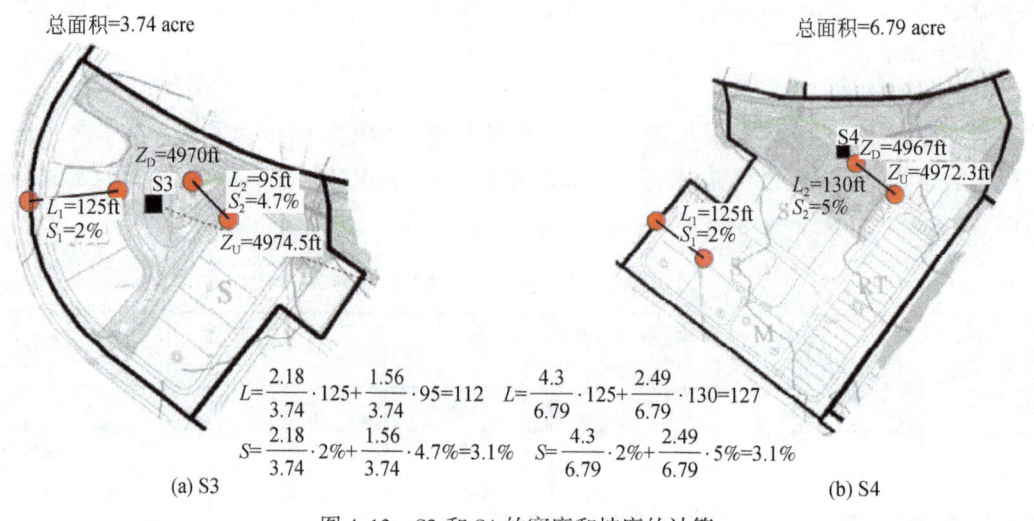

图 4-13 S3 和 S4 的宽度和坡度的计算

在很多城市化的小流域中,越境流坡度通常就是居民区坡度,通常为 2%。从图 4-13 中可以看出如何将小流域 S3 和 S4 中经过居民区和草地覆盖区的越境流路径进行加权计算。

(3) 不透水率

SWMM 中不透水率的参数是实际的不透水区域或者与不透水区域直接相关的,通常比总的不透水率小。实际不透水区域就是直接排入洪水传输系统(如管道、排水沟或者沼泽)中的不透水区域。理想上的不透水率应该直接从研究区测量得到或者从投影上测量用于屋顶、街道、停车场、车道等区域的比例得到。如果无法进行这些测量的话,就需要通过其他的测量途径进行测量。其中一种保守的方法就是直接将径流系数作为不透水率的值,这样估计通常会偏大。径流系数是指降雨转化为径流的比例,通常是经验系数。将径流系数用于估计小流域的不透水率会偏大,是因为径流量的计算是流域不透水面和透水面径流的总和。以解释为目的,本例中将会把径流系数作为估计每个开发后区域中小流域的不透水率。步骤如下所示。

1) 确定小流域中所有的主要土地利用类型。
2) 计算小流域中用于土地利用类型 j 的面积 A_j。
3) 对土地利用类型 j 赋予径流系数 C_j。可以从流域标准和基础著作中找到典型值(见例 UDFCD, 2001; Akan and Houghtalen, 2003)。透水面的径流系数则认为是 0。
4) 对小流域中所有土地利用类型的径流系数进行加权计算得到不透水率 I, $I = (\sum C_j A_j)/A$,其中 A 为小流域的总面积。

将这种方法应用于目前的例子中,得到表 4-6 和表 4-7 中的结果。表 4-6 中列出了已开发区域中的各种土地利用类型和相对应的径流系数。径流系数可以从 City of Fort Collins Storm Drainage Design Criteria and Construction Standards (City of Fort Collins, 1984, 1997) 获取。表4-7列出了研究区域小流域中用于每种土地利用类型的土地面积。这些面积用于计算加权的径流系数，该径流系数可作为该小流域的不透水率。

表4-6 已开发区域的各土地利用类型

编号	土地利用类型	径流系数（C）
M	中等密度	0.45
L	低密度	0.70
DL	双倍	0.65
M2	中等密度	0.70
S	居民区，高摸底	0.95
RT	商业区	0.95
P	自然区（公园）	0.00

表4-7 已开发小流域各土地利用类型的目的和不透水率

小流域编号	总面积/acre	M 面积/acre	L 面积/acre	DL 面积/acre	M2 面积/acre	S 面积/acre	RT 面积/acre	T 面积/acre	P 面积/acre	不透水率/%
S1	4.55	2.68	1.87	0	0	0	0	0	0	56.8
S2	4.74	0	1.32	3.42	0	0	0	0	0	63
S3	3.74	0	0	0	1	1.18	0	0	1.56	39.5
S4	6.79	0.61	0	0	0	2.05	1.64	0	2.49	49.9
S5	4.79	0	0	0	0	0	0.7	3.72	0.37	87.7
S6	1.98	0	0	0	0	0	0	1.98	0	95
S7	2.33	0	0	0	0	0	0	0	2.33	0

（4）其他参数

已开发区域的其他参数（糙率系数、洼地存储和下渗参数）都和未开发时的相同。同样，运行估算时使用的分析选项也与未开发区域的相同。根据表4-6和表4-7可以得到未开发情况下适用的一系列参数值。

4.1.6 模型计算结果——开发后区域

（1）出口水文过程线

图4-14中为研究区域开发后每种设计洪水的出口水文过程线（节点O1处的总出流）。与未开发区域的水文过程线相比，出流洪峰值发生的时间更接近于降雨峰值发生的时间，当回归流增加时流量有明显的增加。与未开发区域不同，已开发区域的水文过程线在降雨停止后衰退地更快。这是由于已开发区域的不透水率（57%）远远大于未开发区域的不透

水率（5%）。表4-8总结了在同种情况下各设计暴雨的结果，与表4-4中未开发情况相同。

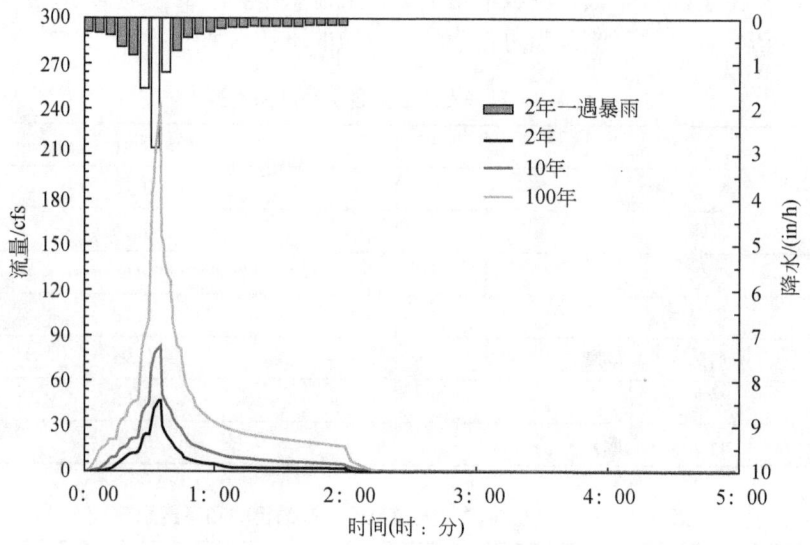

图4-14 开发后区域径流水文过程线（Q与时间的关系）

表4-8 已开发情况下结果归纳

设计暴雨	降雨峰值/(in/h)	总降雨/ft	径流量/ft	径流系数/%	洪峰流量/cfs	总下渗量/ft	降雨下渗率/%
2年一遇	2.85	0.978	0.53	54.5	46.7	0.42	42.9
10年一遇	4.87	1.711	1.11	64.7	82.6	0.58	33.8
100年一遇	9.95	3.669	3.04	82.7	241	0.61	16.6

（2）开发前和开发后的比较

表4-9中对比了未开发区域和已开发区域计算所得的总径流量、径流系数和洪峰流量。在较大的暴雨情况下，下渗在径流产生过程中的影响因素较小，这两种情况的径流响应差别不大。已开发区域的2年一遇、10年一遇和100年一遇的总径流量分别是未开发区域的10倍、5倍和2倍，2年一遇和10年一遇的洪峰流量是未开发区域的10倍，但100年一遇的洪峰流量仅是未开发区域的7倍。

表4-9 未开发区域和已开发区域的径流比较

设计暴雨	总降雨/ft	径流量/ft 未开发	径流量/ft 已开发	径流系数/% 未开发	径流系数/% 已开发	洪峰流量/cfs 未开发	洪峰流量/cfs 已开发
2年一遇	0.978	0.047	0.53	4.8	54.50	4.14	49.74
10年一遇	1.711	0.24	1.11	13.1	64.70	7.34	82.64
100年一遇	3.669	1.87	3.04	50.8	82.70	31.6	240.95

4.1.7 小结

本例使用 SWMM 估算在自然区域建设 29acre 的开发区后不同暴雨过程下的径流响应，并对未开发和已开发区域各暴雨情况下的洪峰流量和总流量进行了比较。本例中的重点列举如下。

1）建立 SWMM 计算径流需要将研究区域适当地分为更小的小流域集合。可以通过径流穿越区域的路径和用于导流的自然或人工的管道作为分割流域的路径。

2）初始估算时小流域中大部分参数可以参考已出版的各种土壤类型和土地利用类型的参数值。但是，宽度参数需要通过径流穿越区域的路径长度进行计算所得。

3）穿越区域的径流长度需要控制在 500ft 左右，当小于 500ft 时，则是到达管道/渠道的路径距离。

4）城市化发展会增加不透水率、洪峰流量和总径流量。

在 4.2 节中，将通过增加暴雨收集系统和疏导本系统中的径流来进一步完善本例中的模型。

4.2 滞留池设计

该例说明怎样定义、设计和评价 SWMM 里的滞留池。储水单元、出口和堰将用来模拟一个多功能的滞留池，滞留池的建设是为了扣留水质容量（WQCV），并控制已开发区域的最大释放速率达到未开发前的水平。本例将用到 4.1 节中提到的城市集水区的案例。

储水池已经广泛用于城市径流水量和水质控制，不仅能削减洪峰，还能除去悬移质。储水池的设计标准根据人们对于城市径流对环境影响的深入理解而不断改变。该设备不仅需要能控制最大径流时产生的洪水事件，还需要能控制小事件的发生，诸如"first flush"污染现象及其对接收水体水质造成的影响。

4.2.1 问题描述

4.1 节中，在一个 29acre 大小的区域建立模型，用来评估该区域未开发时的径流。另外两个模型的建立分别用于估算该地区在没有流量路径（4.1 节）和有地表收集系统路径（4.4.1 节）两种情况下已开发后的径流。在未开发和已开发两种情况下分别计算 2 年、10 年、100 年一遇的地区径流总量。在这些模型结果的基础之上，需要在规划后的城市区域的下游设计一个滞留池来保证接收河流的洪水预防和水质保护。该滞留池需要能削减 2 年、10 年、100 年一遇未开发地区的洪峰，并且能够延长特殊水质容量的滞留时间。

表 4-10 是滞留池控制的水量。未开发时的峰值由例 4.1 来确定（如 4.1.5 节部分的表 4-9 所示），已开发后的峰值由 4.4.1 节来确定。提供这些结果的 SWMM 输入文件分别是 Example1-Pre.inp 和 Example2-Post.inp。2 年、10 年、100 年一遇的降雨信息也包括在

这些文件中。

表 4-10 开发前后洪峰值

重现期/年	降雨深度/ft	开发前洪峰值/(ft^3/s)	开发后洪峰值/(ft^3/s)
2	0.98	4.14	33.5
10	1.71	7.34	62.3
100	3.67	31.6	163.8

除了控制水量之外，还需要一个最大水质容量（WQCV）来控制水质。WQCV 是根据流域单位水深确定的可以持续足够长时间从而达到污染量迁移目标水平的合适的体积。所需的容量和水深由不同的洪水管理措施决定（Akan and Houghtalen，2003）。在本例中，WQCV 必须在 40h 内降解，因为城市洪水中一个重要的微粒污染物可以在 40h 内自净。出于安全考虑，最后确定储水深为 6ft。在本例中较小洪水（WQCV 和 2 年一遇洪水）和较大洪水（10 年一遇和 100 一遇）的径流将会被放入滞留池的不同部位，两个部分都将是梯形结构。图 4-15 显示了已开发区域的滞留池位置。

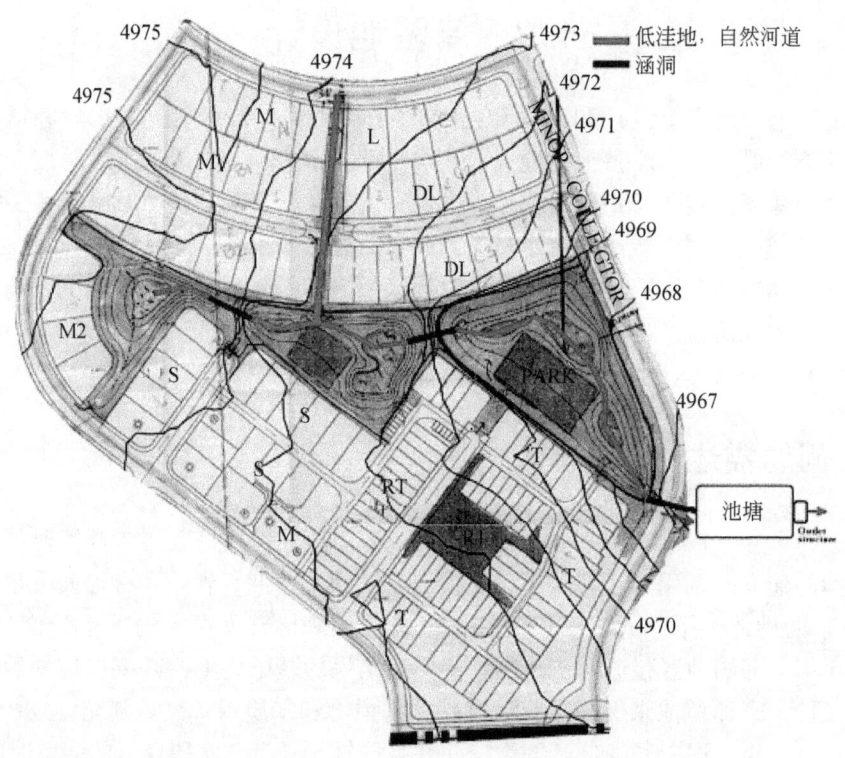

图 4-15 已开发区域的滞留池位置

4.2.2 系统描述

SWMM 中滞留池主要是带有孔和堰口的储水单元组成。下面对这三个概念做具体描述。

（1）储水单元

储水单元在 SWMM 中用节点表示，类似于 4.4.1 节中的运输系统连接点，但输水单元的基础不同。储存容量用储存曲线表示，含有蒸发因子并且有一个最大储存水深的阈值。

储存曲线：这条曲线反映储水单元的形状，不同的水深会有不同的水面情况。SWMM 给出容量-水位曲线，可以是一个公式或一条曲线。

蒸发因子：允许表面蒸发，蒸发因子初值为 1，用 SWMM 的气象编辑器提供蒸发数据。蒸发忽略不计时，该值为 0。

最大水深：必须定义储水单元的最大水深，而且该值不应为 0。如果不定义，就算有储水曲线或有导管连到储水单元，模型会默认该深度为 0。如果储水曲线的最大值小于最大水深，曲线的最后区域值会延伸到外表面。

（2）孔

SWMM 的孔式链接可用来表示储存单元侧面或底部的出口。孔板的下游节点与下游渠道相接时，上游节点是储水单元。孔板属性包括高于储水单元底部的高度（反向抵消）、种类（侧面或底部出口）、几何形状（长方形或圆形的形状和各自的尺寸）以及水力特性（流量系数和是否存在防止回流的翻板闸门）。

（3）堰

SWMM 的堰式链接用来表示出水单元顶部开口的溢流结构。和孔一样，下游点与下游渠道相接时，上游节点是储水单元。堰属性包括高于储水单元底部的高度、类型（横向、V形、梯形）、几何和水力特性（流量系数、最终收缩量、是否存在阻止回流的翻板闸门）。

1）装换节点和链接因素。重画或代替一个储水单元的节点或定义 SWMM 中的孔板和堰时，可以不删除节点，相反地，节点可进行转换。例如，按以下步骤一个节点可转换成储水单元。

2）节点转换成储水单元。右击要转换的节点，选择"Convert to…"，如图 4-16 所示。

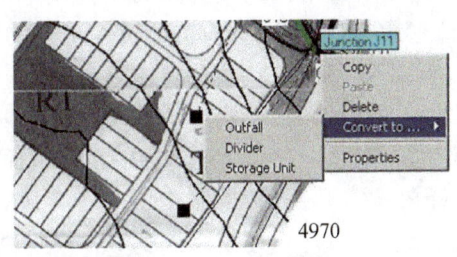

图 4-16 节点转换界面

在出现的子菜单中选择"Storage Unit"。

打开新的储水单元编辑器，输入名称（如 SUI）。新单元将被赋予其转化前节点的高程和最大水深值。

输入需要添加的储水单元属性（如储水曲线）。

3）节点转化为孔。像节点一样，管道可以转换为其他类型的链接，按以下步骤，链接储水单元的链路可转换为孔的排水渠。

右击储水单元下游的管道，从弹出的菜单中选择"Convert to…"。

在出现的子菜单中选择"Orifice"。

打开孔口属性编辑器，定义维度、反转偏移量和流量系数。

4）排水口转化成节点。如果储水单元（SUI）不止一个孔口，孔口可直接与排水口（O1）相接。这时，排水口必须转化成节点（O1）并新建一个排水口（O2）。用上面相同的方法可以转换排水口。

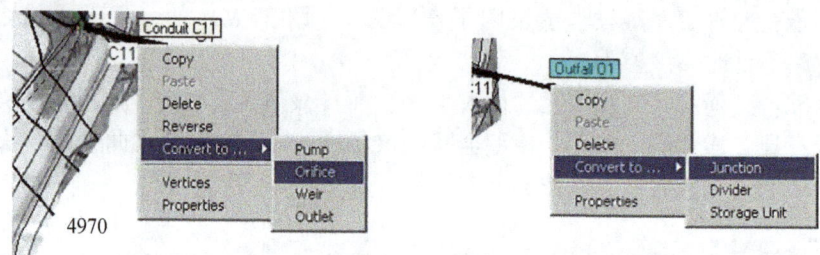

图 4-17 排水口转换成节点界面

4.2.3 模型建立

SWMM 可用来模拟捕捉不同设计洪水径流并将它释放到可控速率的接受通道的储存设施。本例演示了设计蓄水池是一个怎样的反复过程，改变池塘和出口以满足所考虑到的设计洪水的设计标准和约束。设计蓄水池的三个主要步骤如下。

1）估测水质容量（WQCV）。

2）确定存储池的容量和出口来控制 WQCV 的释放率。

3）确定存储池的容量和出口来控制 2 年、10 年、100 年一遇设计洪峰流量的速度。

最终的设计将是一个存储单元，其形状由位置、降水和气候条件决定，其表面积和存储深度之间有特定的关系，其多出口结构的设计是为了控制不同的流量事件。图 4-18 显示了一个滞洪池，出口设计考虑控制 WQCV 和三种设计条件的洪峰。图中是在本例中使用的堆积梯形棱镜形状。上层棱镜将控制大暴雨（10 年或 100 年一遇），而较低的棱镜将控制轻微风暴（WQCV 和 2 年一遇）。

注意，控制不同设计洪水的流量是一系列孔和堰的结合，而不是一个单独的出口。图 4-18 中，孔 1 控制 WQCV 释放；孔 1、孔 2 控制 2 年一遇洪水；孔 1、孔 2、孔 3 控制 10 年一遇洪水；所有的孔（1、2、3、4）一起使用控制 100 年一遇洪水。

(1) 水质容量的估计

WQCV 是提升洪水水质的关键设备。根据长期径流模拟校准的详细调查，WQCV 是首选方法（Guo and Urbonas，1996）。然而，有一些方法或者"拇指规则"提出了在没有长系列资料情况下仍然能可靠估算 WQCV 的更加简单适用的方法（Guo and Urbonas, 1995, 1996, 2002; Water Environment Federation, 1998）。本例将使用 UDFCD（2001）提出的方法。图 4-19 显示了这种方法中的曲线是将 WQCV 作为支流流域总不透水面积和捕获量的流失时间的函数。

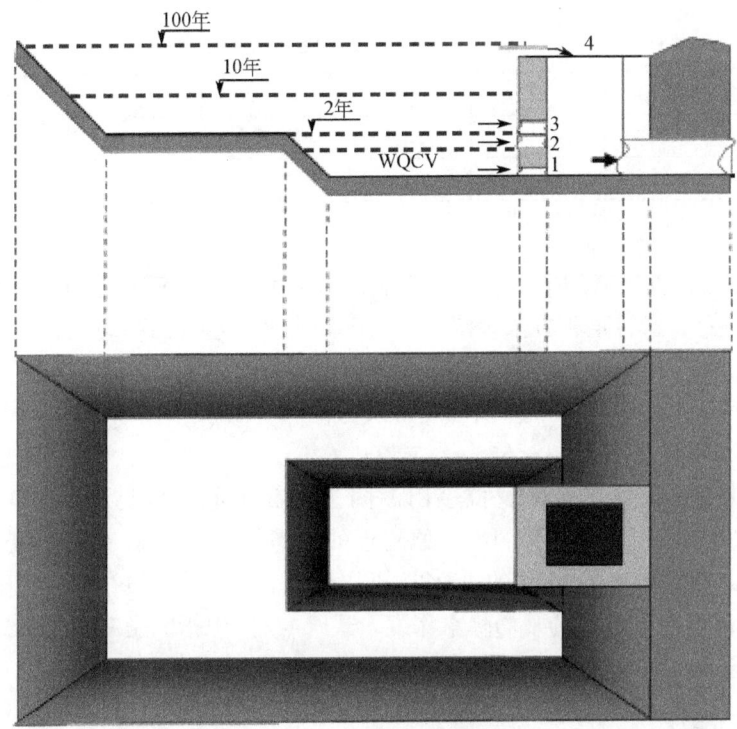

图 4-18　滞洪池示意图

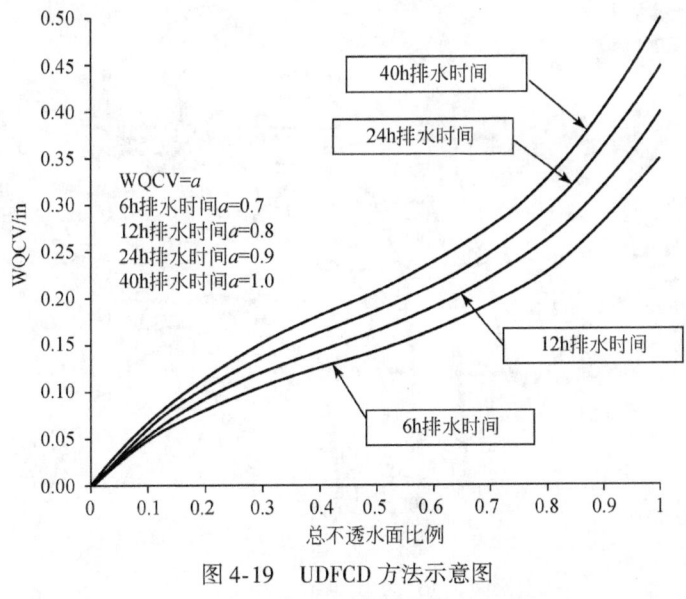

图 4-19　UDFCD 方法示意图

本例中用到的滞留流域上的 WQCV 设计步骤如下。

1）确定直接不透水面积（DCIA）。DCIA 是指直接连接雨水排水系统的不透水面积，包括屋顶、露台等。通常从航拍照片来说，草坪或其他透水面积比总不透水面积小，这些区域在 4.1 的未开发区域的 7 种不同子流域中已经定义过，如表 4-11 所示。

表 4-11 7 个子流域的面积及比例

子流域	S1	S2	S3	S4	S5	S6	S7
面积/acre	4.55	4.74	3.74	6.79	4.79	1.98	2.33
不透水率/%	56.8	63	39.5	49.9	87.7	95	0

2）用加权法计算站点的平均水平不透水面积，用不透水面积之和除以每个子流域的面积（28.94acre）。通过这种方法确定的站点平均水平不透水面积为 57.1% ≈57%。

3）确定流域英寸 WQCV 假设，如本例站点是设在科罗拉多山麓附近的高平原，储水单元流失时间为 40h。从图 4-19 中看出流域英寸的相应 WQCV 为 0.23in，因此总的水质控制量是 28.94acre · 0.23in/12 = 0.555acre 或 24 162ft²。

4）如果设计的位置是在科罗拉多山麓附近的高平原，需要调整图 4-19 中确定的 WQCV。图 4-19 是在科罗拉多州的高平原附近的山麓使用的控制 80% 径流事件时所显示的曲线。用在其他区域，图 4-19 的 WQCV 可以进行调整，使用式（4-2）选择合适的总量。该式中，d_6 是产生径流的平均降水深度。式（4-2）中指的是一个 6h 的径流事件，深度不能低于 0.1in。图 4-20 是美国本土的 d_6 分布。

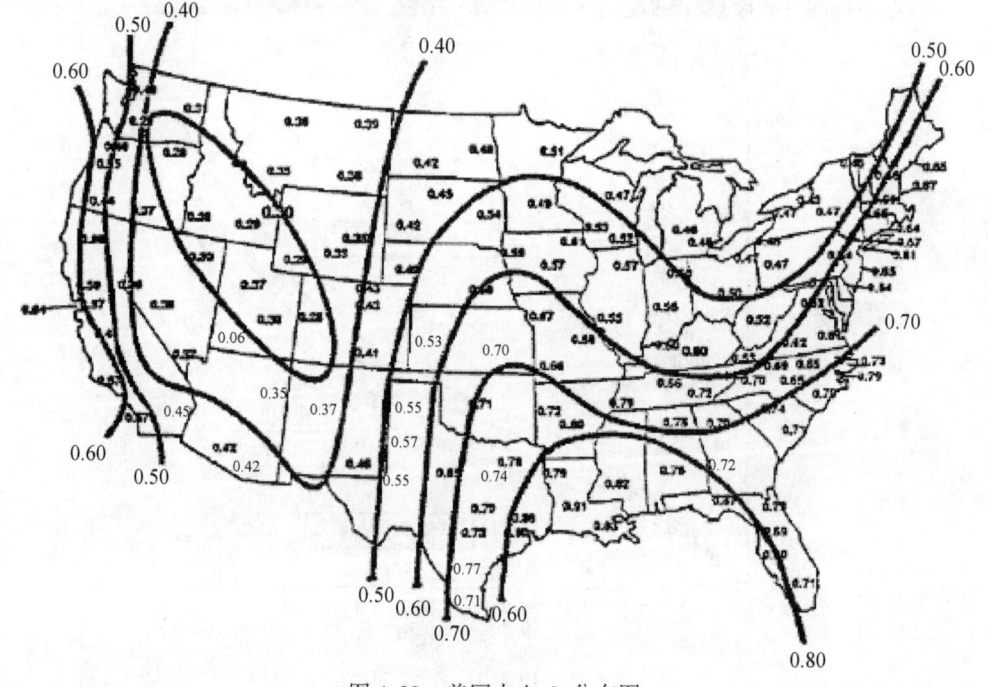

图 4-20 美国本土 d_6 分布图

$$WQCV_0 = d_6 \frac{WQCV}{0.43} \tag{4-2}$$

（2）池塘的几何形状和大小

存储单元的形状取决于其所建立的位置。一般来说，建议设施的入口和出口之间的距离最大，长宽比例为（2:1）~（3:1），该例的长宽比例为2:1，WQCV深度（h_1）为1.5ft，边坡为4:1（$H:V$）。图4-21显示了WQCV的几何形状，以及基于长宽比例（2:1）和存储单元侧边斜率（4:1）的方程。

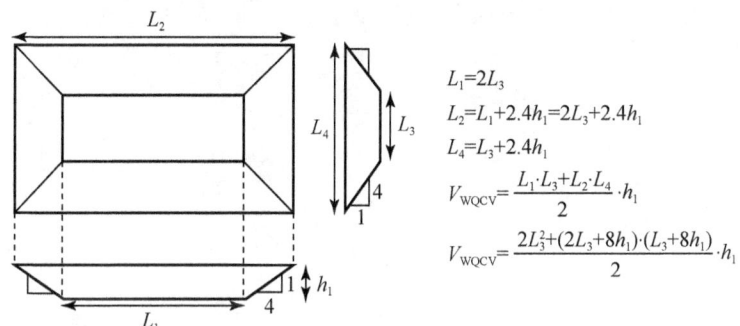

图4-21 WQCV几何形状示意图

确定WQCV尺寸的步骤如下所示。

1）在上一节中（24 162 ft³）建立的WQCV确定L_3并将h_1赋予WQCV深度（1.5ft）。重新排列图4-21中的第五个公式，从而得到下面计算L_3的公式：

$$4L_3^2 + 24h_1L_3 + (64h_1^2 - 2V_{WQCV}/h_1) = 0 \tag{4-3}$$

$$L_3 = 85.15\text{ft} \approx 86\text{ft}$$

2）用得到的h_1和L_3计算其他WQCV参数的大小。从图4-21的第一个公式中得出$L_1 = 170.3\text{ft} \approx 171\text{ft}$，从第二个公式得出$L_2 = 184\text{ft}$，并从第三个公式得出$L_4 = 98\text{ft}$。

3）然后定义WQCV存储单元部分的曲线。深度为0时，面积$L_1 \cdot L_3 = 14\ 706\text{ft}^2$，深度为1.5ft时，面积$L_2 \cdot L_4 = 18\ 032\text{ft}^2$。在下面的部分，这些数据将与图4-14所示的表面面积深度曲线一起被加入到模型当中，控制更大的容量。

（3）给模型添加一个存储单元

名为Example2-Post.inp的文件将被用来作为一个起点，添加到一个存储单元模型表示滞洪池。采取以下步骤来定义存储单元。

1）创建一个新的存储曲线对象，用SU1代表存储单元的形状。

2）将此前确定的两个面积-深度点输入"曲线编辑器"对话框SU1。这两点分别是$d_1=0$，$A_1=14\ 706\text{ft}^2$和$d_2=1.5\text{ft}$，$A_2=18\ 032\text{ft}^2$。

3）如图4-22所示，一个新的存储单元，也被命名SU1，被置入研究区域地图，与排水系统断开。以下是SU1的属性：存储曲线=表格；曲线的名称=SU1；反转高程=4956ft（比前面例子中排污管节点海拔低6ft）；最大深度和初始深度=1.5ft（WQCV的最大允许深度）。

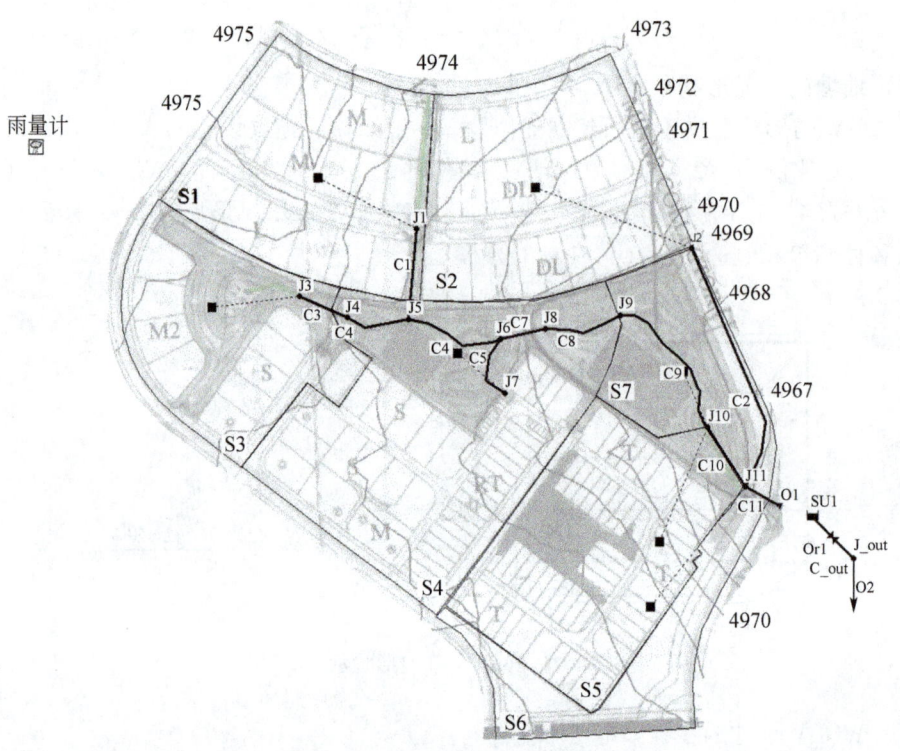

图 4-22 带有 SU1 的研究区域

4）另外还有额外节点（J_out）、管道（C_out）和排污管节点（O2）用来连接孔口和堰，将存储单元（SU1）排放到排污节点（O2）。这是必要的，因为在 SWMM 中与出口节点的连接不能超过一个。J_out 和 O2 的反转海拔设置为 4954ft，以避免回水的影响（重申一下，储水单元的几何形状与模型所建立的地区有关，本例中未包括所有细节），C_out 长度 100ft、粗糙度 0.01。图 4-23 显示独立的存储单元系统、WQCV 的表格存储曲线 SU1 和存储单元的属性表。

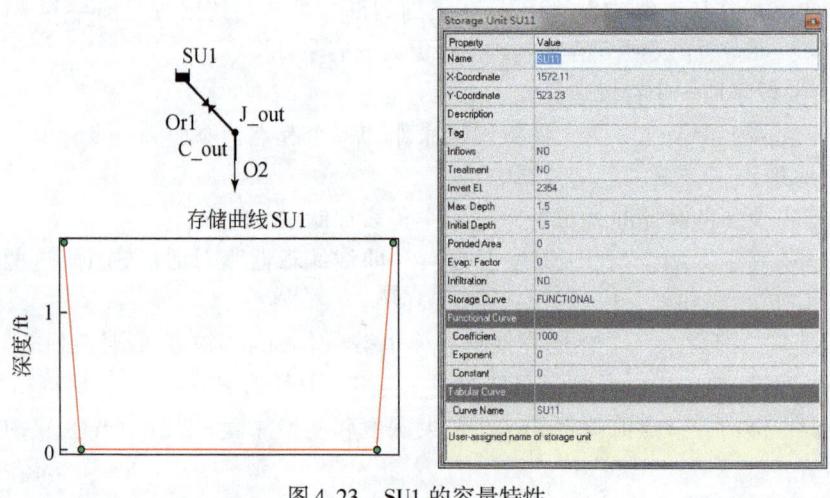

图 4-23 SU1 的容量特性

最初，存储单元和其 WQCV 孔口分别在流域内单独模拟来设置排放 40h 的 WQCV 孔口。虽然在图 4-22 中存储单元和分水岭是相同的输入文件，但它们在模型的系统中独立运行，因为它们没有水力联系。图 4-22 中池塘的位置将是其在模型中的最终位置。池塘本来应放置在公园区域，因为有显著的开放空间，但为了显示清晰将其放置在公园的下游终端。

（4）设置 WQCV 孔板

下一步是设计池塘，从而使整个 WQCV 能在 40h 释放完毕。出口是连接存储单元和下游排污口 O2 的孔。该孔可以位于存储单位的底部或侧面，可以是圆形或长方形。按下面步骤设置孔口以保证整个 WQCV 能在 40h 释放完毕。

存储单元（SU1）和节点（J_out）之间的侧面孔口与出口节点相连。形状为长方形并且入口偏移为零，这样它的转置就与存储单元一致。其流量系数默认值为 0.65。

模拟时间步长选项设置如下：结果显示报告、降雨间隔以及模拟时间步长设置为 15min，干燥天气的时间步长可达 1h。模拟的时间必须超过 40h，可适当评估孔的功能，本例模拟时间为 72h。

孔口 Or1 的最终尺寸用动力波流动路径法运行 SWMM 几次之后确定，同时反复改变孔口尺寸，直到出现 WQCV 大约 40h 释放结束。每次运行，孔口尺寸是多种多样的，同时保持 WQCV 存储单元初始水深 1.5ft，一旦水的深度是 0.05ft，可以假设盆地基本上是空的。注意，本例的该部分中，来自子流域的降雨产生的径流不影响存储单元，因为它没有连接到排水系统。

图 4-24 显示了三个迭代方法和最终设计的排水时间。表 4-12 显示了通过迭代得出的孔口尺寸。最后孔口设计为高 0.3ft，宽 0.25ft，是一个典型的 WQCV 孔口。因此孔口必须由一个筛子保护，以防止暴雨堵塞孔口，筛子必须定期进行维护，以确保筛子上面没有碎片。

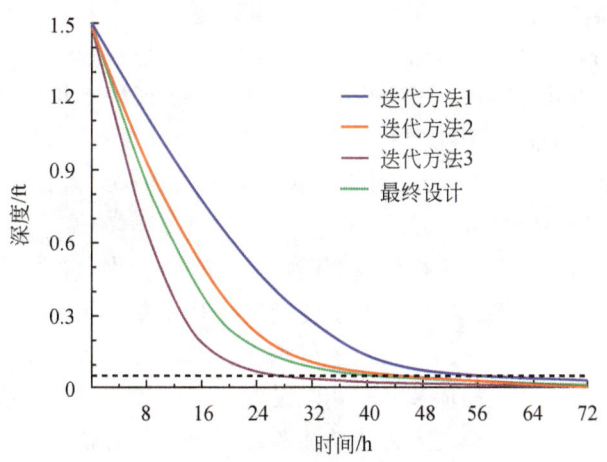

图 4-24 三种迭代方法及最终设计的排水时间

表 4-12 三种方法迭代得到的孔口尺寸

迭代方法	1	2	3	最终结果
高度/ft	0.166	0.25	0.25	0.3
宽度/ft	0.25	0.25	0.4	0.25

续表

迭代方法	1	2	3	最终结果
孔口抵消/ft	0	0	0	0
出流系数	0.65	0.65	0.65	0.65
排水时间（时：分）	53：58	43：21	27：07	40：12

（5）设置 2 年一遇降水孔板

2 年一遇降水所产生的径流量将大于 WQCV 在上一节的设计量。必须扩大存储单元的体积并定义一个新的出口。该出口将放置在底面 1.5ft 以上，任何大于 WQCV 的降水都将使该出口开始排水。该出口控制的不仅包括 2 年一遇最大径流的降雨，也包括部分径流量大于 2 年一遇降水的降雨。增加储水单元的边使之超过 WQCV 的深度，可以按需要抬高储水容积，只要保持坡度为 4∶1（$H∶V$），如图 4-19 所示。以下步骤概述了如何设计 2 年一遇暴雨存储单元的大小。

首先，把存储单元与排水系统的其余部分进行连接。这可以通过连接涵洞 C11 的出口到 SU1，或是删除原有的排污管节点 O1 实现。涵洞 C11 往下游有 1ft 的偏移，以保证小雨时没有回水而仍然有其下面的存储池顶部的盖。

其次，控制洪水的池子可以通过保持其固定坡度并增加其高度来扩大（图 4-19）。这可以通过在存储曲线 SU1 中键入一对新的面积–深度值来实现。新的组合为 $d_3 = 6\text{ft}$，$A_3 = 29\,583\text{ft}^2$。存储单元的初始深度设置为零，其最大深度为 6ft。

2 年一遇降水只用 WQCV 孔口确定储水单元的最大深度、WQCV 孔口（OR1）的最大径流以及存储单元将水排空的时间。结果显示，最大存储单元深度为 2.82ft，最大孔口径流为 0.64CFS、排空时间 56：23（时：分）。

在第 3 步的基础之上，2 年一遇的最大出流可以更大，因为未开发区域 2 年一遇最大径流（表 4-10 中 4.14CFS）比 WQCV 孔口（0.64CFS）排放速率大。增大径流是有利的，因为这可以减少储水单元的容量，并降低时间消耗。为了增加 2 年一遇降水出流，第 2 个孔口（Or2）直接加在 WQCV 深度之上（入口的偏移量 = 1.5ft），如图 4-19 所示。新加的孔口是入口的偏移量为 1.5ft 的长方形，并且流量系数为 0.65。在图 4-19 中间至少画一个点，从而与现有的孔口 Or1 区分。

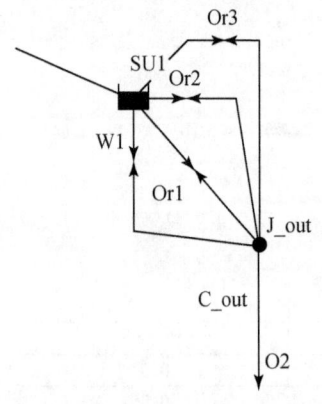

用折线绘制链接。SWMM 允许包含任意数量的直线段的连接，这些折线事先定义好对齐方式和曲率。一旦连接以后，其内部的点可以进行添加、删除或移动等操作。当两个或两个以上的环节共享相同设置的终端节点或者在地图上直接出现在另一个之上，该功能非常有用。右图显示了如何用折线绘制各种孔口和堰组成的一个存储单元的出口结构，从而使它们可以彼此区分。

1）Or2 的面积 A 的初步估计可使用孔口方程：

$$Q = CA(2gh)^{1/2} \qquad (4-4)$$

式中，$C = 0.65$，$Q = (4.14 - 0.64)\text{CFS} = 3.5\text{CFS}$，$H =$（2.84−

1.5)ft=1.34ft。计算所得的孔口面积是0.58ft²。假设Or2的初始高度为0.58ft,初始宽度为1ft。

2) 输入Or2的这些参数,运行模型,得到流速为2.84CFS,该值小于目标流速(4.14CFS)。因此,继续迭代确定孔Or2的大小,直到Or1和Or2合并使用后产生的洪峰流量等于或略小于2年一遇未开发区域的洪峰流量(4.14CFS)。

3) 为了简化计算,Or2的高度固定为0.5ft,宽度则以0.05ft为步长,增长到两个孔口的流量综合接近4.14CFS。当设置0.5ft×2ft时,洪峰流量为4.11CFS,最大储水单元深度为2.21ft。这就是孔口Or2的形状大小。

(6) 设置10年一遇降水孔口

到此,储水单元为一单一的梯形。在"池塘几何形状尺寸"一节中,该形状为WQCV的背部,增加高度(保持坡度)使其包含2年一遇降水径流。在本节中,存储单元的形状被重新定义,新增的菱形包含10年一遇和100年一遇降水(图4-19)。以下是实现这一点确定10年一遇降水孔口的步骤。

1) 存储曲线SU1的修改是通过将原本的两对面积-深度数据对d_2,A_2和d_3,A_3,替换为三对面积-深度数据对来实现的,新的三对面积-深度数据对分别为:$d_2=2.22$ft,$A_2=19\ 659$ft²;$d_3=2.3$ft,$A_3=39\ 317$ft²;$d_4=6$ft,$A_4=52\ 644$ft²。应该注意到,新的d_2,A_2是原始形状的最高点(2年一遇的最大点)。点3的面积($A_3=39\ 317$ft²)是点2面积($A_2=19\ 659$ft²)的2倍。深度d_3高于d_2 0.1ft,这样交叉单元面积不会太突兀。实践中,这个过渡区将有2%的坡度,这样存储的水在降水之后会排到小一点的流域中。点4的面积通过扩大储水单元两侧高于点3 [保持坡度4:1($H:V$)] 推算得到。

2) 用10年一遇降水和出口运行模型,决定10年一遇孔口是否需要。由此产生的最大水深为3.20ft,现有两个孔口的出流为6.96CFS。未开发区域的10年一遇径流为7.34CFS,所以需要另外一个出口。

3) 按上述的深度直接添加一个新的10年风暴孔口(Or3),与Or2一样,Or3绘制到中间节点处,从而容易看出,也容易计算。孔口方程被用来估计其所需面积。对于$C=0.65$,$Q=(7.34-6.96)$CFS$=0.38$CFS 和 $H=(3.20-2.22)$ft$=0.98$ft,孔口面积是0.073ft²。该孔口的初始值定为高0.25ft,宽0.25ft。

4) 当用模型运行10年一遇降水来确定Or3大小时,总流量为7.22CFS。由于该流量小于未开发区域的流量(7.34CFS),将孔的宽度增加为0.35ft,重新运行。新的总流量为7.32CFS,储水单元的最大深度为3.17ft。该值足够接近目标值,所以可以接受(高度=0.25ft,宽=0.35ft)。

(7) 设计100年一遇的堰闸

可以将WQCV、2年一遇孔口和10年一遇孔口联合运行100年一遇降水,从而判断100年一遇堰闸是否有必要使用。该组合孔口运行100年一遇降水的最大流量是12.57CFS,不足以满足100年一遇的径流(31.6CFS),而且储水单元不够使用。这时,需要设立堰闸,以满足未开发区域的流量,并保证储水单元的水深不超过6ft,因为该深度是最大安全深度。堰闸设计步骤如下所示。

1）储水单元与最后出口的节点（J_out）之间，画一个带有中间节点的链接 W1。该横向链接的入口在储水单元底部之上 3.17ft（10 年一遇的降水径流控制量的最大深度），流量系数为 3.3。堰开放的高度定为 2.83ft，介于 10 年一遇降水控制和存储单元最大深度之间。

2）确定堰初始宽度 L 的公式（4-5）如下所示：

$$Q = CLh^{3/2} \qquad (4-5)$$

当 Q =（31.6-12.57）CFS=19.03CFS，C=3.3，H=2.83ft 时，宽度为 3.43~3.45ft。

3）堰高 2.83ft、宽 3.45ft、翻转偏移 3.17ft 时运行 100 年一遇降水。得到的最大流量为 42.4CFS，超过了 31.6CFS 的目标流量。

4）重复第 3）步，直到联合流量接近 31.6CFS，得到一个较小的宽度。宽为 1.75ft，联合流量为 31.2CFS，储水单元最大深度为 5.42ft。

5）最后一步是确保储水单元中有足够的超高。目前设计的是 6.0-5.43=0.57ft。最终的确定依赖于当地的要求。例如，UDFCD（2001）要求当堰运行最大流量时超高高于最大水面高程 1in。

4.2.4 模型结果

最终开发的 SWMM 滞洪池如图 4-25 所示，其输入文件名为 Example3.inp。表 4-13 总结了包括池子出口的不同流量元素的特点，如图 4-26 所示。

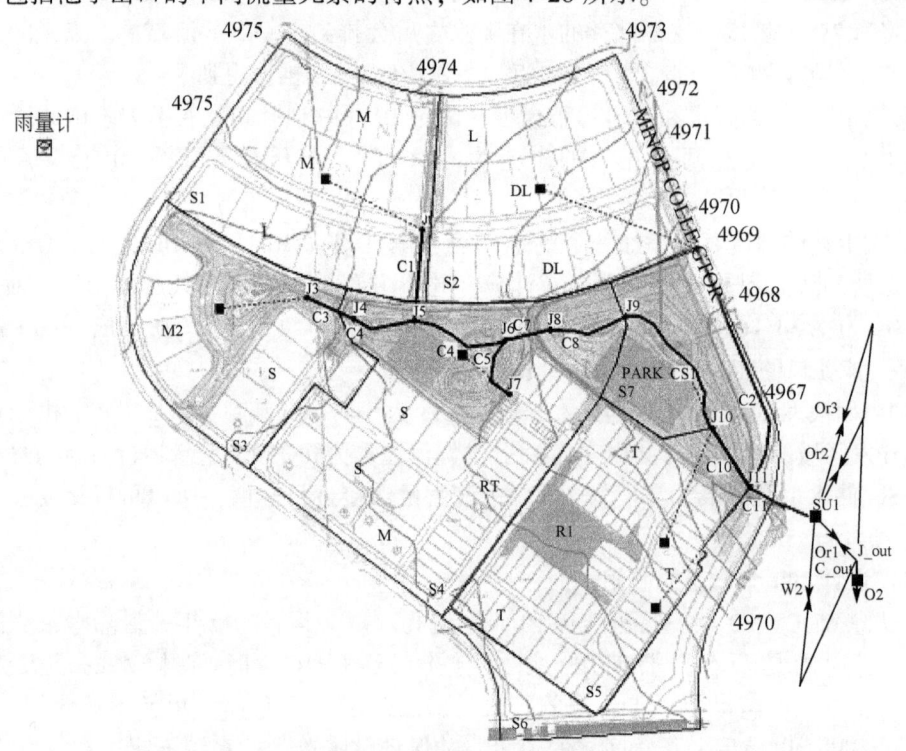

图 4-25 SWMM 滞洪池

表 4-13　池子出口特征

编号	类型	控制雨频	外形	高度/ft	宽度/ft	转化抵消/ft	径流系数/ft
Or1	孔口	WQCV	侧矩形	0.3	0.25	0	0.65
Or2	孔口	2 年一遇	侧矩形	0.5	2	1.5	0.65
Or3	孔口	10 年一遇	侧矩形	0.25	0.35	2.22	0.65
W1	堰	100 年一遇	矩形	2.83	1.75	3.17	3.3

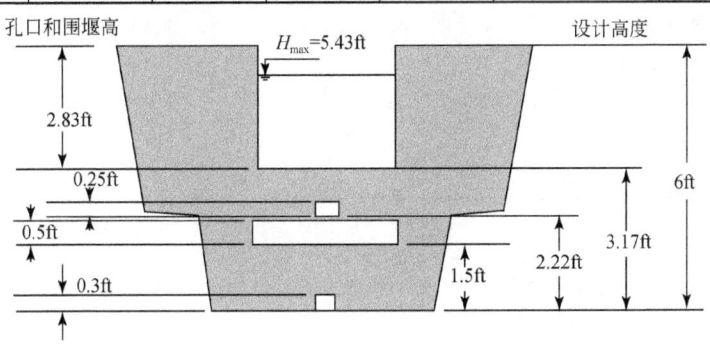

图 4-26　池子出口详细图

将最后设计滞洪池的出流流量曲线与无控制的结果和未开发区域目标比较。2 年一遇、10 年一遇、100 年一遇的目标流量分别为 4.14CFS、7.34CFS 和 31.6CFS。例 3 用最终设计的输入文件生成了已开发区域控制流量曲线（Example3.inp），与此同时，例 2 中形成的最终设计生成了已开发区域未控制流量曲线（Example2-Post.inp）。未开发流域用例 1 中的输入文件产生未开发区域的流量曲线（Example1-Pre.inp）。模型中报告、潮湿天气径流和流量路径采用 15s 时间步长，干燥天气径流用 1h 时间步长。

图 4-27 ~ 图 4-29 是运行得到的流量曲线。再次使用电子表格程序将不同 SWMM 运行结果呈现在一个图表里。从中可以看出，滞留池可以控制从站点到未开发区域水平的已开发区域的最大流量。应该注意，在不透水面积上，储水单元无论怎样都对减少已开发区域的径流总量没有影响。

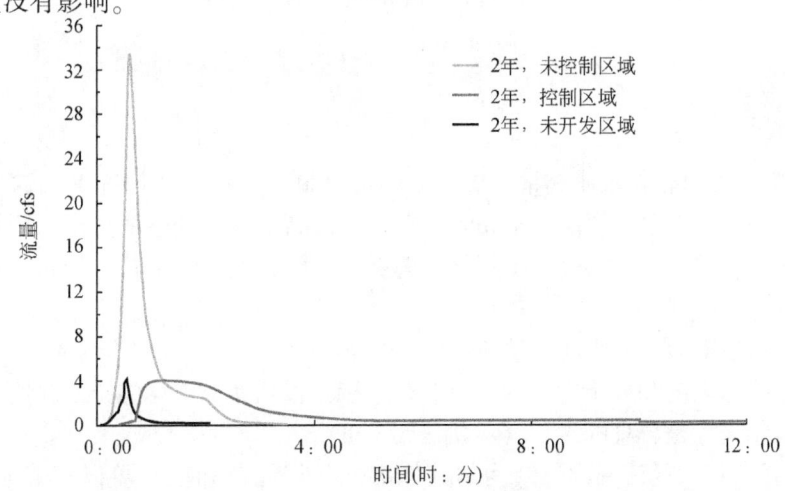

图 4-27　2 年一遇降水对应的出流过程

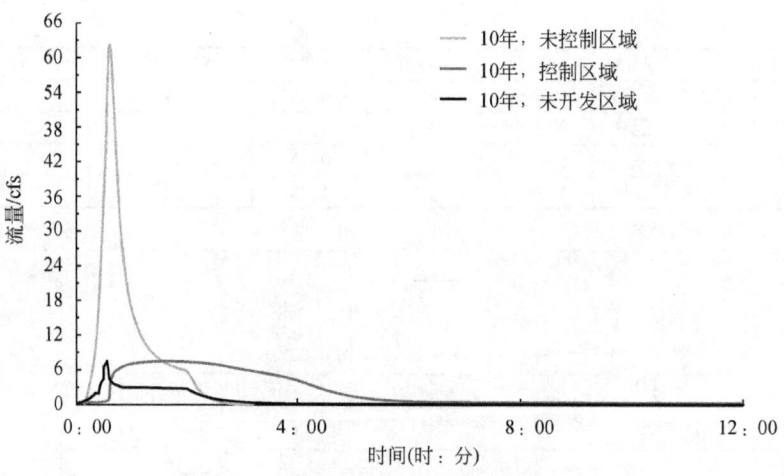

图 4-28 10 年一遇降水对应的出流过程

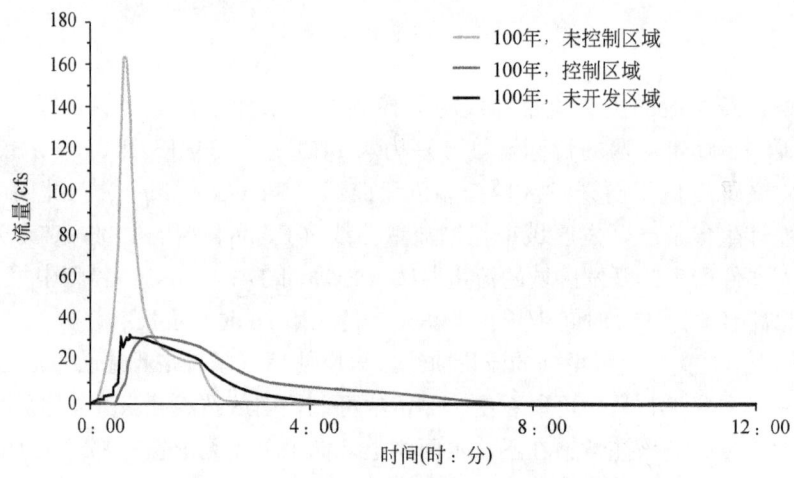

图 4-29 100 年一遇降水对应的出流过程

4.2.5 小结

本例介绍了 SWMM 在水质容量（WQCV）和控制最大径流的情况下如何设计滞留池的出口结构，WQCV 旨在提供一个 40h 的时间段，以满足水质处理的要求，而最大径流的目的是控制 2 年一遇、10 年一遇、100 年一遇洪水的已开发区域的最大流量。该例中的重点如下所示。

1）WQCV 的出口结构可以通过使用一个完整的存储单元（体积＝WQCV）来设计，该储水单元与排水系统和大小不一的孔口断开连接，直到储水单元的排水时间与当地的规定一致，出口结构才是合理的设计（本例中是 40h）。

2）用来控制最大径流的出口结构的其他部分（如孔口和堰）可以相继地进行设计。一个设计降水的最大水深是下一个更大设计降水的反转偏移的位置。

3）孔口和堰的公式用来确定它们的初始值。
4）尽管滞留容积对控制最大径流有效，但其对减少径流容量无效。

4.3 低影响开发

本例演示了如何模拟两个可选的低影响开发（LID）控制，分别为过滤带和渗透沟。4.2 节中模拟的滞留池是小规模的排水控制结构。本例中的 LID 是更小规模的水文源头控制，并且与下渗密切相关，同时通过分散的、小规模的储水设施以减少流域总径流并控制水质。

比起其他的模型，SWMM 能更好地模拟水文源头控制技术。过滤带和渗透沟就是这样的两种水文源头控制。本例将说明 SWMM 中，过滤带和渗透沟如何在 4.1 节、4.2 节中相同流域单元中使用。

4.3.1 问题描述

在例 4.1 和 4.4.1 节中，图 4-30 所示的 29acre 居民区的径流模拟没有进行任何的源控制。本例中，使用两种 LID 常用的源控制渗透沟（infiltration trench，IT）和过滤带（filter strip，FS）控制径流。如图 4-30 所示，4 条渗透沟布置在研究区上部分东西大街的两边。此外，过滤带将用于控制来自研究区西南部分 S、M 和 M2 段的径流。这些过滤带沿人行道布置，从而在径流到达排水沟之前进行过滤。

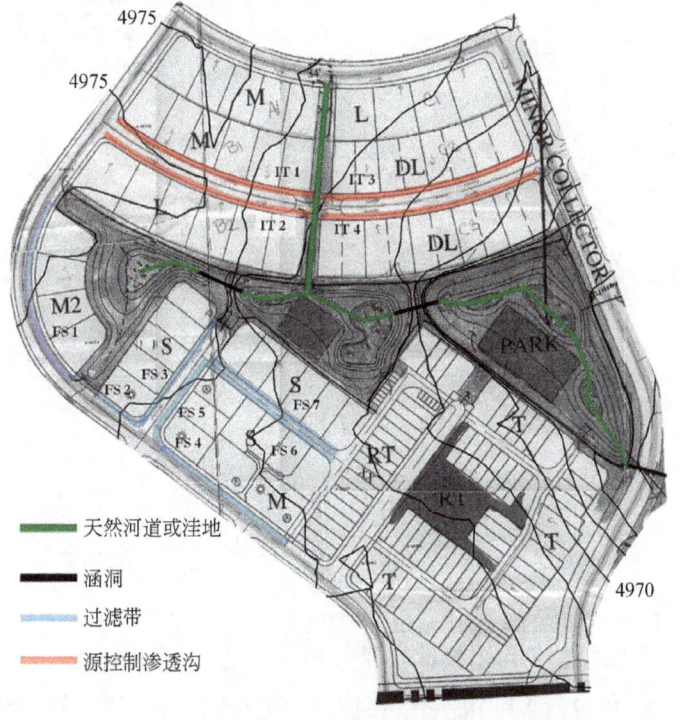

图 4-30　LID 开发位置

在 4.2 节实例中滞洪池设计的定量目标是降低的水平。本例中的 LID 没有一个具体的定量目标，但是要实现减少径流以满足可持续发展的目标并降低下游单元雨水控制的负担。下面将对 2 年一遇、10 年一遇、100 年一遇中 LID 的性能进行分析。

4.3.2 系统代表

这里的两个 LID 代表过滤带和渗透沟。它们在 LID 中的代表性以及其余的 LID 见 Huber（1998）。

（1）过滤带

过滤带是指草地或有植被覆盖的地区，通过这些地区的是地表径流。它们不能有效地降低洪峰径流，但可以有效地除去小降雨（<1 年风暴）（Akan and Houghtalen，2003）的颗粒污染物。这需要平斜坡（<5%）和低于平均渗透性（0.15~4.3mm/h 或 0.006~0.17in/h）的自然底土（Sansalone and Hird，2003）来实现。SWMM 中没有代表过滤带的单独的视觉对象，但是可以把过滤带当做一个透水的小流域，并接受来自上游子流域的降雨，如图 4-31 所示。模拟过滤带的两个重要过程是下渗和存储。一个过滤带可以用 100% 透水性的子流域模拟，该子流域的几何形状（面积、宽度、坡度）直接采用当地的实际情况。该子流域的径流来自于上游（不透水或半透水），流向代表排水沟和街道的导管。过滤带的下渗可以用任何 SWMM 的渗透选项模拟。

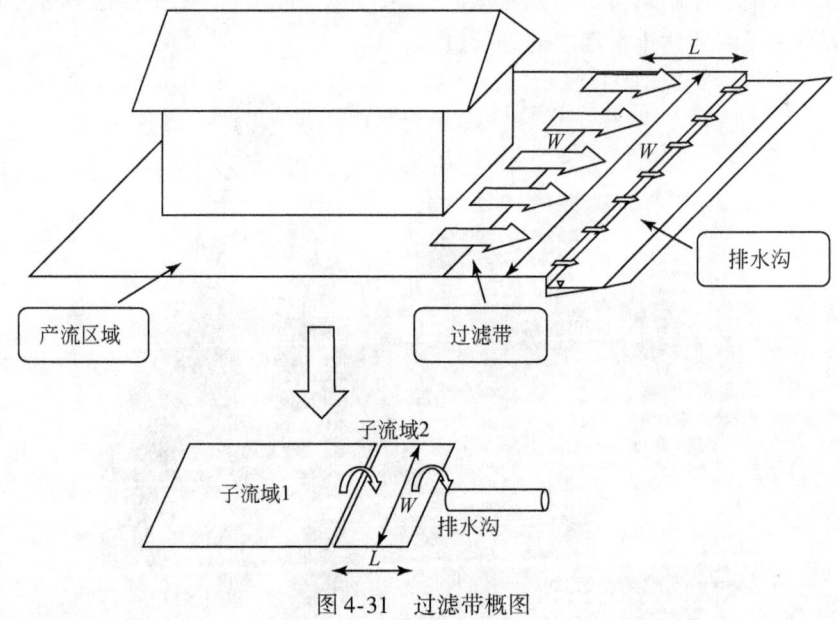

图 4-31 过滤带概图

（2）渗透沟

渗透沟是用石头砌成的，作用是捕获径流并将径流下渗到地面。地底土的最小下渗率最好为 13mm/h（0.5in/h）（Environmental Protection Agency，1999）。渗透沟最重要的过程为下渗、存储和沿沟槽的水体流动。图4-32 为一个可以正常工作的 SWMM 渗透沟的代表。它由一个长方形、完全下渗的子流域构成，该子流域的填洼深度相当于孔隙沟槽内的可用空间的深度。

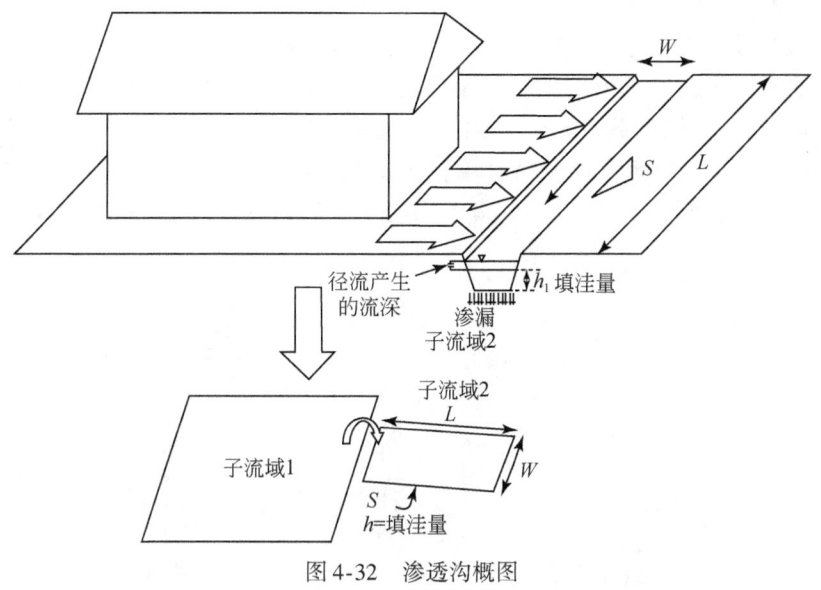

图 4-32　渗透沟概图

4.3.3　模型建立——过滤带

图 4-30 显示了该例中过滤带（FS）的位置。LID 应该加载的 SWMM 初始文件为 Example2-Post.inp，其中既包括子流域信息，也包括其中的径流输送系统。用图 4-25 做新模型的背景，以便于找到过滤带的位置。此背景的图像文件名称为 Site-Post-LID.jpg。表 4-14 列出了每个过滤带所属的子流域以及带长。

表 4-14　过滤带所属子流域

控制子流域	过滤带	过滤带长度/ft
S3	FS1	410
S3	FS2	105
S3	FS3	250
S4	FS4	359
S4	FS5	190
S4	FS6	345
S3 和 S4	FS7	375

表4-14确定了过滤带用FS加数字表示。在即将建立的模型中有一些过滤带可能需要聚集在一起作为一个新的子流域。将这些过滤带子流域定义为"S_FS_number"。

为了更好地模拟经过过滤带的径流过程,将子流域S3和S4进一步细化。S3分为3个子流域S3.1、S3.2和S3.3,S4被分为4个子流域S4.1、S4.2、S4.3和S4.4,如图4-33所示。这样就有必要重新计算平均地面径流长度和子流域的宽度。可参考4.1节确定这些新的子流域的属性。新的子流域的坡度定为2%。使用之前确定的霍顿下渗曲线下渗率:最大下渗率4.5in/h,最小下渗率0.2in/h,衰减系数为$6.5h^{-1}$。对于新加的子流域以及原有子流域的细化,有必要定义新的渠道和节点将其连接到排水系统。新加的要素如图4-33所示(线条是管道,圆圈是节点)。表4-15列出了新节点的属性,表4-16列出了新导管的属性。

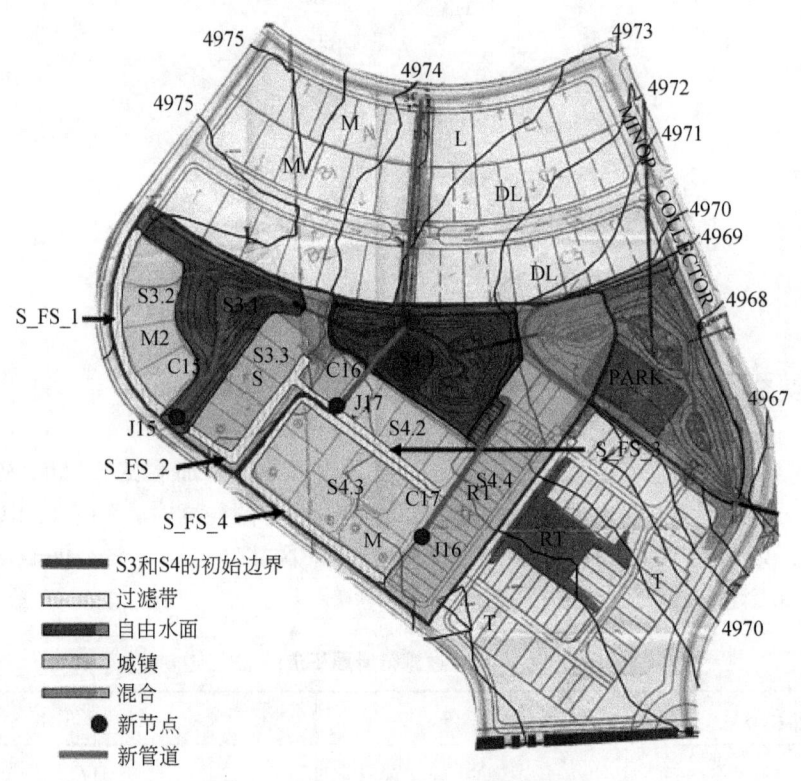

图4-33 细分子流域S3及S4示意图

表4-15 新节点属性

新节点	底拱高程/m
J15	4974.5
J16	4973.5
J17	4973.5

表 4-16 新导管属性

新导管	入口节点	出口节点	长度/ft	截面类型	曼宁系数	最大深度/ft	最大宽度/ft	左斜率	右斜率
C15	J15	J3	444.75	Swale	0.05	3	5	5	5
C16	J17	J5	200.16	Swale	0.05	3	5	5	5
C17	J16	J7	300.42	Gutter	0.016	1.5	0	0.0001	25

表 4-17 总结了新的子流域的属性。新加子流域（S3.2、S3.3、S4.2 和 S4.3）的出口不是节点而是代表子流域的过滤带。SWMM 中使用的梯级布局如图 4-34 所示的子流域 S3.1、S3.2 以及图 4-35 所示的子流域 S4.1、S4.2、S4.3 和 S4.4。

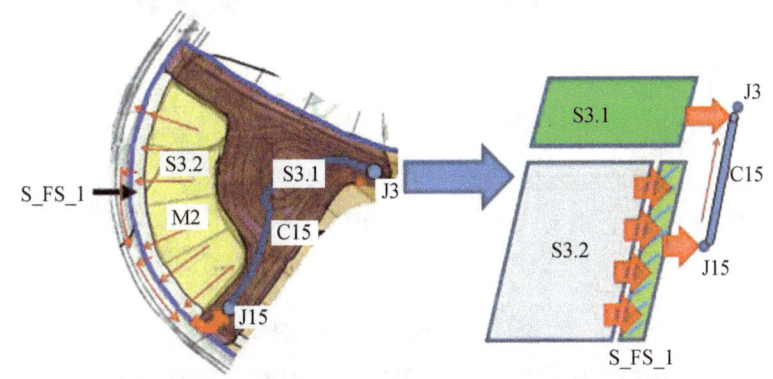

图 4-34 子流域 S_FS、S3.1 及 S3.2 的示意图

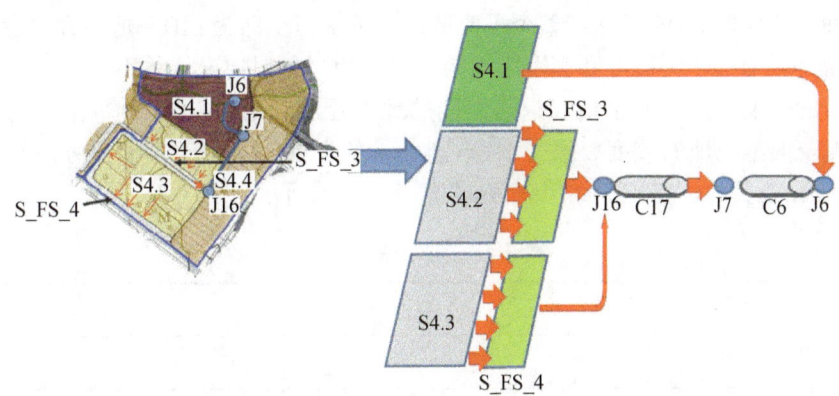

图 4-35 子流域 S_FS_3、S_FS_4、S4.1、S4.2 及 S4.3 的示意图

SWMM 子区域路径。另一种方法使用子区域路径直接模拟 LID，而不是像该例中额外增加一个子流域。每个 SWMM 中的子流域包括两个子区域，一个不透水区域和一个透水区域，它们在属性栏中的选项是子流域路径和百分比。

子流域路径有3种选项：出口、不透水和透水。出口选项［图4-36（a）］径流直接从两个子区域到子流域的出口，透水选项［图4-36（b）］径流从不透水子区域通过透水子区域到达出口，不透水选项［图4-36（c）］径流从透水子区域经过不透水子区域到达出口。

当径流从不透水区域出发经过透水子区域时［图4-36（b）］，一些径流会下渗而减少下渗子区域的径流量。图4-36曲线是单一子流域3种选项径流的典型曲线。注意，透水区域的径流是可以忽略不计的，"100%流到出口"和"100%流向不透水区"几乎是一样的。

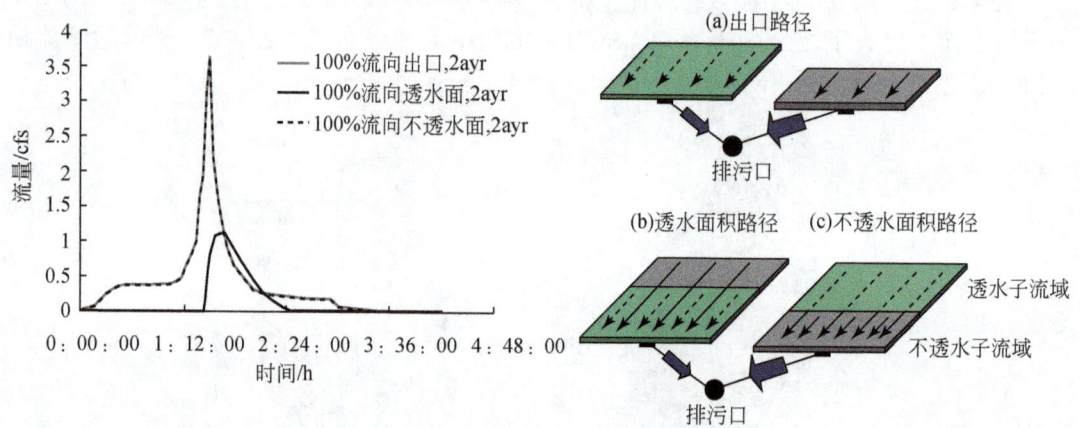

图4-36 SWMM子流域路径

子区域路径中的透水选项可用来模拟LID，将LID作为透水子区域，将子流域的透水面值赋予这些LID，径流来自子流域不透水子区域到透水子区域，将Percent Routed定义为不透水面积的比例。

用这种方法模拟LIDS意味着整个子流域的不透水面积即为LID。这种方法在这个例子中不够灵活，因为LID的坡度和宽度必须与子流域相同，但情况往往不是如此。

过滤带的长度（如现有土地和街道之间的地面径流长度）为4ft，每个过滤带沿着该长度的坡度与典型土地的坡度一致为2%。过滤带的宽度（垂直于坡面流方向）直接从例1地图的Ruler工具计算得出，结果如表4-18最后一列所示。

表4-17 新子流域属性

新子流域	出口	面积/acre	宽度/ft	斜率/%	不透水率/%
S3.1	J3	1.29	614	4.7	0
S3.2	S_FS_1	1.02	349	2	65
S3.3	S_FS_2	1.38	489	2	58
S4.1	J6	1.65	580	5	0
S4.2	S_FS_3	0.79	268	2	70

续表

新子流域	出口	面积/acre	宽度/ft	斜率/%	不透水率/%
S4.3	S_FS_4	1.91	657	2	65
S4.4	J9	2.40	839	2	69

表4-18 过滤带宽度

过滤带	控制流域	构成	组成宽度	总宽度
S_FS_1	S3.2	FS1	410	410
S_FS_2	S3.3	FS2+FS3+部分 FS7	105+250+108	463
S_FS_3	S4.2	部分 FS7	267	267
S_FS_4	S4.3	FS4+FS5+FS6	359+190+345	894

表4-19总结了该例中用来模拟过滤带的子流域的属性。过滤带的面积由测量的过滤带长度和本例中水流路径的长度（4ft）计算得出。这意味着这些子流域地区 Auto-Length 计算得到的面积将被表4-19中的数值替换。

表4-19 过滤带子流域属性

子流域	上游子流域	出口	面积/ft²	面积/acre	宽度/ft	坡度/%	填注/in
S_FS_1	S3.2	J15	1640	0.038	410	2	0.3
S_FS_2	S3.3	J17	1852	0.043	463	2	0.3
S_FS_3	S4.2	J16	1068	0.025	267	2	0.3
S_FS_4	S4.3	J16	3576	0.082	894	2	0.3

一旦将表4-18和表4-19列出的属性添加到模型中，所有的过滤带不透水性为0，不透水糙率为0.015，不透水降低容量为0.06（尽管不是所有的后加属性不透水性都为0）；透水糙率为0.24，透水降低容量为0.3。后面的两个值与流域中剩余透水区域里的相等。最后，最大霍顿下渗率和最小霍顿下渗率都设置为0.2in/h时，研究区域的土壤入渗率为最小值。这是一个考虑到可能造成损失的保守方法，因为在新降雨开始土壤可能会饱和而没有渗透能力。

所有的子流域必须分配一个雨量计，以保证 SWMM 的正常运行。但是，在代表过滤带的子流域上是没有降水的，因为该部分被认为是在所属子流域的内部。因此，定义一个新的名为"Null"的时间序列，单一时间，降雨值为0。建立一个新的名为"Null"的雨量计，与时间序列"Null"连接。这就是所有过滤带子流域的雨量计，这种子流域的径流来自透水例子中的原始雨量计。

4.3.4 模型建立——渗透沟

该例中渗透沟（IT）位于研究区北部（图4-30）。模拟这些渗透沟将子流域S1和S2分为如图4-37所示的6个小子流域。由SWMM的Auto-Length工具确定它们的面积。宽度是假设的城市径流的长度（125ft，从地段到街道的背部测量），正如例1中讨论的。每个新子流域的不透水率由土地利用类型决定（M、L或DL），例1中的表4-19有相关土地利用资料。表4-20总结了新加子流域的属性，表4-20中没列出来的属性（霍顿下渗率、透水减少的容积）与传统子流域相同。

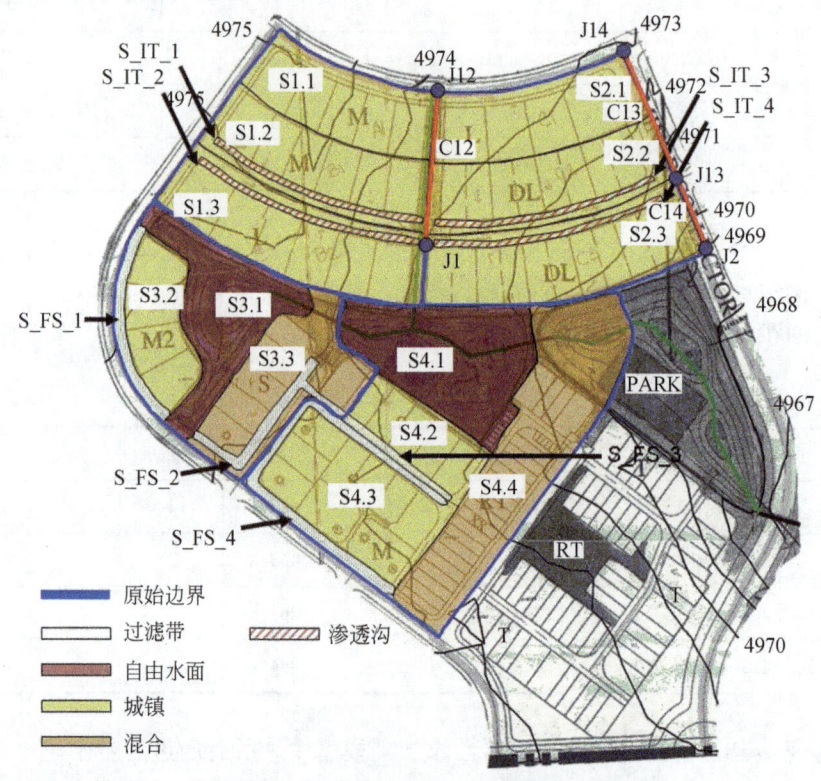

图4-37 子流域S1与S2渗透沟细化图

表4-20 新增子流域属性

新子流域	出口	面积/acre	宽度/ft	坡度/%	不透水率/%
S1.1	J12	1.21	422	2	65
S1.2	S_IT_1	1.46	509	2	65
S1.3	S_IT_2	1.88	655	2	45
S2.1	J14	1.30	453	2	45
S2.2	S_IT_3	1.5	523	2	70
S2.3	S_IT_4	1.88	655	2	70

表 4-21 列出了加入到模型中的渗透沟。它们的名字以字母 IT 开头，后面是数字编号。图 4-37 显示了这些下渗沟的位置。4 个下渗沟作为子流域加入到模型中，名称带有前缀 S_。它们是表 4-22 中 S1.2、S1.3、S2.2 和 S2.3 子流域的出口。其他子流域 S1.1 和 S2.1 的出口分别是节点 J12 和 J14。

表 4-21 渗透沟长度属性

控制子流域	渗透沟	沟长/ft
S1	IT1	450
S1	IT2	474
S2	IT3	450
S2	IT4	470

表 4-22 渗透沟子流域属性

子流域	上游子流域	出口	面积/ft²	面积/acre	宽度/ft	坡度/‰	填注/in
S_IT_1	S1.2	J1	1350	0.031	3	0.422	14.4
S_IT_2	S1.3	J1	1422	0.033	3	0.422	14.4
S_IT_3	S2.2	J13	1350	0.031	3	0.444	14.4
S_IT_4	S2.3	J13	1410	0.032	3	0.468	14.4

设置渗透沟大小时，应该注意宽度和长度的定义与过滤带的宽度和长度的定义相反。表 4-21 列出每个渗透沟的长度。用长度和假定的宽度值（3ft）可计算渗透沟的面积。表 4-22 中列出了每个渗透沟的宽度和面积。每个渗透沟的降低深度为 1.2ft（低于该深度时水全部下渗，高于该深度时渗透沟里才有水流动）。渗透沟的实际存储深度是 3ft，但要是考虑到渗透沟里含有 40% 孔隙度、直径 1/2~1in 的砾石，那么可储存的深度将降到原来的 40%。表 4-22 总结了分配到渗透沟子流域的属性。

渗透沟的坡度直接由站点地图计算得出，不透水率为 0，曼宁糙率系数为 0.24，储水深度由下沉容积决定，有效的储水深度为 14.4in（1.2ft）。像过滤带一样，不计任何沟两侧水平下渗的情况，下渗率用常数 0.2in/h（最小值）。每个渗透沟分配一个新定义的 "Null" 雨量计，才能保证不会有直接降水到渗透沟区域。

渗透沟的设计没有考虑水流进沟的障碍。草坪和直径为 1/2~1in 砾石土壤可能降低水流进沟内的速度，并减低入沟的水量。在该例的结果部分会涉及该问题。

为了使模型更加完善，有必要定义新加子流域与排水系统连接的管道和节点。图 4-37 显示了新加的元素（线条为管道，圆圈为节点）。表 4-23 列出了新节点的属性，表 4-24 列出了新管道的属性。

表 4-23 新节点属性

新节点	底拱高程/ft
J12	4973.8
J13	4970.7
J14	4972.9

表 4-24 新管道属性

新导管	入口节点	出口节点	长度/ft	截面类型①	曼宁系数	最大深度/ft	最大宽度/ft	左斜率	右斜率
C12	J12	J1	281.7	Swale	0.05	3	5	5	5
C13	J14	J13	275.5	Gutter	0.016	1.5	5	0.0001	25
C14	J13	J2	157.48	Gutter	0.016	1.5	0	0.0001	25

①截面类型在 4.2 节中已定义

4.3.5 模型结果

包含所有 LID 的最终模型在文件 Example4.inp 中。在动态波流路径下运行，湿润径流时间步长为 1min，报告时间步长为 1min，路径时间步长为 15s，3 种设计降水都是如此。图 4-38 比较了 3 种设计降水的过滤带 S_FS_1 的入流和出流的流量过程。图 4-39 比较了 3 种设计降水的渗透沟 S_IT_1 的入流和出流的流量过程。其余 LID 结果与此类似。表 4-25 和表 4-26 列出了每个过滤带和渗透沟的径流系数。本例中，径流系数是流出 LID 径流总量与流进 LID 径流总量的比值。LID 对径流总量的减少系数是用 1 减去径流系数。

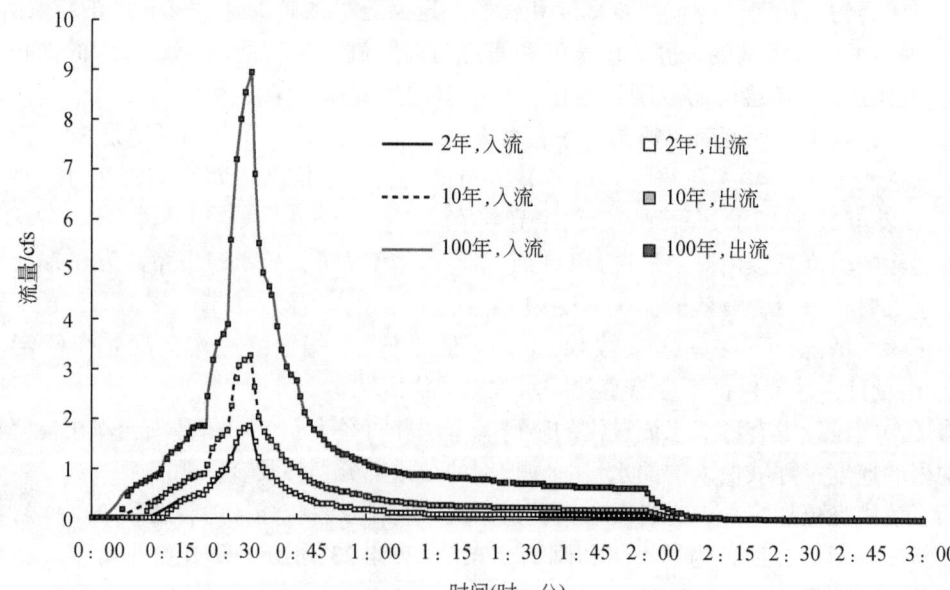

图 4-38 3 种设计降水下过滤带 S_FS_1 的流量过程线

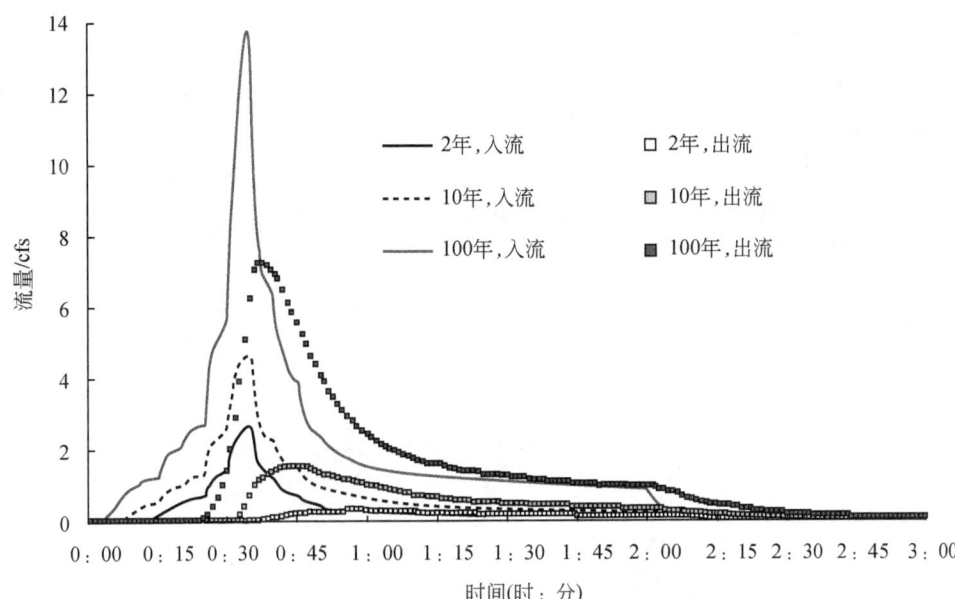

图 4-39 3 种设计降水下渗透沟 S_IT_1 的流量过程线

表 4-25 过滤带径流系数

过滤带	径流系数		
	2 年一遇降水	10 年一遇降水	100 年一遇降水
S_SF_1	0.95	0.98	0.99
S_SF_2	0.95	0.98	0.99
S_SF_3	0.96	0.98	0.99
S_SF_4	0.94	0.97	0.99

表 4-26 渗透沟径流系数

渗透沟	径流系数		
	2 年一遇降水	10 年一遇降水	100 年一遇降水
S_IT_1	0.45	0.73	0.89
S_IT_2	0.31	0.71	0.90
S_IT_3	0.51	0.75	0.90
S_IT_4	0.59	0.79	0.92

很明显，过滤带对径流的控制是可以忽略不计的，因为所有设计降水的出流率与入流率相等，这进一步证实了过滤带的作用主要是去除污染物，而对径流没有影响。与此相反，所有的渗透沟对径流的减少作用很明显，特别是对于小的降水事件。应该记住不论怎样，本例中的渗透沟内没有草地覆盖，如果有，会减少它对径流的影响，影响程度取决于

设计方式。

图 4-40 比较了研究区 3 种设计降水（2 年一遇、10 年一遇、100 年一遇）的出口处的模拟径流，每种设计降水研究了有 LID 和没有 LID 两种情况。每种设计降水，LID 会降低径流总量和洪峰流量。随着设计降水的增加，LID 的影响程度降低，对径流总量和洪峰流量的减小作用降低（图 4-41）。表 4-24 列出了 LID 对 3 种设计降水径流总量和洪峰流量的减少值。可以看出 LID 是怎样随着设计降水的增加而发挥作用的。

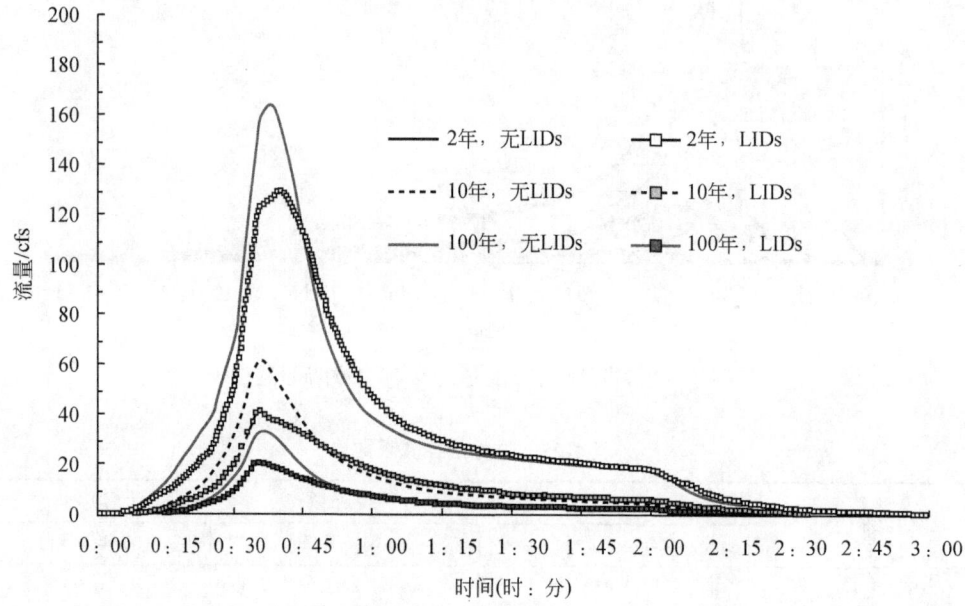

图 4-40 有 LID 控制与缺乏 LID 控制时出口出流过程的对比

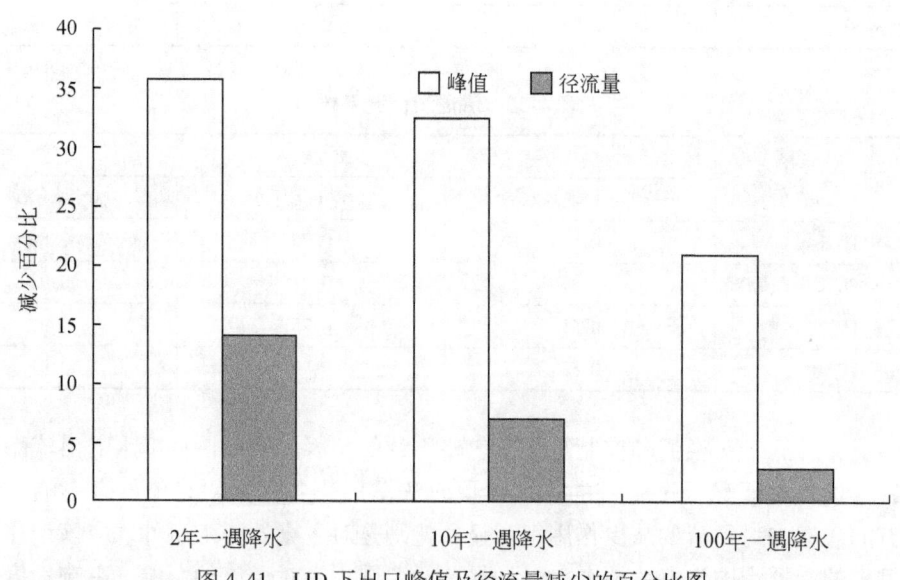

图 4-41 LID 下出口峰值及径流量减少的百分比图

4.3.6 小结

该例说明了 SWMM 中怎样使用过滤带和渗透沟两个典型的 LID。本例中的关键点如下。

1）过滤带可以设计成一个长方形、拥有一个稳定下渗率的 100% 透水子流域。

2）渗透沟可以设计成一个长方形、拥有一个稳定下渗率、削减容量是沟内有效空隙体积深度的 100% 透水子流域。

3）对这两种 LID 的模拟，需要将子流域细化为适合当地的小子流域。

4）渗透沟（顶部无土壤）比过滤带更有效降低径流总量和洪峰流量。

5）LID 对降低径流总量和洪峰流量的作用随着设计降雨的增大而减少。

尽管本例中用不同的设计降水来评价 LID 的作用，但是它们对暴雨洪水更加准确的控制能力还需要通过该地区连续的长序列降水来模拟。将几年的实际降水输入进行模拟可能会使模型依赖降水前的土壤状况。当考虑以渗漏为主的控制时，这个因素可能变得至关重要。4.5 节说明如何执行这样一个连续的模拟。

4.4 地表水系统模拟

4.4.1 地表排水系统

4.1 节展示了如何在未开发和已开发的情况下分别建立城市化流域的水文模型，并比较了两种情况下的暴雨洪峰流量，但未考虑水文路径。本例将重点阐述 SWMM 如何将水文元素和径流测流方法用于模拟下垫面排水系统。本例将在 4.1 节建立的已开发区域的模型中加入排水系统，并分别对 2 年一遇、10 年一遇、100 年一遇的 2h 洪水进行处理。为简化处理，本例将使用明渠（如沼泽或管道）进行排水。本例中简化的径流网络将在 4.5 节中进行更加深入的研究，4.5 节中将加入根据典型流域设计标准设计的明渠和地下管道。

4.4.1.1 问题描述

图 4-42 和图 4-43 展示了 SWMM 中例 1 研究区域的未开发与已开发的出水管道。图 4-42 中未开发区域是用单一的小流域表示的，该小流域的宽度参数采用的是推荐的未开发区域的最大越境流长度（500ft）。对已开发的区域来说（图 4-43），区域将被划分为 7 个小流域，小流域的宽度是通过各流域的越境流长度的加权平均值和所有小流域直接排入区域出口节点 O1 的越境流流量计算得到的。

本例要在已开发区域添加一个简单的下垫面排水系统。该系统中排水沟、草地和管道的尺寸将以 100 年一遇的标准设计。系统中 3 种不同设计降水（2 年一遇、10 年一遇、100 年一遇）的径流将使用 SWMM 中 3 种不同的水文路径排出该系统。区域出口处出流的水文过程线将与例 1 中未采用不同水文路径的过程线相比较。

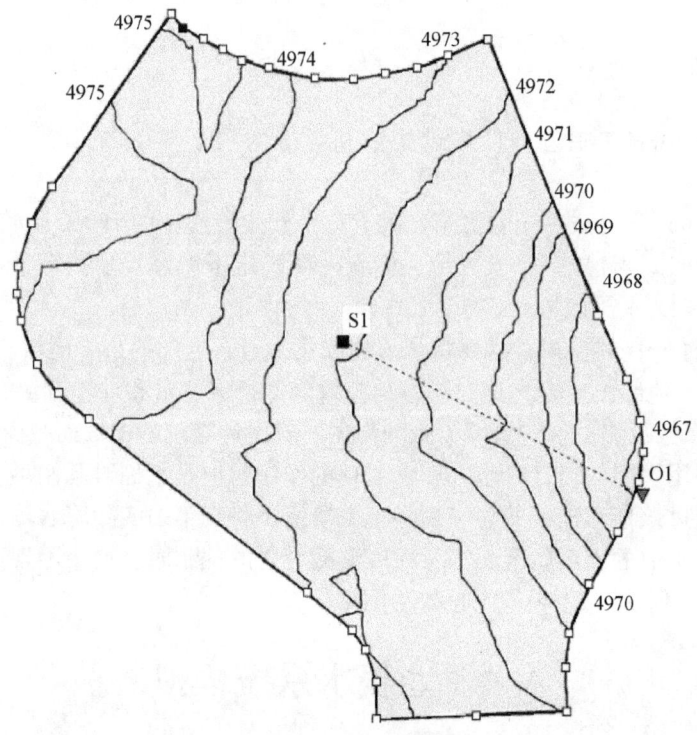

图 4-42 未开发区域

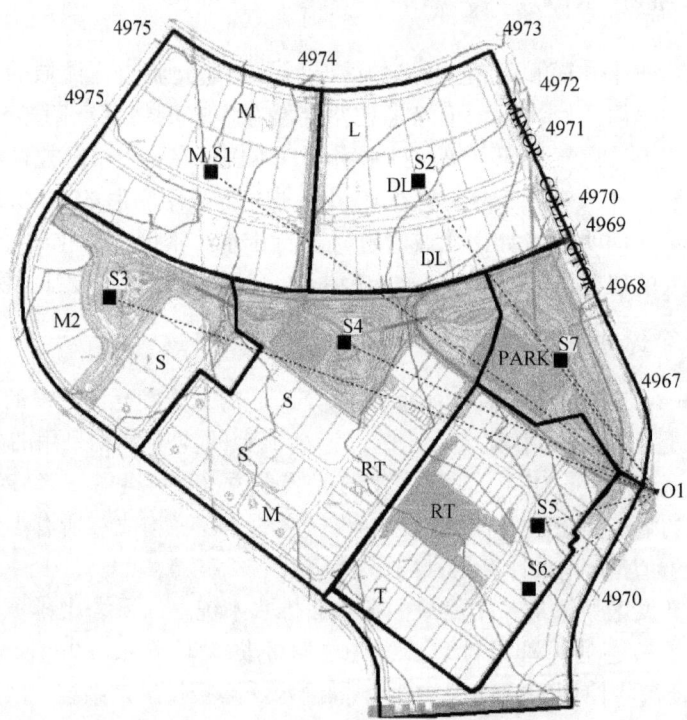

图 4-43 无排水系统的已开发区域

4.4.1.2 系统描述

SWMM 中将排水管网看作是由一系列节点串联起来的网络（图 4-44）。各节点间的连接可以控制某节点到相邻节点的水流速度（如明渠或管道），同时也可以控制孔口、堰或泵站。节点决定了排水系统的海拔和该节点连接管道末端水头的时间序列。Outfall 被定义为通过模型的节点和连接最终排导入末端节点的水流。采用动力波模拟时，Outfall 受制于水力边界情况（如自由出流、混合水面、随时间变化的水面等）。排水系统各组成部分的属性在边栏 "Hydraulic Elements in SWMM" 中有详细解释。

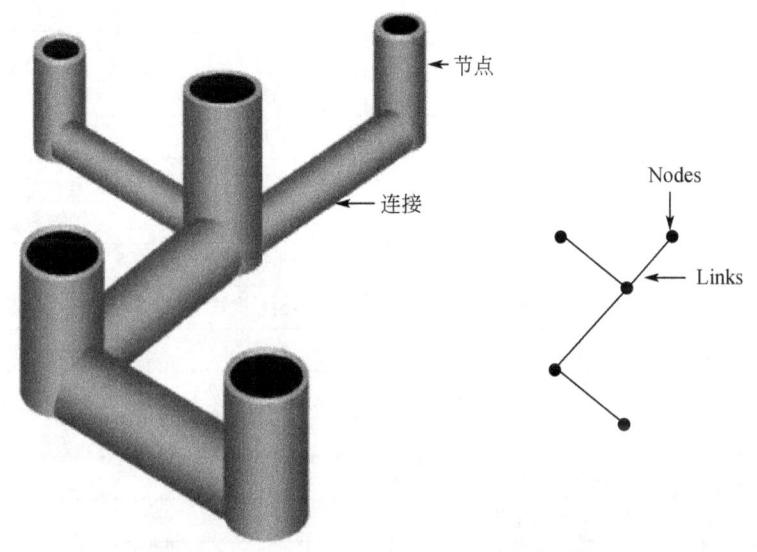

(a)排水管网系统　　　　　　(b)SWMM 模型排水管网模拟方式

图 4-44　节点与各节点间的连接

水力路径是一个将所有进入排水系统中上游每个管道末端的径流进行综合的过程，同时也是将这些径流排入下游的过程。径流计算结果受管道容量、回水、管道超负荷量的影响。SWMM 可以用以下 3 种方法进行水力路径的展示：稳定流、Kinematic 波和动力波。3 种方法归纳如下。

（1）稳定流

稳定流路径法是水文过程线从导管上游初始端到下游末端（无滞时）或由于导管容量引起的形状变化的瞬时转化。该方法是将时间段内所选节点上游所有小流域的地面径流做简单加和。

（2）SWMM 中水力组成部分

SWMM 中所有水力组成部分根据节点或连接进行分类。各部分分类等级与各部分有关水力行为的必要的和可选的特征如表 4-27 所示。

表 4-27 SWMM 水力组成部分与属性

类型	分类	举例或样式	必要属性	可选属性
节点	连接处 ○	-检修孔	-转换高程	-超负深度
		-管道斜率或断面变化处	-最大深度	-处理方法
			-初始深度	-入流
				-积水区域
	分流处 ◇	-中断	-转换后海拔	-积水区域
		-扁平	-分流连接	-超负荷深度
		-堰	-类型	-处理方法
		-溢流	-最大深度	-入流
			-初始深度	
	储存单元	-堰	-转换后海拔	-处理方法
		-消能池	-存储曲线	-入流
		-BMP	-最大深度	-蒸发因素
			-初始深度	
	出流 ▽	-自由出流	-转换后海拔	-入流
		-正常出流	-类型	-处理方法
		-混合出流		-潮汐出口
		-潮汐		
		-时间序列		
连接	管道	-自然渠道	-进口	-入流
		-闭合管道	-出口	-最大流量
		-明渠	-形状和断面属性	-进口损失系数
			-长度	-出口损失系数
			-糙率	-平均损失系数
			-进口损失	
			-出口损失	
	泵站	-脱机	-进口	-初始标准
		-同轴增加值	-出口	-开启深度
		-不同同轴速度	-水泵曲线	-关闭深度
	孔口	-圆形孔口	-进口	-翻转门
		-矩形孔口	-出口	-开启/关闭时间
			-类型	
			-形状和几何参数	
			-进口损失	
			-径流系数	

续表

类型	分类	举例或样式	必要属性	可选属性
连接	堰	-横向 -侧向流 -V形缺口 -梯形	-进口 -出口 -类型 -形状和几何参数 -进口损失 -径流系数	-翻转门 -末端收缩 -出口径流系数
	出口	-用于模拟特殊水头 -流量关系	-进口 -出口 -进口损失 -等级曲线	-翻转门

(3) 运动波

Kinematic 波采用的是计算排水系统中径流路径的普遍方法。在 Kinematic 波计算中，水力等值线的斜率与渠道坡度相同。Kinematic 波方法最适用于不存在可能引起典型回水或超载的径流限制的上游排水系统的计算。除了分流节点的 non-dendritic 系统，该方法可以用于径流的准确计算（如某节点的出流管道不单一）。

(4) 动力波

动力波方法是计算径流路径最权威的方法，因为该方法求解了整个排水系统完整的一维圣维南方程。该方法可以估算城市排水管网中如回水、超载、洪水等所有等级的径流情况。动力波方法可以模拟环状管道系统和非单一连接下游的连接处（分叉系统）。可模拟分叉系统的能力又使得本方法可以模拟平行的管道与排水沟，这种更先进的模型模拟将在例 7 中有所阐述。

4.4.1.3 模型设置

(1) 系统布局

图 4-45 展示了已开发区域中即将加入的径流排水系统布局。其中包括 7 处草地排水，3 处排水管道和 1 处街道下水道。本例目标是估计区域出口处的流量，并不是设计整个排水系统的组成部分。因此，在本集成模型中只考虑主要的将径流导入出口的地表管道。这将增大对各种径流都排入出口的保证率的估计，同时也认为该区域没有洪水发生（见 4.5 中对超负载管道和洪水连接的分析）。建立该模型的起始点是将例 1 中建立的 Example1-Post.inp 输入文件。

4.1 节中，小流域宽度可以很好地表示越境流的过程。所以小流域直接连接到研究区域的出口处，模型中没有考虑渠道里的水流过程。本例中，小流域的属性将与 4.1 节中设定的属性相同，但是会将区域渠道中的水流也加入模型中的排水系统中。

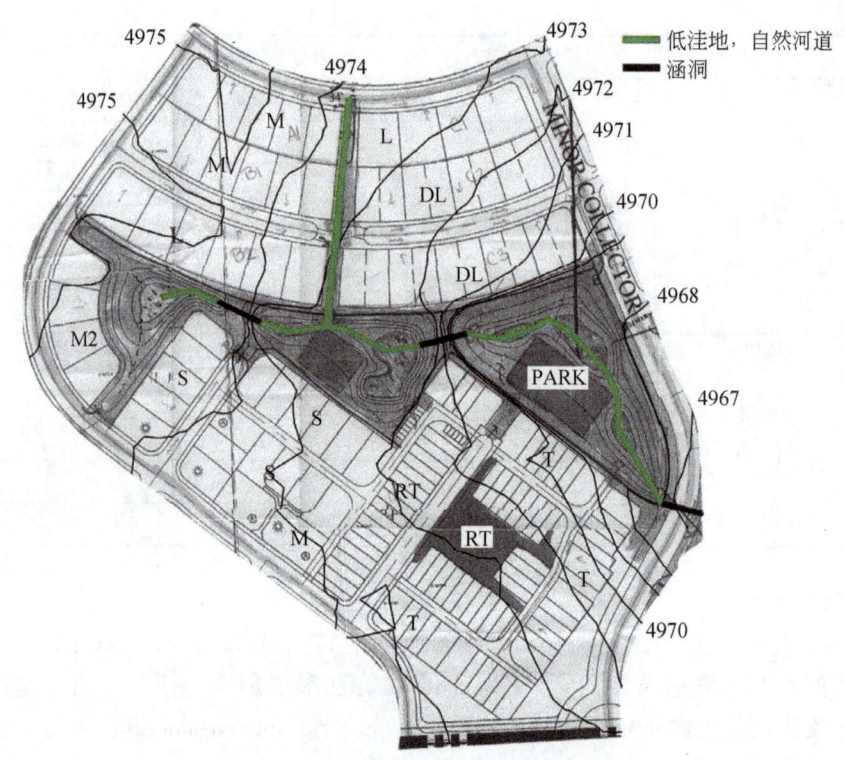

图 4-45 加入径流排水系统的已开发区域

排水系统的设定从确定系统节点（或连接处）的具体位置开始。节点是指径流进入排水系统的点，或是两个或多个渠道的连接处，或是渠道坡度及横断面明显变化的地方。同时还需要坝、孔口、泵站、洼地等的具体位置（具体见 4.2 节中某存储单元出口的孔口或坝的位置）。本例中节点的位置如图 4-45 所示，这些节点为 J1～J11。每个节点转换过的海拔（如连接渠道最低点的海拔）见表 4-28。

表 4-28 连接点的海拔

连接处编号	转换后海拔/ft
J1	4973.0
J2	4969.0
J3	4973.0
J4	4971.0
J5	4969.8
J6	4969.0
J7	4971.5
J8	4966.5

续表

连接处编号	转换后海拔/ft
J9	4964.8
J10	4963.8
J11	4963.0

排水系统通过增加渠道支线 C1、C2、C6 将穿过未开发区域的径流排入主排水管道内，从而形成一个完整的排水系统。导管 C1 是将小流域 S1 的径流排入流域主要排水管道的草地排水沟；导管 C2 是将小流域 S2 的径流排入下游直接连接区域出口（O1）的转折导管（C11）末端；导管 C6 将小流域 S4 的径流导入转折导管 C7 中。因此，这些渠道底部的海拔跟与之相连的上游和下游连接处的转化高度相关，长度由 Auto-Length 自动测出。SWMM 将使用这些信息计算每条渠道的坡度。

最终，剩余的 C3~C11 导管构成了公园到节点的主要排水通道，这个通道需要进一步确定。跟前面一样，这些导管末端连接时无垂直落差，使用 Auto-Length 计算导管长度。小流域 S3~S7 分别排入主要排水管道的不同地方。S3 排入主要排水管道的初始转折导管（C3），S4 排入连接主要排水管道第二个转折导管（C7）的排水沟 C6，S5 和 S7 排入主要排水管道 J10 处，S6 直接排入主要排水管道的最后一个转折导管（C11）中。表 4-29 归纳了各小流域相关的出口连接点和导管。

表 4-29 小流域出口

小流域	出口连接点	出口管道
S1	J1	C1（洼地）
S2	J2	C2（排水沟）
S3	J3	C3（下水道）
S4	J7	C6（洼地）
S5	J10	C10（洼地）
S6	J11	C11（下水道）
S7	J10	C10（洼地）

需要注意的是，本例中的排水系统（图 4-46）没有考虑各小流域街道下水道的储存和运输。但是，在一些应用中，排水系统的这些属性可能有很大影响并且需要表示出来，可以通过在每个小流域中增加表示街道分割后对径流路径的综合影响的渠道来表示。本例中通过简化，不考虑这方面的内容，只考虑区域的主要排水管道。

(2) 系统属性

系统属性现在可以通过已定义的导管和连接点赋值。表 4-30 中列出了本例中使用的 3 种导管断面形状。排水道边坡 [z_1 和 z_2（水平：垂直）]、糙率系数（n）、底宽（b）和高度（h）采用 UDFCD 手册（2001 年）中的典型值。排水沟断面坡度（z_1 和 z_2）、糙率系

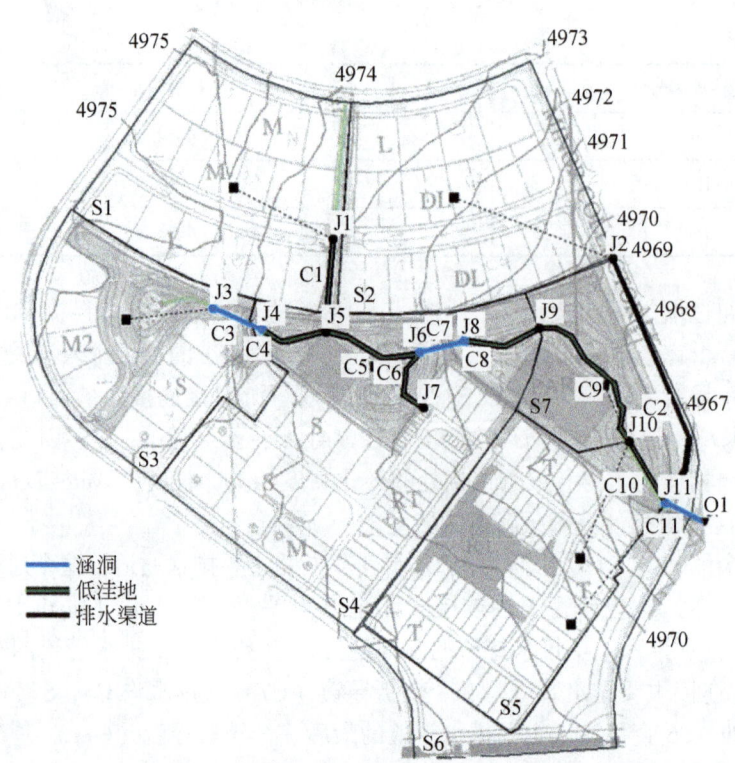

图 4-46 SWMM 中已开发区域的排水系统

数 (n)、底宽 (b) 和高度 (h) 根据典型设计值得到。导管直径将在下一节 100 年一遇径流的排水计算中确定。

表 4-30 模型中导管的特征值

形状类型	断面特征	代表管道	D/ft	z_1	z_2	b/ft	h/ft	n
梯形		洼地	—	5	5	5	3	0.05
不规则形		排水沟	—	0.0001[①]	25	0	1	0.016
圆形		管道	4.75[②]	—	—	—	—	0.016

注：①SWMM 中坡度必须大于 0；②这是涵洞直径的初始值，不是最终值

表 4-31 列出了 SWMM 中每个导管的属性值。上一节已经提过，导管长度通过 Auto-

Length 工具自动测得。这些导管的进口和出口节点的高差除了 C2 外都设置为 0，说明每个导管的底部高程与其进口和出口连接处的高程相同。C2（排水沟）的出口高差为 4ft，是指排水沟底部与公园渠道底部的高差。3 种圆形导管的直径在下一节中进行计算。

表 4-31 导管属性

管道编号	管道类型	进口节点	出口节点	h 或 D/ft	h/ft	z_1
C1	洼地	J1	J5	3	5	5
C2	排水沟	J2	J11	1	0	0.0001
C3	管道	J3	J4	TBD	—	—
C4	洼地	J4	J5	3	5	5
C5	洼地	J5	J6	3	5	5
C6	洼地	J6	J6	3	5	5
C7	管道	J7	J8	TBD	—	—
C8	洼地	J8	J9	3	5	5
C9	洼地	J9	J10	3	5	5
C10	洼地	J10	J11	3	5	5
C11	管道	J11	O1	TBD	—	—

注：TBD 为 to be determined，即待确定

由于所有导管都是地面上的且无地下导管，将所有连接点的最大深度设为 0 是可以的。故 SWMM 将每个连接处的深度自动设为连接处到所连接导管最高点的距离。因此，只有在超过渠道容量时连接处才可能发生洪水（仅在 SWMM 允许的洪水范围内）。最后，出口节点 O1 将设定为海拔为 4962ft 的自由出口落差。作为结果的 SWMM 输入文件命名为 Example2-Post.inp。

4.4.1.4 模型结果

(1) 导管尺寸

在比较 SWMM 的径流路径之前，必须先确定排水系统的 3 种导管的直径。可以通过在表 4-32 中分别对应 2 年一遇、10 年一遇、100 年一遇无洪水的设计降水的各管道的最小尺寸来获得。步骤如下所示。

表 4-32 管道可选尺寸

直径/ft	直径/in	直径/ft	直径/in	直径/ft	直径/in	直径/ft	直径/in
1	12	2	24	3	36	4	48
1.25	15	2.25	27	3.25	39	4.25	51
1.5	18	2.5	30	3.5	42	4.5	54
1.75	21	2.75	33	3.75	45	4.75	57

1) 初始时使用各管道允许的最大直径。

2）在 SWMM 中进行一系列的运行，逐渐减小导管 C3 的尺寸直到发生洪水。将 C3 的直径设定为大于该尺寸最近的数值。

对导管 C7、C11 分别重复该步骤。

需要注意的是，系统过程需要从上游往下游逐步完成，依次确保每个导管恰好能够满足上游来水要求。在基础条件下（导管可能的最大尺寸）不会发生洪水，所以该步骤是可行的。当需要增大管道直径时（或者基础条件下会发生洪水时），该步骤不需要进行。通常需要在下游的变化对上游有显著影响的情况下确定设计尺寸，所以对下游水管直径进行微调可以解决上游的洪水问题。

这些管道尺寸运行时采用了 Kinematic Wave（KW）法对 Example2-Post. input 文件进行路径的计算，采用降水测站的时间序列确定 100 年一遇的洪水，还有如下时间步长的设定：报告时间为 1min，干燥天气时为 1h，湿润天气时为 1min，径流路径时间为 15s。需要注意的是，路径时间步长有时对模拟排水系统和采用的路径测量方法（KW）有严格的控制。采用该数值是因为动力波方法将在本例的后期使用，要产生稳定的结果其步长比 KW 法的步长小。如果本例只采用了 KW 法，步长设为 1min 就可以了。通过检验运行标准报告中节点洪水归纳可以判断是否会发生洪水。

（2）关于时间步长的说明

SWMM 中需要确定 4 类时间步长：干燥天气和湿润天气下的径流时间步长，水流路径的时间步长和报告时间步长。初学者比较普遍发生的错误是采用过长的时间步长。湿润天气径流的时间步长不能比降雨记录间隔长，对 KW 法通常是 1~5min（或更短），对动力波方法是 30s（或更短）。当径流变化很迅速时，动力波方法可以调用可自动降低时间步长的 Variable Time Step 按钮。当径流步长或路径时间步长过大时会发生高连续性的错误。如果报告步长定得过高可能会缺失输出结果的重要细节。将报告步长与径流路径步长设定相同，则会形成很大的输出文件。以较小的时间步长为初始，用户可以逐渐增大步长来找到可以更有效地产生可接受的准确结果的步长。

通过使用 Example2-Post. inp 进行尺寸调节后，最终确定的管道直径是 C3 为 2.25ft，C7 为 3.5ft，C11 为 4.75ft。表 4-33 列出了各导管满负荷，即 100 年一遇的设计降水下达到的洪峰流量情况。这些值可以直接从 SWMM 标准报告的 Link Flow Summary 表格中得出。

表 4-33 100 年一遇时导管最大深度和最大流量

管道编号	最大深度/满负荷深度	最大流量/满负荷流量
C1	0.37	0.11
C2	0.96	0.94
C3	0.7	0.83
C4	0.38	0.12
C5	0.67	0.41
C6	0.44	0.16
C7	0.71	0.85
C8	0.7	0.44

续表

管道编号	最大深度/满负荷深度	最大流量/满负荷流量
C9	0.88	0.76
C10	0.88	0.74
C11	0.78	0.95

(3) 径流路径计算方法比较

有了准确的管道尺寸，接下来就用这3种方法（稳定流法、KW法、动力波法）进行模拟计算得到出口流量，然后将所得流量与4.1节中设计降水得到的流量通过画图进行比较。图4-47～图4-49分别展示了通过3种方法模拟设计降水的出口流量（节点O1的总出流量）水文过程线图。在4.1节中，这些图表通过将SWMM每次运行的相关结果输出到一个表格中，并用表格中的图表工具进行绘制得到。4.1节中，除了由于100年设计暴雨会在系统内引发洪水的情况外，用稳定流法确定的出口路径是相同的（用虚线标出）。这是因为用稳定流法计算时，每个小流域的出口流量都是瞬间出现在该小流域与其他小流域叠加的地方。因此，稳定流法模拟区域出口时不会考虑模型中的管道影响。

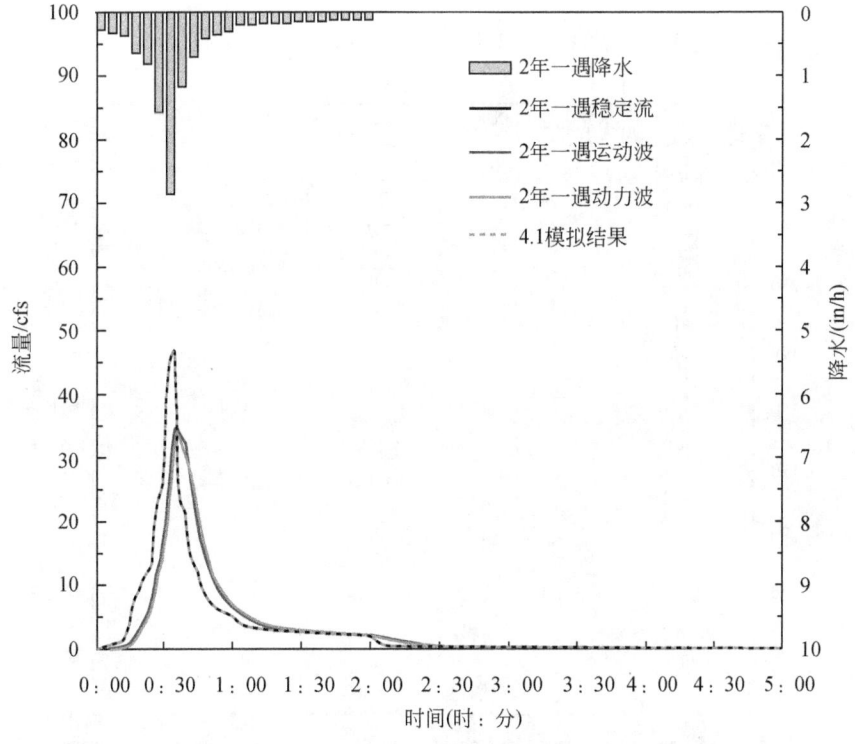

图4-47 已开发区域设计2年一遇设计降水的出流过程线

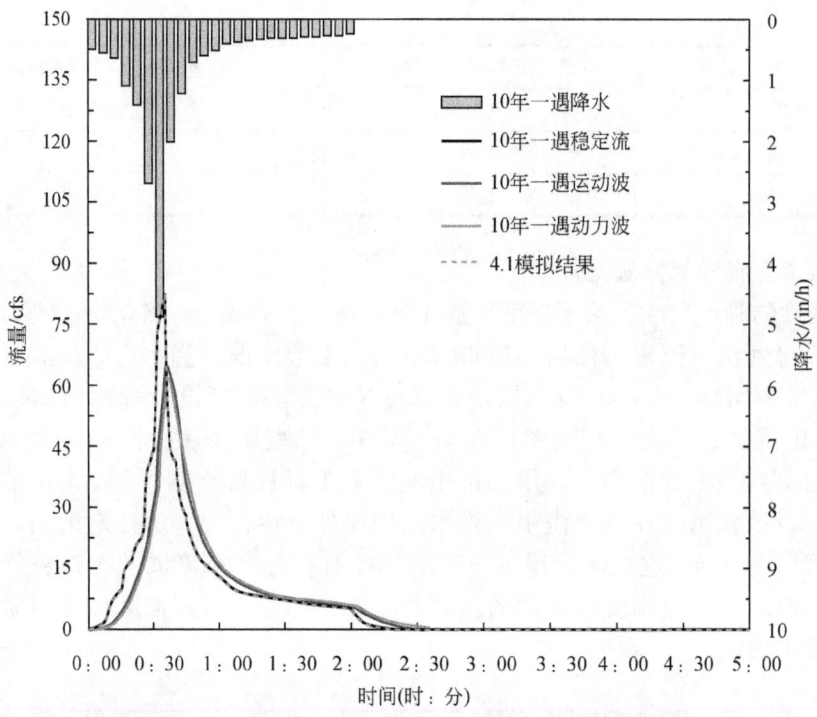

图 4-48　已开发区域设计 10 年一遇设计降水的出流过程线

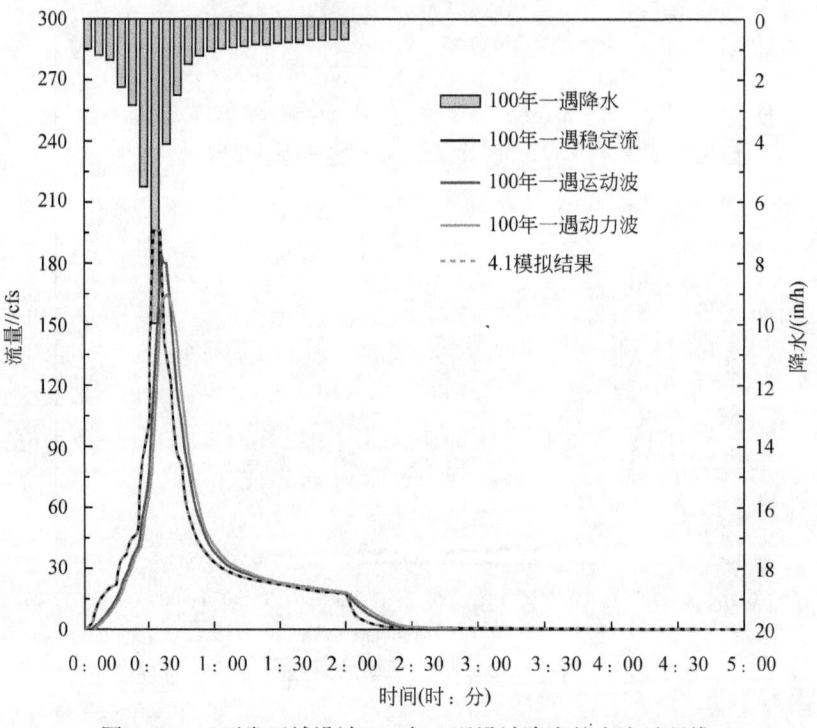

图 4-49　已开发区域设计 100 年一遇设计降水的出流过程线

考虑洪水情况时，稳定流法可以通过曼宁公式计算管道中的径流深确定系统中可能发生的洪水过程。如果这个深度超过了管道容量，管道容量将会减小为满负荷时的容量，并预报有洪水发生。图4-49展示了稳定流法确定出口流量和发生洪水时无路径模拟之间的区别。

其他两种方法，即Kinematic Wave和动力波法，都生成了一个滞后现象和削峰现象，所以出口过程线的流量会出现超时的现象。这些影响在动力波中表现得尤为突出，这是由于动力波需要考虑回水，将增加排水系统中使用的容量。

表4-34比较了已开发区域未模拟路径（4.1节）和本例中用动力波模拟路径后出口的径流量、径流系数和洪峰流量。这些值可以直接从SWMM标准报告中得出。在径流量和径流系数方面，例1中含路径模拟的结果在不考虑水力路径的时候是恒定的。路径的影响通过比较洪峰流量可以得到，洪峰流量在考虑路径时会减小。在本例的情况中，用动力波模拟路径时2年一遇的洪峰流量比不考虑路径影响时偏小28.7%，10年一遇的偏小24.8%，100年一遇的偏小32.4%。

表4-34 考虑和不考虑路径时已开发区域径流比较

设计暴雨	总降水量/in	径流量/in 无路径模拟	径流量/in 动力波	径流系数/% 无路径模拟	径流系数/% 动力波	洪峰流量/cfs 无路径模拟	洪峰流量/cfs 动力波
2年一遇	0.98	0.53	0.53	54.5	54.5	46.7	33.4
10年一遇	1.71	1.11	1.11	64.7	64.7	82.6	62.2
100年一遇	3.67	3.04	3.04	82.7	82.7	241	164.1

4.4.1.5 小结

本例在SWMM中引入了水力路径模拟的应用。本例介绍了如何布设地表径流收集系统，如何确定系统中各部分的尺寸，以及该系统中径流路径模拟对流域出口水文过程线的影响。同时，本例还对SWMM中3种路径方法和不模拟路径时各设计降水的径流峰值和总径流量进行了比较。本例中阐述的重点包括以下几点。

1）径流收集系统可以看作是由节点和相互之间的连接所组成的，各连接就是导管（如草地下水沟、街道排水道和圆形的管道），节点就是各导管相互连接的点。

2）可以通过对上游到下游的过程进行反复模拟确定在设计的极端事件中不发生洪水时的最小管道尺寸。

3）在排水系统发生洪水时，用稳定流方法模拟水力路径得出的出口流量相对无路径模拟时更趋于一致。该方法将管道上游瞬时发生的水文过程线转移到管道下游出口处，无延迟或形变。

4）动力波法和Kinematic Wave模拟路径时产生的洪峰流量比无路径模拟（4.1节）时小，这是由于渠道的存储量和回水影响潜力的作用。动力波模拟100年一遇的洪水路径时洪峰流量偏小32.4%。

5）除了发生洪水，路径模拟方法（稳定流法、Kinematic Wave 或动力波法）的选择不会对研究区域出口的总径流量产生影响。

在 4.2 节研究中，将在本例的已开发区域排水系统的基础上加上存储单元，以减小城市化对水流的影响。

4.4.2 地表水质模拟

这个例子用来说明如何在一个城市区域内对污染物的积累和淋洗进行模拟。不同土地利用类型对污染物积累的影响在本例都予以考虑，同时，事件平均浓度（EMC）和指数方程被用于描述污染物淋洗的过程。

地表径流水质是极其重要的，同时也是非常复杂的，需要对城市区域雨天流量和它们的环境影响进行研究。对流域内的水质进行精确模拟一般是很难的，因为缺少对所涉及的基本过程的充分了解，同时也缺少必要的数据用于模型的率定和验证。SWMM 具有经验化模拟非点源的地表径流水质的能力，同时也可以模拟水质处理过程（该例子将在 4.5 节中叙述）。该模型提供一套灵活的数学方程，可以经过率定之后用来估计在无雨期地表污染物的累积过程，和有雨期污染物随着径流的流失过程。和 4.1~4.3 节一样，本节使用相同的研究区域，用以说明这些数学函数模型如何在一个典型的城市区域进行应用。

4.4.2.1 问题叙述

在 4.2 节中，我们介绍了 29acre 的小区域及排水系统，对该研究区域的研究将进行扩展并加入水质模拟模型。本模型将对污染物累积、淋洗以及流失进行模拟，目的是在无径流控制设施条件下（无最佳管理措施或者径流滞蓄效应）对流域出口处的水质进行估算。研究区域如图 4-50 所示，输入文件也将进行修改并加入水质部分，命名为 Example2 - Post.inp。

对长系列降水数据的考察揭示了大多数的暴雨并不是很大。例如，在 4.2 节中，位于科罗拉多高原山麓的滞蓄塘的水质滞蓄容量（WQCV）经估计只有 0.23in（请参见例 3 计算 WQCV 的方法）。这个储蓄量对应于一个深度，该深度在 4 场暴雨中仅仅超过 1 场，是 2 年设计降水的 25%，该值应用于前例（1.0in）。因此，小尺度的、频繁发生的降水占以前记录降水事件的绝大部分，正是这些降水造成了城市区域的暴雨径流和污染物流失（UDFCD，2001）。

为了探索雨洪量对污染物流失的影响，本例将对两场较小尺度的 2h 暴雨事件（洪量分别为 0.1in 和 0.23in）计算其径流污染物负荷，计算值将与前面的例子进行比较，前面的例子以 2 年设计降水事件为研究对象，雨洪量为 1in。针对以上 2 场降水，以 5min 为采样间隔，其降水强度的时间序列见表 4-35。

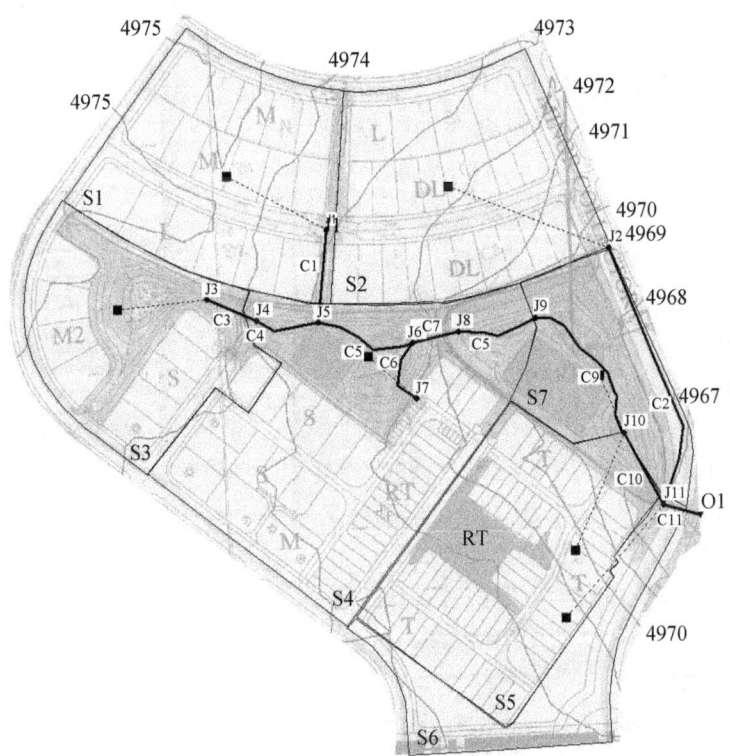

图 4-50 无径流控制地区示意图

表 4-35 0.1in 及 0.23in 暴雨时间序列

时间/min	0.1 暴雨/(in/h)	0.23 暴雨[①]/(in/h)	时间/min	0.1 暴雨/(in/h)	0.23 暴雨[①]/(in/h)
0：00	0.03	0.068	1：00	0.02	0.047
0：05	0.034	0.078	1：05	0.019	0.045
0：10	0.039	0.089	1：10	0.018	0.042
0：15	0.065	0.15	1：15	0.017	0.04
0：20	0.083	0.19	1：20	0.017	0.04
0：25	0.16	0.369	1：25	0.016	0.038
0：30	0.291	0.67	1：30	0.015	0.035
0：35	0.121	0.277	1：35	0.015	0.035
0：40	0.073	0.167	1：40	0.014	0.033
0：45	0.043	0.099	1：45	0.014	0.033
0：50	0.036	0.082	1：50	0.013	0.031
0：55	0.031	0.071	1：55	0.013	0.031

① 0.23in 与 WQCV 对应。

在 SWMM 中，对雨量图使用时间序列编辑器（time series editor）进行编辑。对于新的降水序列，其名字分别为 0.1in 和 0.23in。这些降水序列数据将被模型中的雨量计使用，同时，结合前例中提及的 2 年、10 年以及 100 年一遇的设计降水。本例中的例子只探究 2 年一遇的设计降水，分别就 0.1in 和 0.23in 降水事件进行论述。

4.4.2.2 系统描述与概化

SWMM 模型首先确定使用的模块和方法，并使用相关方法来代表城市区域的水质。这些工具具有很强的适应性，可以模拟各种污染物的堆积和淋洗过程，但是必须通过校准数据的支持才能获得真实的结果。下面是对 SWMM 当中使用的模块和方法的一些简单描述。

(1) 污染物

污染物是通过用户定义的，在区域内表面累积，并通过降雨径流淋洗转移到下游。SWMM 可以模拟任何数量的用户定义污染物质的产生、淋洗和迁移。每种定义的污染物质都可以通过名称和浓度单位来进行区分。外部水源中污染物可以直接导入模型中（如降水、地下水以及调入水/渗漏水源）。由径流产生的污染物浓度可以直接在 SWMM 内部进行计算。而且，可以使用联合污染物或者联合体来定义两个污染物浓度之间的相关度（如铅可以作为固体悬浮物浓度的一个常数组分）。

(2) 土地利用

土地利用（如居住地、商业区、工业区等）可以刻画流域内的许多水流行为，这些行为以不同方式影响污染物的产生。同时，也可用以表征污染物累积或者淋洗的空间变异状况，还可以考虑街区清扫等一些效应。一个小区域可以划分成一个或者多个土地利用类型。这种划分行为和划分透水面、不透水面的方式相互独立，而且假设所有的区域中所有土地类型都具有相同的划分比例。在区域中命名的土地类型的比例不一定要达到 100%，任何一个没有被指定的土地类型都假定对污染物的堆积没有作用。

(3) 污染物堆积

对指定的土地利用类型来说，堆积方程可以描述在无雨期时污染物的堆积速度，这些堆积物可以在降水期被地表径流冲刷掉。研究区域的总堆积量可以使用单位面积上的堆积量（如 lb/acre）或者单位侧边长度上的堆积量（如 lb/mile）来描述。对每一种污染物和土地利用都可以单独指定其污染物堆积速率。SWMM 当中提供 3 种选择来模拟污染物堆积过程：幂函数、指数函数和饱和度函数，对以上函数的说明见 SWMM5 的用户说明书。值得指出的是，为了描述更多类型的堆积现象，这些函数可以通过修改相关的参数进行修改，如速率线性堆积或者速率单调减堆积。

在研究区域，对单一降雨事件进行模拟时，可以使用堆积函数并指定初始污染物负荷选项。初始污染物负荷是指在模拟初始时刻研究区域污染物的量，以单位面积上堆积量计量。该选项对于单场次降雨事件模拟来说有很强的灵活性，同时也优于前期无雨期计算的初始堆积量。

(4) 淋洗

淋洗是指在降雨期通过侵蚀、溶解等过程，污染物从研究区域表面流失的过程。

SWMM当中，对于每一种污染物和土地利用类型都有3种选择来刻画其过程：平均浓度（EMC）、速率曲线以及指数方程（请查阅SWMM5的用户手册中对数学函数的描述）。3个函数方程的主要差别见下文叙述。

EMC假设每一种污染物在整个模拟过程中都具有恒定的径流浓度。

速率曲线计算的淋洗负荷一般是径流速率的函数，也就是说，在相同的出流情况下模拟相同的淋洗量，和出流所发生的事件跨度无关。

指数曲线和速率曲线不同之处在于，淋洗负荷不只是一个径流速率函数方程，也是河床残留污染物总量的函数方程。

EMC或速率曲线用来表示污染物浓度时不需要累积函数方程。如果使用累积函数方程，不考虑淋洗函数方程，淋洗过程中累积逐渐衰减，当没有累积时淋洗结束。

由于速率曲线不将残留累积数量作为限制因素，其趋向于在一个暴雨事件末期产生比指数曲线更高的污染物负荷，指数曲线考虑了地表累积残留量，这个区别对于累积的大部分在早期被淋洗的大规模暴雨事件是尤其重要的。

污染物在子流域表面被淋洗后，进入传输系统并通过管道运送，这是由流动路径结果决定的。污染物在这里可能开始第一级腐烂或在特定节点减少，这里处理函数方程已经被明确定义。

（5）地表污染物减少量

SWMM提供了减少子流域地表污染物负荷的如下两种方法。

BMP处理：该机制假设在子流域使用BMP的一些类型，以通过持续的移动分数来减少正常的淋洗负荷。本例不使用BMP处理，但将会在4.5节中阐述。

街道清扫：可以在每次土地利用中确定街道清扫，在第一次暴雨之前，以及后面的每两次暴雨之间，并进行累积叠加。街道清扫通过4个参数来计算暴雨开始时地表的污染物负荷：①街道清扫天数；②累积中可通过清扫移动的分数；③模拟开始时上一次清扫的天数；④街道清扫可移动率（百分数）。这些参数通过每次土地利用被确定，而第四个参数对于不同的污染物还要被定义不同的值。

4.4.2.3 建立模型

总悬浮固体物（TSS）是本例中涉及的单独水质构成部分。TSS是城市暴雨水最常见的污染物，且一般来说其浓度很高。EPA1983年报告称TSS在EMC中的浓度为180~548mg/L，而UDFCD2001年报告称其浓度取决于土地利用，在225~400mg/L的范围内。一些接收到的与污染物相关的水域影响随水生境改变，水体浑浊，失去娱乐和美学功能。TSS相关的固体物还可能含有有毒混合物，像重金属和吸附物。下面的章节将讨论如何在考虑累积、淋洗和开发区域内TSS运输的基础上，对4.1节的模型进行修改。

（1）确定污染物

第一步是确定TSS作为一种SWMM数据浏览器特征分类下的新的污染物。其浓度单位为mg/L，并假设雨水中存在小部分（10mg/L）。本例不考虑地下水中的浓度和第一级腐烂以及任何TSS确定的联合污染物。

(2) 土地利用确定

本例中考虑3种土地利用方式：居住模式1、居住模式2及商业模式。居住模式1中的土地利用可被用于中低密度住宅区（类型L、M、M20），居住模式2的土地利用可用于高密度住宅和套间（类型DL、S），商业土地利用用于类型T、RT。

土地利用在SWMM数据浏览器特征分类下被确定。本例不考虑街道清扫，所以不定义清扫参数。指定每个子流域的混合土地利用，并通过打开给定子汇水区的"性能编辑"来实现，选择"土地利用性能"并按省略键。当输入地表土地利用分配百分数后，会出现一个土地利用分配对话框。通过研究区域地图可以直观地估计百分数。图4-52总结了每个子汇水区的土地利用分配。

(3) 确定污染物和土地利用

污染物：污染物通过特征分类浏览器下SWMM的污染物编辑器来确定（图4-51）。确定一种新型污染物的最小数据量为一个名称和浓度单元。其他特征包括各种外在（非累积）源头（雨水，地下水和RDⅡ）污染物的浓度，其第一级腐烂系数（每天）和联合污染物的名称都取决于其累积。

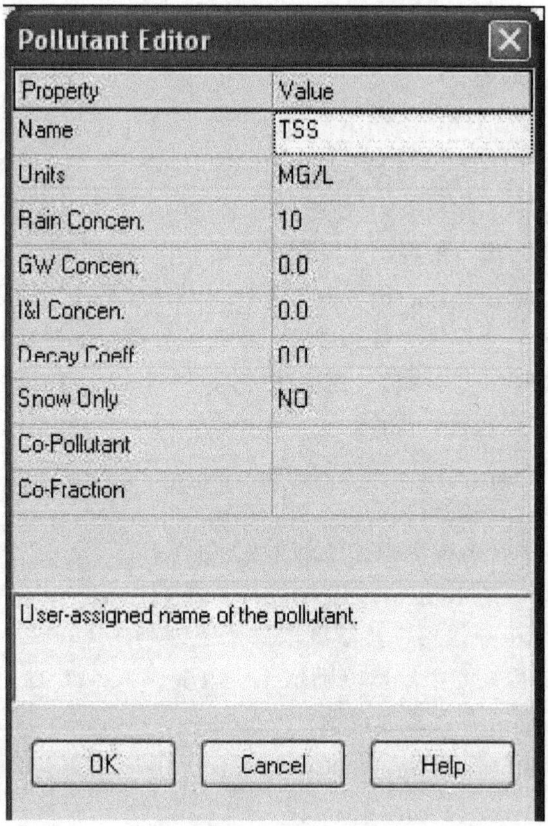

图4-51 污染物定义

土地利用：不同类型的土地利用将产生不同比率的污染物。通过特征分类浏览器下SWMM的污染物编辑器来确定土地利用类型（图4-52）。其性能通过土地利用编辑器来编辑，它将土地利用分为三种类型：一般、累积和淋洗。一般图标包括各种土地利用类型中街道清扫土地利用名称和详细资料。累积图标用来选择土地利用产生的每种污染物、累积函数方程及其参数的土地利用类型，这里也确定正常可变选择。最后，淋洗图标用来确定淋洗函数方程及其参数、土地利用产生的每种污染物和清扫街道及 BMPS 的可移动效率。

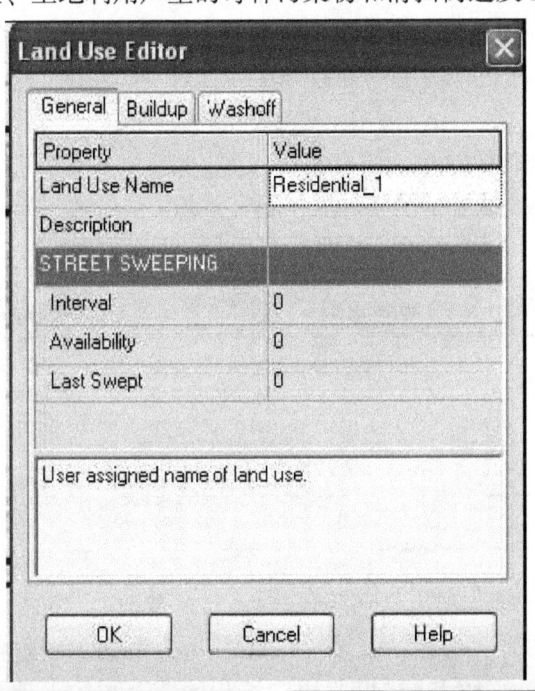

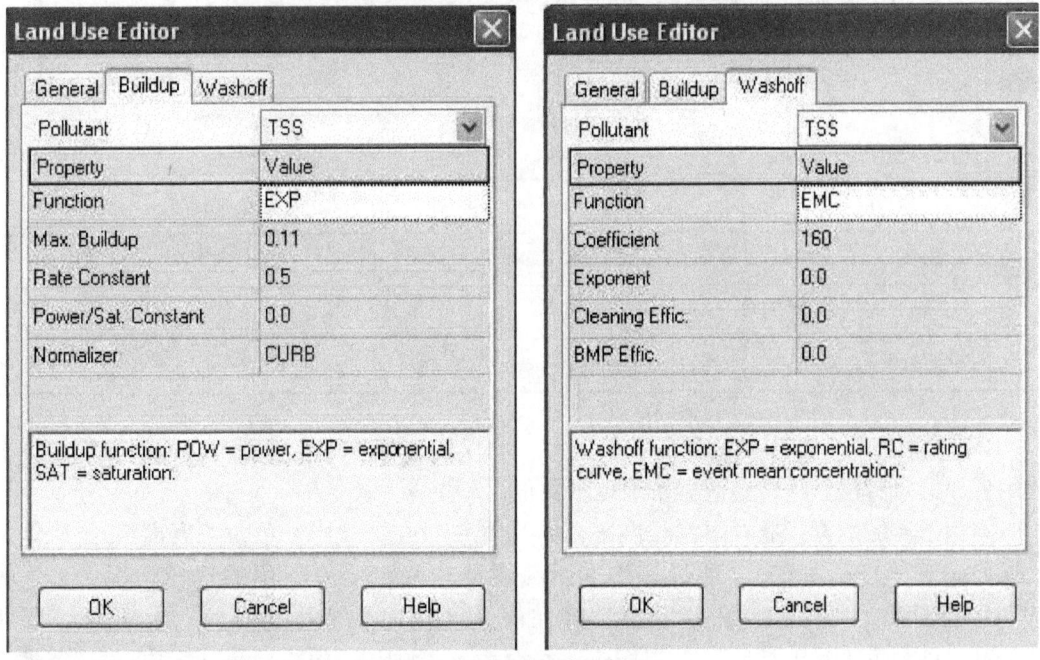

图 4-52　土地利用分配

（4）确定累积函数方程

SWMM 的累积方程中有一个要被选作来描述干燥气候时期 TSS 的累积量。然而，即使在有数据的时候，要想得到最好的函数形式也是很难的。虽然文献中的大多数累积数据都是时间线性累积，研究发现线性假设并不全都正确（Sartor and Boyd，1972），而且累积率随时间减少。这样，本例采用包含参数 C_1（可能最大累积量）和 C_2（累积率常量）的指数曲线来描述累积率 B 作为时间 t 的函数方程：

$$B = C_1(1 - e^{-C_2 t}) \tag{4-6}$$

TSS 的累积数据表明商业和住宅区趋向于产生相同数量污染物，包含 TSS 的灰尘和泥土（再次说明，不同案例差异很大）。同样，高密度住宅区比低密度住宅区产生更多的污染物。Manning 等基于全国范围研究基础上的灰尘泥土累积率的典型值如表 4-36 所示。

表 4-36　Manning 等获得的灰尘泥土累积率的典型值

土地利用	平均值/(lb/curb-mi/d)	变化范围/(lb/curb-mi/d)
商业	116	3~365
居民	113	8~770
别墅	62	3~950

表 4-37 显示了先前确定的土地利用式（4-6）的参数 C_1 和 C_2。图 4-53 显示了上述参数的指数累积模型的图解。在 SWMM 中，土地利用的累积函数方程及其参数可通过土地利用编辑器中的累积页面确定。这里所用的累积函数方程为 Exp，在最大值域输入常量 C_1，在累积率常量区输入累积率常量 C_2。模型中采用指数累积函数计算时，不再指定常数字段 Power/Sat.。

表 4-37　TSS 参数

土地利用	C_1/(lb/curb-mi/d)	C_2/(1/d)
居民区 1	0.11	0.5
居民区 2	0.13	0.5
商业区	0.15	0.2

TSS 函数方程中的参数值通过文献得到。没有其他证据支撑其使用，强烈建议模型的使用者根据自身已有项目的数据来确定参数值。

本例子流域的累积通过限制长度来标准化（一般在文献中，单位长度街道/排水沟的数据要多于单位面积的）。通过土地利用编辑器中确定土地利用的选择情况。可通过 SWMM 的管理工具来估计限制长度，并在研究区域地图上画出街道（参照 4.1 节中 SWMM "可测量工具工具条"）。它们应该符合表 4-38 所列出的限制长度。通过性能编辑器来给每个汇水子区域的限制长度赋值。限制长度单位（ft 或 m）必须与土地利用中累积率的限制长度单位保持一致，避免在两个系统中混淆单位。

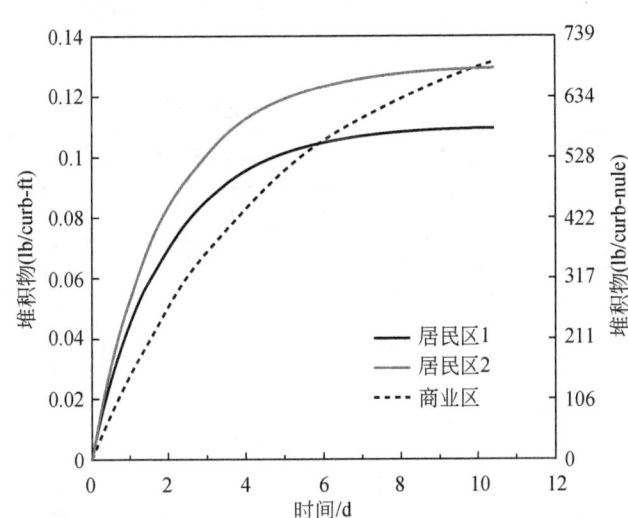

图 4-53　TSS 累积曲线

表 4-38　子流域限制长度及土地利用

子流域	限制长度/ft	居民区 1/%	居民区 2/%	商业区/%
1	1680	100	0	0
2	1680	27	73	0
3	930	27	32	0
4	2250	9	30	26
5	2480	0	0	98
6	1100	0	0	100
7	565	0	0	0

最后，为了使用已经给出的原始积累来进行模拟，假设模拟前有 5 天的干旱前提条件。该实例将时间间隔应用于 TSS 函数方程来计算每个汇水子区域的 TSS 原始负荷。前提干旱天数参数由 SWMM 的模拟选择对话框的一般页面来给定。

（5）确定淋洗函数方程

本例使用两种方法来模拟淋洗：EMC 和指数淋洗方程。下面介绍如何将这两种方法添加到模型中。

EMC：可通过 EPA 1983 年开展的全国城市径流项目（NURP）估计 EMC。此项研究观测到的城市 TSS EMC 的中间值为 100mg/L。基于普遍观测发现住宅和商业区产生相同的污染物负荷，并考虑到土地利用差异，本例结尾采用表 4-39 所示的 EMC。对于每种确定的土地利用，通过土地利用编辑器中的淋洗页面将这些 EMC 输入到模型中。通过 EMC 进入函数领域，可以将表 4-39 的浓度值在系数域和其他域设为 0。SWMM 的输入文件以 Example5-EMC.inp 形式保存。

表 4-39　各土地利用淋洗特征值

土地利用	EMC/(mg/L)	C_1 [(in/h)$^{-C_2}$s^{-2}]	C_2/(1/d)
居民区 1	160	20	1.8
居民区 2	200	40	2.2
商业区	180	40	2.2

指数淋洗：SWMM 中使用的指数淋洗方程为

$$W = C_1 \times q^{C_2} \times B \tag{4-7}$$

式中，W 为污染物负荷时间 tlbs/h 的淋洗率；C_1 为单位淋洗系数（in/h）$^{-C_2}$（h）$^{-1}$；C_2 为淋洗指数；q 为时间 t 单位面积径流率（in/h）；B 为时间 t 地表残留污染物累积（1bs）。

根据沉淀物运输理论，指数 C_2 为 1.1~2.6，其中大多数值在 2 左右（Vanoni，1975）。假设商业和高密度住宅区（土地利用商业形式 1 和住宅形式 2），由于其更不易受影响，与个人场地（住宅模式 1）相比产生污染物的速度更快。如此将 C_2 在住宅模式 2 和商业土地利用中取为 2.2，住宅模式 1 土地利用中取为 1.8。

推知淋洗系数值（C_1）要难得多，因为在自然条件下，其取值会相差 3~4 个数量级。这种差异在城市可能要小一些，但依旧很明显。应该将监测数据用来估计这个常数值。本例假设 C_1 在住宅模式 2 和商业模式中取 40，住宅模式 1 土地利用中取 20。

表 4-38 总结了指数淋洗条件下土地利用中的参数 C_1 和 C_2。对于指定的土地利用将上述参数通过土地利用编辑器淋洗页面输入模型。这里使用 Exp 函数，使用表 4-39 的 C_1 系数值，C_2 指数值，其他域值设为 0。SWMM 的输入文件以 Example5-EXP.inp 形式保存。

4.4.2.4　模型结果

EMC 淋洗模型（Example5-EMC.inp）和指数淋洗模型（Example5-EXP.inp）使用如下分析选项数据系列，对 0.1in、0.23in 以及 2 年一遇的降水事件进行了模拟。

模拟历时：12h，

历史干旱天数：5，

演算方法：动力波，

演算时间步长：15s，

湿润气候时间步长：1min，

干旱气候时间步长：1h，

报告时间步长：1min。

接下来讨论每个模型得到的模拟结果。

(1) EMC 淋洗结果

图 4-54、图 4-55 分别给出了不同子流域 0.1in（图 4-54）和 0.23in（图 4-55）暴雨的径流浓度模拟。该浓度是定值而且与雨水中总含量（10mg/L）相当，EMC 指定子流域内的土地利用。一旦地表径流消失，TSS 浓度就变为 0。这可以用来解释子流域 S7 浓度为 0，是因为该区域无径流（所有降水都下渗）。对于 EMC 淋洗，暴雨等级不影响一个子流域的径流浓度。

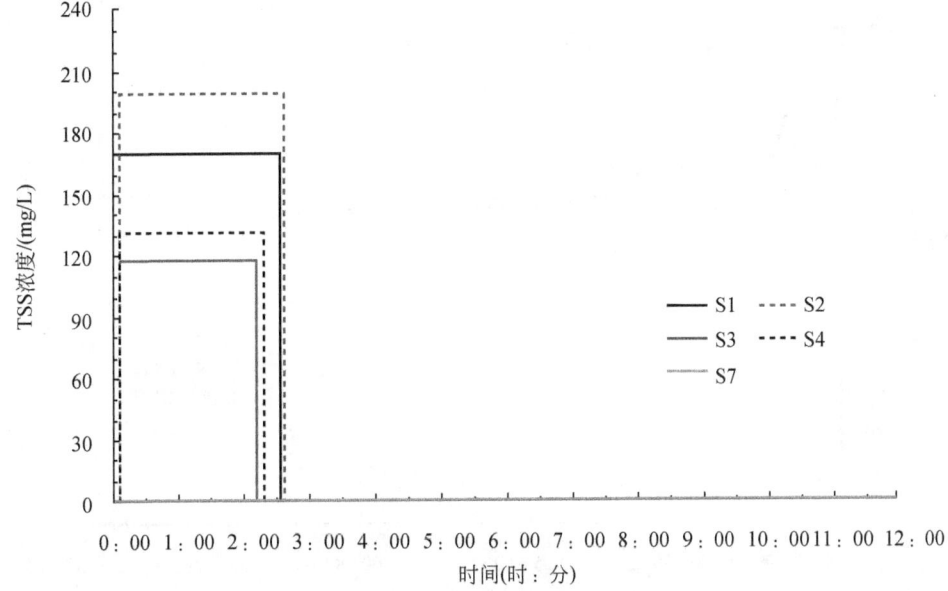

图 4-54　不同子流域 0.1in 暴雨 TSS 浓度模拟

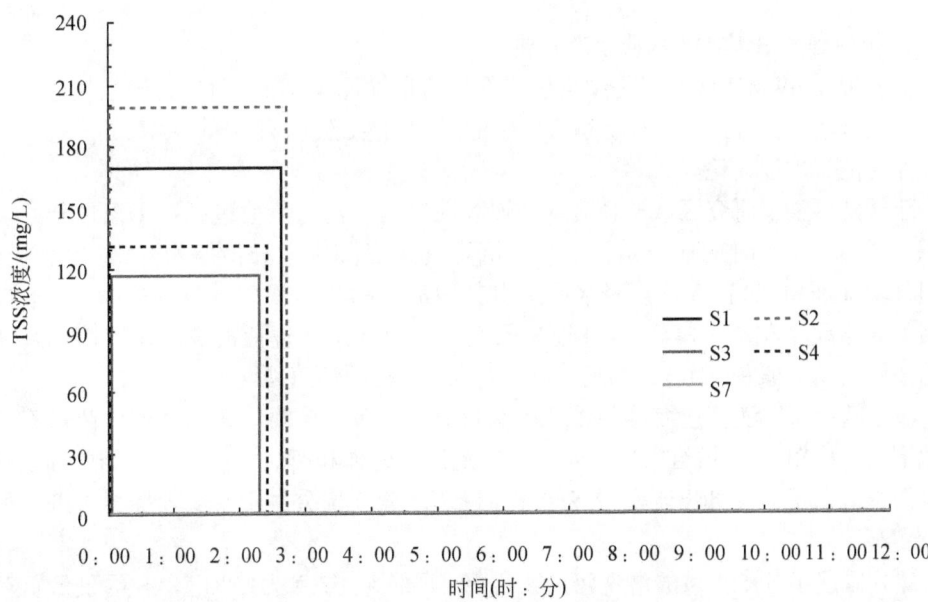

图 4-55　不同子流域 0.23in 暴雨 TSS 浓度模拟

图 4-56 显示的是对 3 种暴雨事件（0.1in、0.23in 和 1.0in）在一定时间特定区域出口的 TSS 浓度（污染物曲线）的模拟。出口浓度反映了各子流域 TSS 淋洗产生的联合效应及传送网络中的演算。污染物曲线峰值浓度和形式形状很相似。与个别子流域产生的淋洗浓度（图 4-54，图 4-55）相比，出口浓度不恒定但随时间微小改变。这种微小变化主要是由其长时间从 EMC 子流域（如 S3、S4）产生径流至出口所造成。其中一些也是由于模型结果的数值色散，在污染物演算过程中传送路径的完全混合假设所造成的。

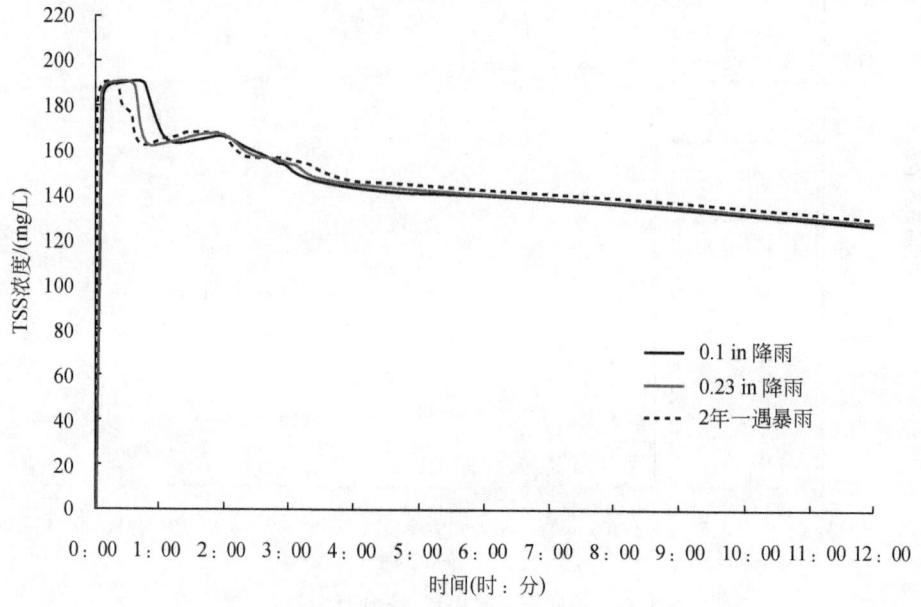

图 4-56 3 种降雨强度暴雨在出口形成的 TSS 浓度的模拟

（2）如何理解 SWMM 水质状态报告

水质模拟在 SWMM 状态报告中会生成附加信息（图 4-57）。可以将该信息分为 4 部分（A、B、C、D）。下面会对这些状态报告中的附加信息通过 Example-EMC.inp，并以 0.1in 降雨事件为例，加以讨论。

A 部分显示整个研究区域的径流水质连续性平衡。输入负荷包括：①模拟开始前的初始累积；②整个旱季时期地表累积；③湿沉降（来自降水中的污染物）。输出负担包括：①清扫移动（非模拟）；②直接降水或来自其他流域的渗透损失（自动模拟）；③与 BMP 移动相关的移动（非本例模拟）；④地表径流污染物负荷（包括被淋洗及直接沉降和流动产生的任何负荷的累积部分）。最后，连续性报告指示剩下的累积。

B 部分显示水质演算连续性平衡。在本例中，只演算传输体系的径流负荷。不考虑旱季、地下水、RDII、提供给用户的外部流量及任何处理和腐烂。因此，总结中涉及的 3 个变量是雨季流入量、外部出流及最终储存质量。注意 B 部分的雨季流入量与 A 部分的地表径流量相等。

C 部分概述了各子流域的淋洗污染物负荷。子流域 S7 和 S3 产生 TSS 的最低负荷。S7 不产生任何负荷是因为其不产生径流，而 S3 产生较小负荷是子流域大量可渗透地表面积造成的。

D 部分显示系统之外排污渠的全部负荷。

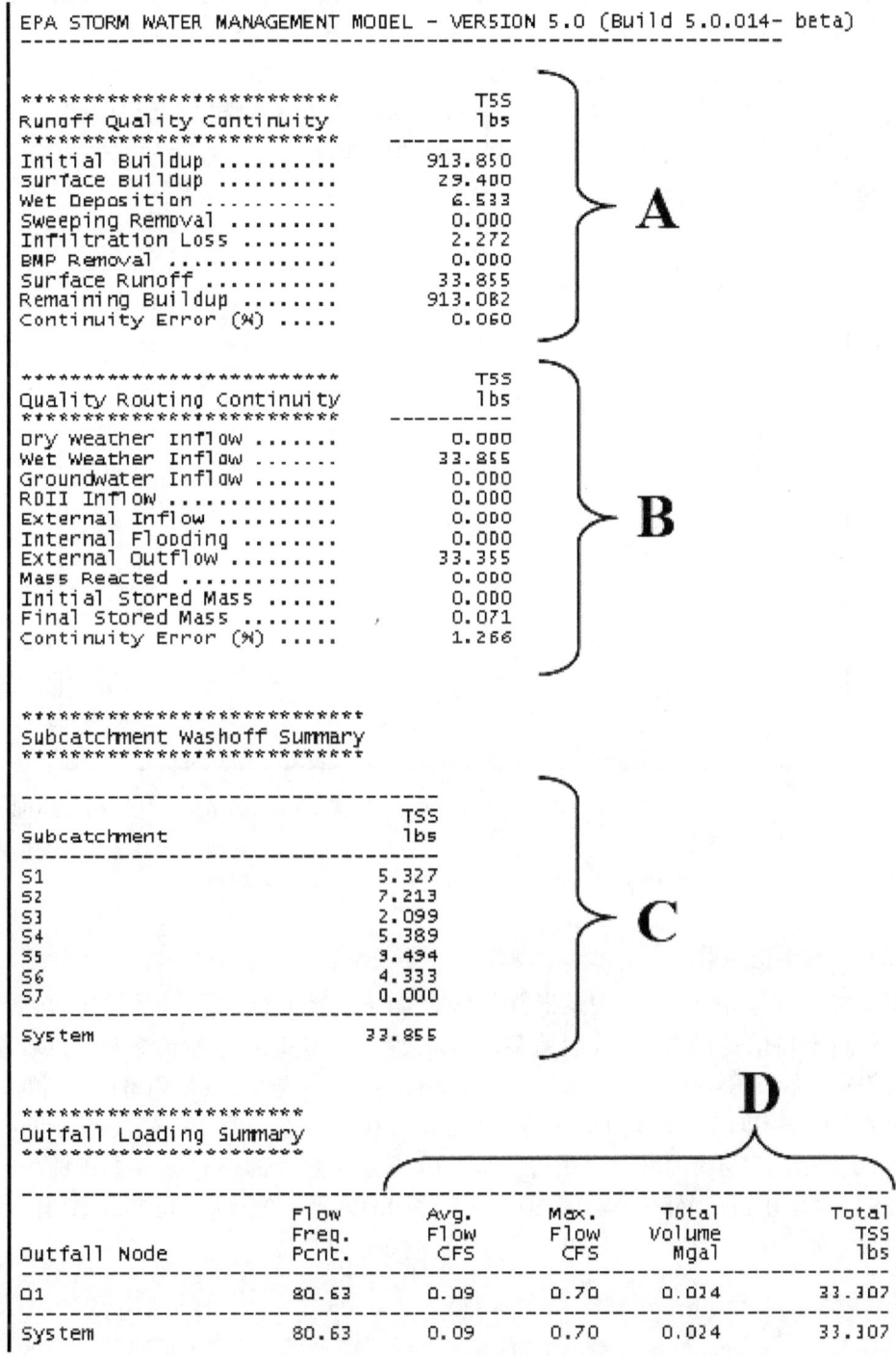

图 4-57　SWMM 状态报告附加信息

图 4-56 也显示了继续出现在暴雨事件结束后的持续时间内的出口 TSS 浓度。这是一种人工演算过程，在管道里继续承载小体积水，其浓度仍反映高水平的 EMC。但排放总量很小，可以忽略不计。对于给定暴雨事件，当出口水位曲线与出口负荷曲线一起绘制时，这种情况更加明显。负荷曲线是一小块浓度乘以流量除以时间得到的。图 4-58 给出的是 0.1in 暴雨事件的例子，是将总流量及出口节点 O1 的 TSS 浓度输出时间序列表输出到电子数据表中得到的，对电子数据表乘以流量及浓度（将结果转化成 1bs/h），接着绘制流量及浓度对时间的曲线图。流域排除的 TSS 总负荷量随着总径流量的减少而降低。

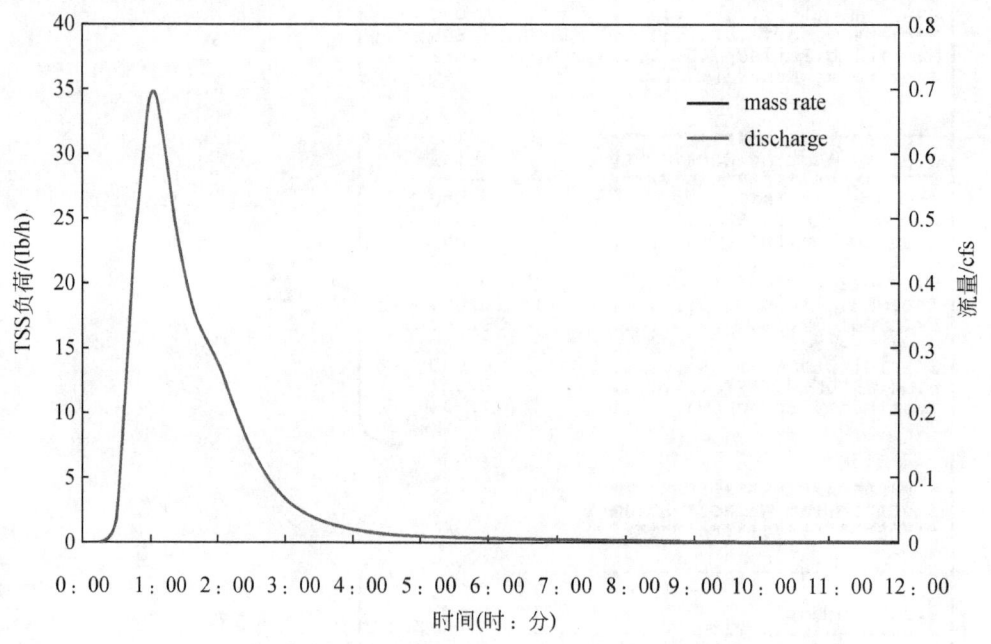

图 4-58　0.1in 暴雨下出口处径流及 TSS 负荷模拟

（3）指数淋洗结果

图 4-59 显示了用 0.1in 暴雨及指数淋洗式 (4-6) 得到的不同子流域的模拟径流 TSS 浓度。不同于 EMC 的结果，整个径流事件的浓度不同，并取决于径流率和子流域地表剩余的污染物质量。图 4-60 显示了 0.23in 暴雨事件的情况，与 0.1in 暴雨事件得到的结果相比，有两个明显不同点。最大 TSS 浓度要高很多（10 倍左右）且 TSS 生成速度也快很多，如图 4-60 所示的污染物的峰值。最后，图 4-61 显示了更大的 1in、2 年暴雨的相同曲线图。TSS 浓度比 0.23in 暴雨的略高，但是它们之间的差异比 0.1in 和 0.23in 暴雨间的差异要小很多。如图 4-62 所示，流域出口的污染物曲线结果相似。

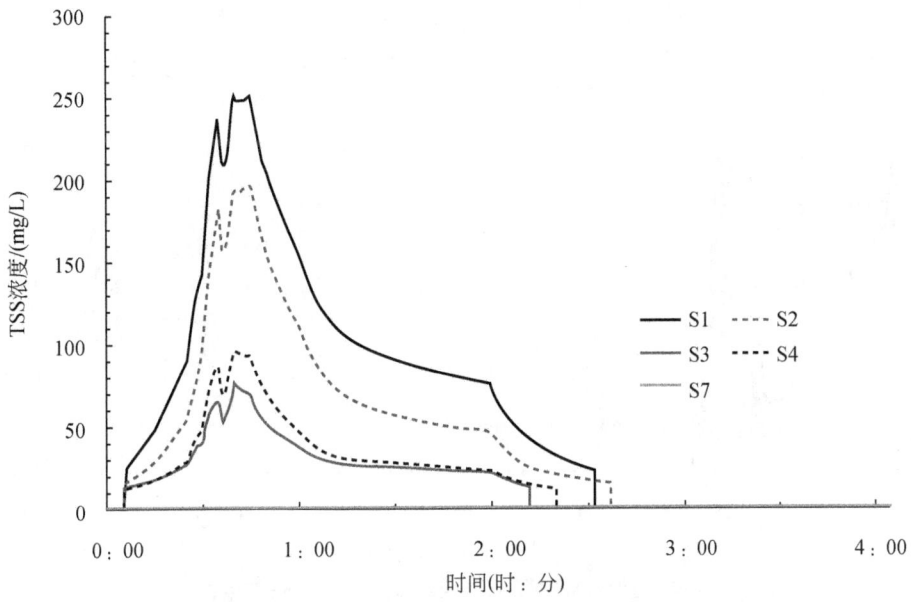

图 4-59 指数淋洗情况下 0.1in 暴雨下 TSS 浓度模拟

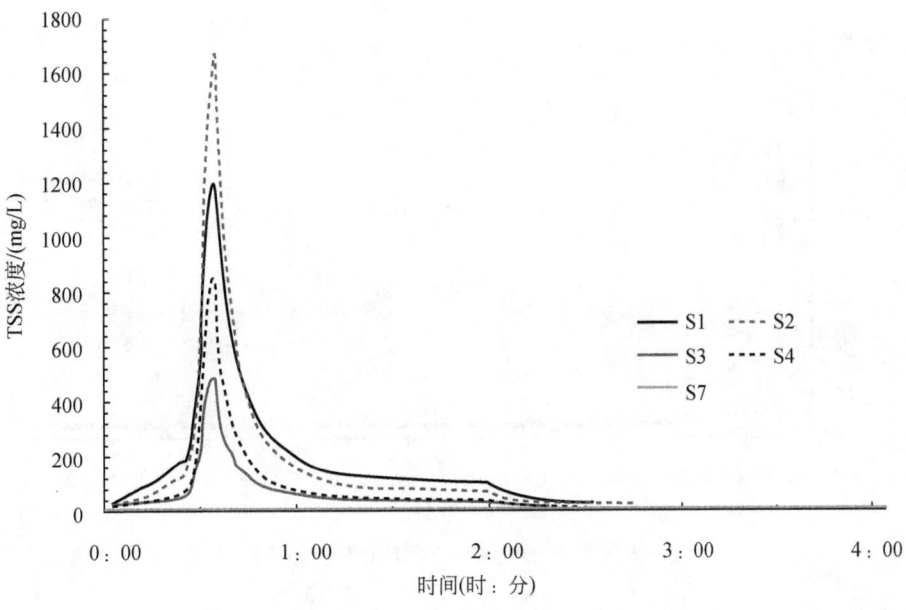

图 4-60 指数淋洗情况下 0.23in 暴雨下 TSS 浓度模拟

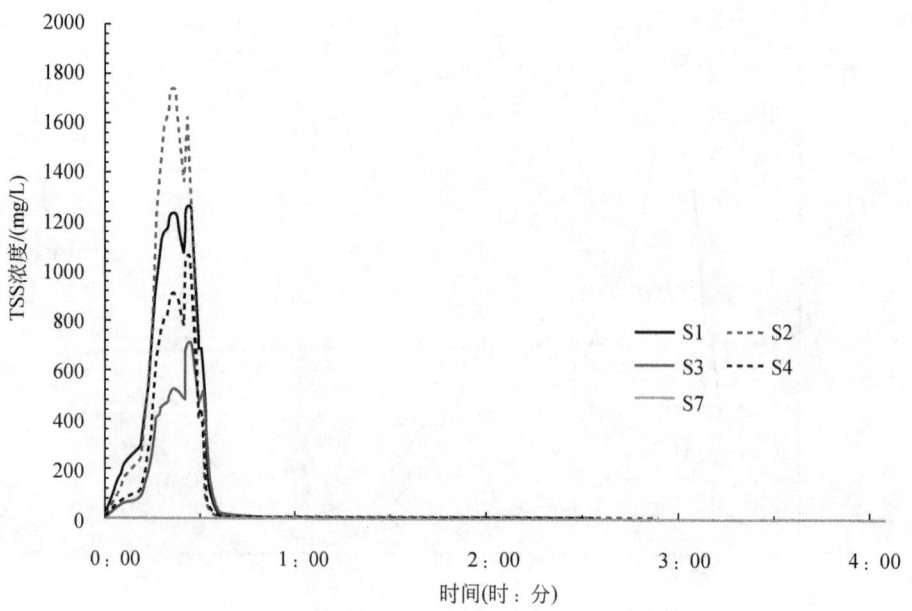

图 4-61 指数淋洗情况下 2 年一遇降水时 TSS 浓度模拟

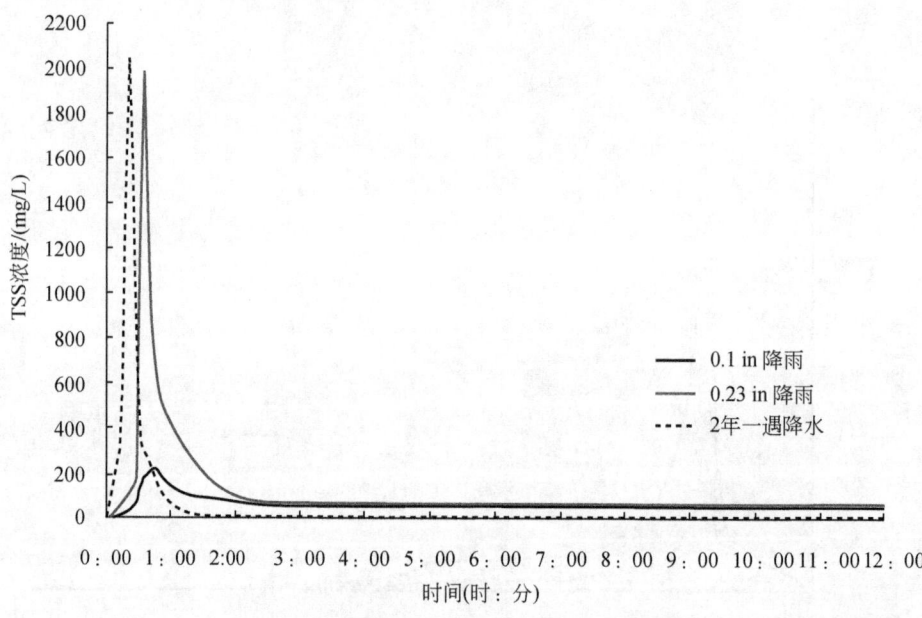

图 4-62 指数淋洗情况下出口处 TSS 浓度模拟

尽管 EMC 和指数淋洗模型使用不可直接比较的系数,但是通过这两个模型计算子流域径流的平均事件浓度是有意义的。0.23in 暴雨事件结果的平均值如表 4-40 所示。这里要指出的是,尽管两个模型生成的污染物曲线看上去不同,通过调整合适参数可以得到相似的平均浓度值。虽然指数模型的模拟结果对于污染物如何淋洗水域看上去更乐观,但在没有区域测量的条件下，结果已经足够精确。除非数据可以估算得到，另外校准参数需要更复杂累积和淋洗模型，大多数 SWMM 模拟者更倾向于使用 EMC 方法。

表 4-40 0.23in 降雨事件下 TSS

子流域	EMC 模型/(mg/L)	指数模型/(mg/L)
S1	170	180.4
S2	199.2	163.6
S3	117.2	67.7
S4	131.2	91.4
S7	0	0

4.4.2.5 小结

本例介绍了 SWMM 是如何在不含任何资源或地域 BMP 控制的城市流域内进行暴雨径流水质模拟的。污染物 TSS 可采用累积函数和淋洗函数（如 EMC 函数）两种方法进行模拟。本例核心内容如下所示。

1）SWMM 是通过定义污染物、土地利用、污染物累积以及污染物淋洗来模拟径流水质的。任何数量的用户界定的污染物及土地利用均可被模拟，污染物累积及淋洗参数根据各土地利用来确定，而且不止一种土地利用可以用于每个子流域。

2）有好几个选项可用来模拟污染物累积和淋洗。累积表达是通过单位面积或单位抑制长度的累积率和最大可能累积来界定的。污染物淋洗可通过事件平均浓度（EMC）、等级曲线或指数函数方程来界定。指数方法是唯一直接由地表剩余累积量决定的。等级曲线计算只取决于子流域的径流，同时在整个模拟过程中 EMC 浓度的值恒定不变。

3）指数淋洗生成带有升降弧度的径流污染物曲线，与径流水位曲线相似。EMC 污染物曲线在整个事件期间都是平缓的。

4）弱暴雨对于受水区会产生很大影响，因为其更频繁而且淋洗浓度很明显。

对于过程表达和准确模拟，校准及验证地表径流水质模型所需数据仍有很多不确定性。强烈建议模拟者在可能的情况下使用合适的数据来通过 SWMM 建立地表水质模型。

4.4.3 水质净化模拟

本章的例子将用来说明如何在最优化管理当中模拟水质净化的问题，最优化管理在前几个例子当中已经使用，用于对 29acre 的实验区的径流控制，这些径流大多数来源于试验区域的住宅建筑物的发展和增加。对水中总悬浮固体的处理已经在 4.2 节介绍的滞留池和 4.3 节介绍的过滤带和渗透沟中进行了介绍。在本例中，对 4.2 节介绍的池塘容积进行了缩小，可以解释上游下渗渠道的径流减小。在本例中，滞留池总悬浮固体的去除率使用与时间和水深相关的指数模型进行模拟。过滤带和渗透沟的总悬浮固体去除率在总负荷中占固定比例。

4.4.3.1 问题描述

4.2节中，在29acre的住宅区域设计了滞留池用以在特定的时间周期里蓄滞WQCV，同时用以将洪峰削减到洪水事件以前的水平。在4.3节中，在这个研究区里加入了两种不同类型的低影响源用以对产生的径流进行削减。4.4.3节论述了在整个区域，不考虑任何可能在LID或者滞留池里发生总悬浮固体削减的情况下，如何使用模型对总悬浮固体的累积和淋洗过程进行模拟。这些前期的模型可以鲜明地解释发生在LID和滞留池的总悬浮固体去除过程。在不考虑水质净化和考虑水质净化的情况下，对试验区产流当中总悬浮固体浓度和负荷进行了比较。

图4-63表示本例的研究区域，研究区域中包括LID和滞留池。正如4.2节设计的滞留池一样，SWMM容蓄单元被重命名为SU2，同时，由于LID效应使得净流量减小，因此在本例中对容量进行了修改，加入了一个小型的WQCV。从4.3节中得出结论，对于模型模拟的这两种LID类型，渗透沟对减小径流量的影响最为明显，这些径流需要使用滞留池的WQCV进行净化。经计算，被渗透沟滞留的水量为6638ft^3。从流域整体来说，WQCV很必要，被渗透沟滞留的水量可从区域池塘需求水量中减去，将该值从4.3节中的24 162ft^{3}减小为17 524ft^3（24 162ft^3-663 8ft^3）。

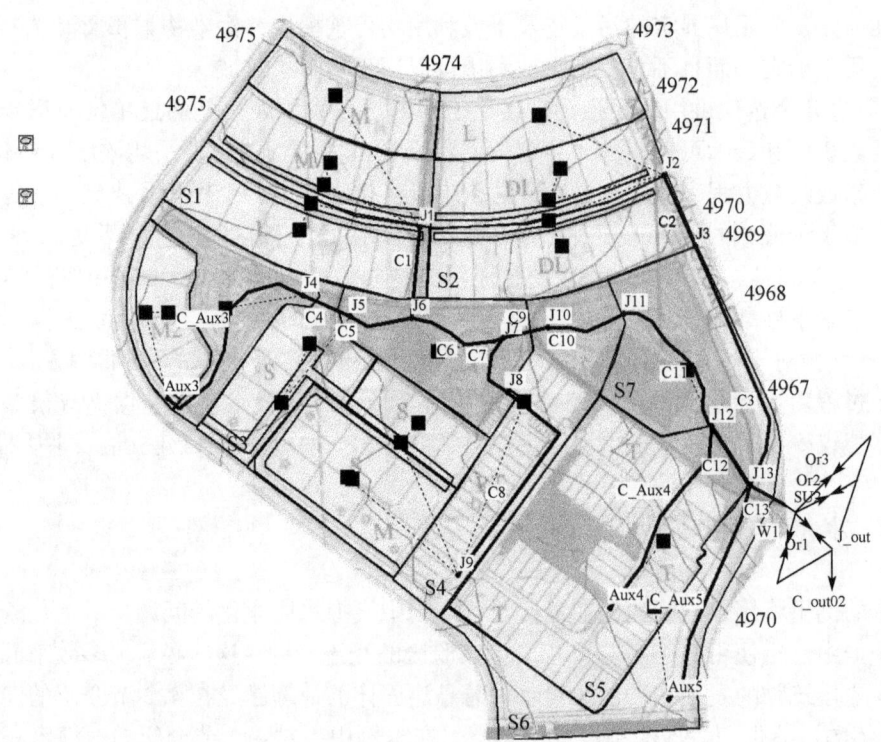

图4-63 具有LID和滞留池的研究区域

容蓄单元的形状和出口结构都进行了重新设计以控制新的WQCV，同时也要满足4.2

节中提到的设计标准（40h 的 WQCV 液面下降时间以及对 2 年、10 年以及 100 年一遇的暴雨时间削峰）。表 4-41 对 4.2 节设计的滞留池（无低影响控制）和本例设计的滞留池（有低影响控制）的容蓄曲线进行了对比。表 4-42 对组成滞留池出口结构的堰孔的尺寸和底板进行了对比。图 4-64 给出了不同出口的大体位置。

表 4-41　重设计后的滞留池容蓄曲线

	深度/ft	0	2.2	2.3	6
4.4 节实例	面积/ft²	10 368	14 512	32 000	50 000
4.3 节实例	深度/ft	0	2.2	2.3	6
	面积/ft²	14 706	19 695	39 317	52 644

表 4-42　重设计后滞留池出口结构特性

项目	ID	类别	降水事件	形状	高/ft	宽/ft	底板偏离/ft	泄流系数	孔、堰面积/ft²
例3	Or1	孔	WQCV	一侧直角	0.3	0.25	0	0.65	0.08
	Or2	孔	2 年一遇	一侧直角	0.5	2	1.5	0.65	1
	Or3	孔	10 年一遇	一侧直角	0.25	0.35	2.22	0.65	0.09
	W1	堰	百年一遇	直角	2.83	1.75	3.17	3.3	4.95
本例	Or1	孔	WQCV	一侧直角	0.16	0.25	0	0.65	0.04
	Or2	孔	2 年或 10 年一遇	一侧直角	0.5	2.25	1.5	0.65	1.13
	W1	堰	百年一遇	直角	2.72	1.6	3.28	3.3	4.35

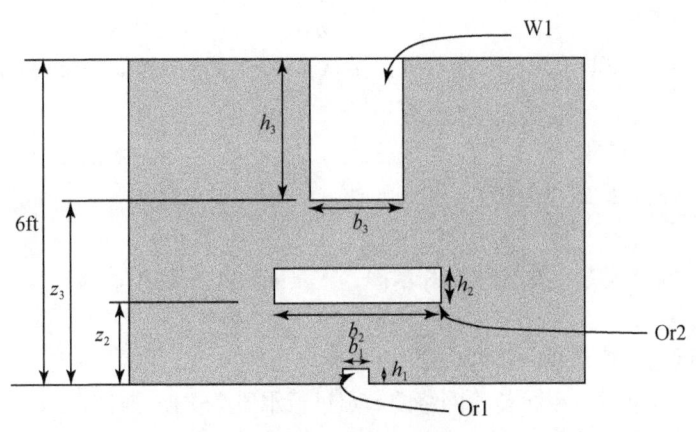

图 4-64　重设计堰出口结构布置图

4.4.3.2　系统表征

(1) LID 中的水质净化

正如在例 4 中定义的，过滤带和渗透沟的 LID 作为子区域进行模拟以表征下渗和滞蓄对净雨径流的联合效应。该例子同时也考虑了地表径流的污染物负荷。目前对该类型的 LID，还没有较为普遍接受的具有物理机制的去除污染物的模型。最佳的办法是基于观测报告等资料使用平均去除率系数这一概念，对特定的污染物去除率进行计算。

SWMM 可以在特定的土地利用类型下，对淋洗过程中的任何污染物采用一个恒定值 BMP 去除系数来处理计算。在时间步长下，对特定土地利用上的污染物负荷可以按照用户提供的系数值进行削减。这个消减系数也可以应用到任何一个流入该子流域的上游的径流过程中。在例 4 中添加的 LID 可以接受上游流域的来水，同时自身也不会产生污染物。因此，这样可以较方便地定义新的土地利用，称为"LID"，这种土地利用类型只有对具有 LID 的流域使用，同时对于总悬浮物固体来说还有特定的 BMP 去除率系数。

滞留池对水质净化效应。在 SWMM 中，滞留池是被作为一个储蓄单元节点来进行概化模拟的。通过在储蓄节点的属性里指定净化方程，SWMM 可以对滞留池出流的污染物浓度进行削减计算。本例使用了一个经验的指数衰减函数来模拟悬浮固体的去除率。为了控制 WQCV 效应，滞留池一般在 2h 内进行快速的蓄水，然后在 40h 的时间里缓慢地排水，在此过程中，悬浮物固体的削减过程也在进行。在排水过程中，对于时间间隔 Δt，同时假定污染物浓度均匀，那么具有沉淀速度u_i的污染物将会有$u_i\Delta t/d$被去除，其中，d表示水深。对于特定时间间隔 Δt 和总悬浮固体的变化量 ΔC 来说，对所有污染物例子的沉淀速度进行求和，如式 (4-8) 所示。

$$\Delta C = C_t \times \sum_i f_i u_i \times (\Delta t/d) \tag{4-8}$$

式中，C_t 为在 t 时刻总悬浮固体的总浓度；f_i 为具有沉淀速度u_i悬浮粒子的比例。由于$\sum_i f_i u_i$一般很难计算出来，其可以被参数 k 替代，并对式 (4-8) 求导，得

$$\frac{\partial C_t}{\partial t} = -\frac{k}{d} C_t \tag{4-9}$$

需要注意，k 具有速度的单位，而且可以被认为是组成溶液总悬浮固体的所有颗粒的表征速度。

对式 (4-9) 的不同时间点 t 和 $t+\Delta t$ 进行组合变形，并且认为溶液中存在一些固体悬浮颗粒C^*不能沉淀，从而得到式 (4-10)：

$$C_{t+\Delta t} = C^* + (C_t - C^*) \, e^{-(k/d)\Delta t} \tag{4-10}$$

基于当前滞留池的总悬浮固体浓度和水深，式 (4-10) 在模拟的每一个时间间隔内对 TSS 浓度进行一次模拟更新。

(2) 在传输网络内对水质净化的模拟

SWMM 可以对任何排水系统传输网络的节点进行水质净化模拟计算。对节点的水质净化模拟，需要打开属性编辑对话框，同时点击水质净化属性旁边的省略号图框按钮（图 4-65）。这样可以打开水质净化表达式对话框，在该对话框里，用户可以定义通过该节点任何一种污染物的净化方程。

对于给定的污染物，其净化方程都具有如下形式：

$$R = f(P, R\_P, V) \tag{4-11}$$

$$C = f(P, R\_P, V) \tag{4-12}$$

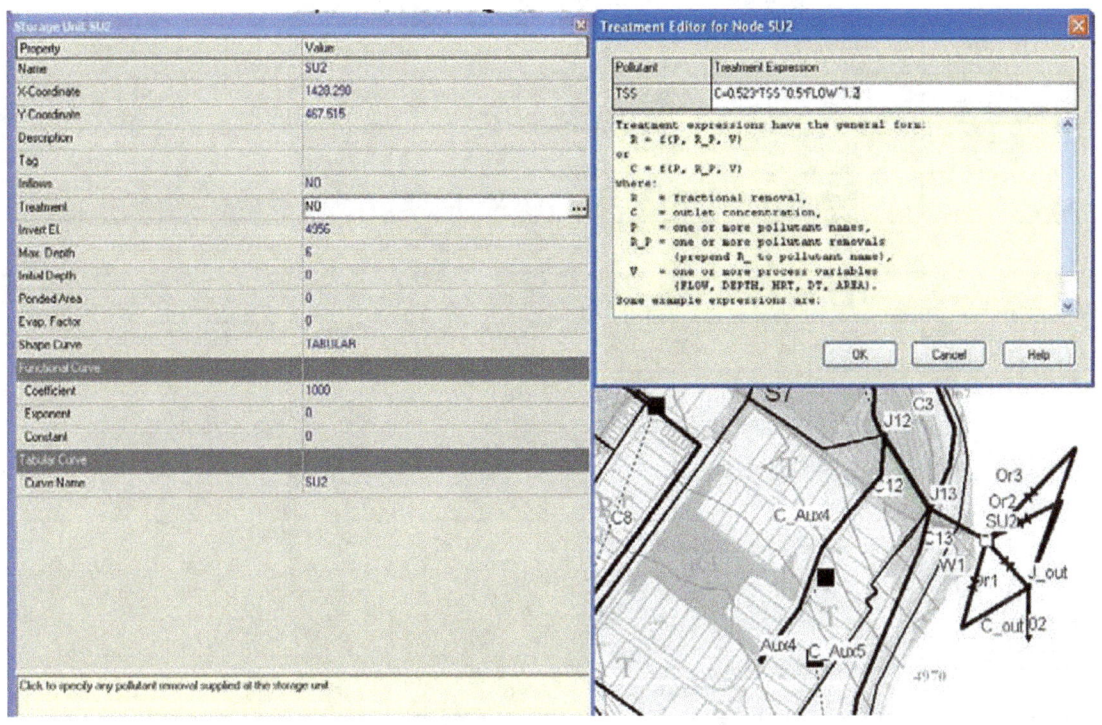

图 4-65 单元定义界面

式中，R 为去除比例；C 为出口处浓度；P 为对应污染物的浓度（如 TSS），R_P 为一个或多个污染物的去除率（如 R_TSS）；V 为一个或多个如下过程的变量，FLOW（进入节点的流速）、DEPTH（节点处水深）、HRT（水力停留时间）、DT（汇流时间步长）和 AREA（节点表面积）。水质净化的一些表达式如下：

$$C = BOD \cdot \exp(-0.05 HRT) \tag{4-13}$$

$$R = 1 - [1 + (0.001/(2FLOW/AREA)]^{-2} \tag{4-14}$$

利用去除率表达式，在节点处的污染物浓度 C 可以定义为 $C_{in}(1-R)$，其中，C_{in} 是指节点处更新后的浓度。而且，对于没有滞蓄能力的节点来说，节点处的更新后浓度将和 C_{in} 相同，而对于有滞蓄能力的节点来说，更新后的浓度和滞蓄单元里的浓度一致。

4.4.3.3 模型构建

对于试验区来说，对径流控制添加净化作用的起始点在文件 Example6-Initial.inp 里面。该输入文件应包含在 4.3 节中定义的局部 LID 以及在 4.4.3.1 节描述并重新设计的储水单元和出口结构单元中。在本文件里的土地利用类型已经进行了重新计算并且指定到每一个子流域里面。总悬浮固体淋洗方程使用的是在 4.3 节中使用的 EMC 淋洗函数。指定每一个子流域的土地利用类型和边长在表 4-43 中已经列出。在表 4-43 中，具有过滤带或渗透沟的子流域已经用灰色显示。

表 4-43　对于 LID 子流域的边长和土地利用类型

子流域	面积/ac	边长/ft	住宅区 1/%	住宅区 2/%	商业区/%
S1.1	1.21	450	100	0	0
S1.2	1.46	600	100	0	0
S1.3	1.88	630	100	0	0
S2.1	1.3	450	100	0	0
S2.2	1.5	600	0	100	0
S2.3	1.88	630	0	100	0
S3.1	1.29	0	0	0	0
S3.2	1.02	430	100	0	0
S3.3	1.38	500	0	85	0
S4.1	1.65	0	0	0	0
S4.2	0.79	400	0	100	0
S4.3	1.91	1150	36	64	0
S4.4	2.4	700	0	0	71
S5	4.79	2480	0	0	98
S6	1.98	1100	0	0	100
S7	2.33	565	0	0	0

(1) LID 水质净化

可以假定，每一个过滤带或者渗透沟可以对经过的径流的总悬浮固体去除 70%，这是一个典型的渗透沟道 LID 的观测去除率值（Sansalone and Hird，2003）。建立一种被称为"LID"的新的土地利用类型，没有总悬浮固体的累积方程，同时具有 EMC 总悬浮固体的淋洗方程，其 TSS 浓度为 0mg/L，而且总悬浮固体"BMP 系数"为 70%。对每一种 LID 子流域来说，土地利用类型比例（S_FS_1 至 S_FS_4 以及 S_IT_1 至 S_IT_4）都设置为 100%。因此，所有产生于上游子流域的径流在流经具有 LID 的子流域时都会去除其总悬浮固体 70% 的量。

(2) 滞蓄池水质净化

对于滞留池中的总悬浮固体的去除率可以使用指数模型进行模拟［式 (4-9)］。首先可以粗略地估计去除常数 k 的大致范围进而可以确定对于 0.23inWQCV 设计暴雨事件，40h 停留时间的污染物去除的目标水平。如果式 (4-9) 应用于 40h 的水力停留时间已达到 95% 的去除率，那么 k 的估计表达式如下：

$$k = -\bar{d} \times \ln 0.05/40 \tag{4-15}$$

式中，$\bar{d}$ 为在 40h 放水过程中滞留池的特征水深。正如后边验证所示，对于 0.23in 的设计降水事件，在40h的时间间隔中，其平均水深维持在0.15ft。将该值代入表达式替代k，得到估计值为0.01ft/h。该值和从美国环保署引用的数据0.03ft/h具有相同的分位数序列，代表的是沉淀速率分布的20%分位数，这些数据是从美国环保署全国城市径流项目中的7个城市区域50多个不同取样点中得来的。

将k值定为该值，并假定总悬浮固体最小浓度C^*为20mg/L，SWMM中水质净化编辑器对储水单元SU2来说可由以下表达式描述：

$$C = 20 + (TSS - 20) \cdot \exp[-0.01/(3600 DEPTH) \cdot DT] \qquad (4\text{-}16)$$

和式（4-15）比较来看，式（4-16）中每一项的意义代表：20是假定的浓度C^*的大小；TSS是对模型中总悬浮固体浓度C的识别；0.01/3600是指k的大小，其单位为ft/s；DEPTH是SWMM的保留字，模型用来表达水深d，单位为ft；DT是SWMM的保留字，用于表达汇流时间步长Δt，单位为s。当SWMM在水质净化模块遇到DEPTH和DT的保留字时，就会在每一个计算步长内自动将其值替换为当前值。

下述分析选项将会在每一个模拟过程中使用，这些选项会在水质净化输入文件中进行编辑。

汇流方法：动力波，

湿天计算步长：1min，

汇流时间步长：15s，

报告时间步长：1min，

总历时：2d（48h）。

选取48h作为历时，这样可以使得滞留池WQCV的水位下降得以观察到。最后，建议通过选择SWMM主菜单栏Tools | Program Preferences | Number Formats来增加研究子流域的"径流"参数、节点"水质"参数和"总入流"参数的重要数据（从缺省值2变到4）。当不同情境下的变化很小时，为了对比不同情境下的数据，需要将表格结果从SWMM中拷贝到电子表格，那么以上操作将有助于看清楚不同情况下的细微差别。结果输入文件可以命名为Example6-Final.inp。

4.4.3.4　模型结果

接下来就不同情况的比较运行结果进行讨论。首先看一下低影响控制模式下的TSS处理。图4-65比较了0.1in暴雨条件下，经过滤带处理后汇集的径流S_FS_1和上游支流汇集的径流S3.2中TSS的浓度。图4-66中也给出了各区的径流量，经过滤带处理，TSS由170mg/L降到51mg/L，TSS去除效率达70%。不同设计降水条件下过滤带处理后均得到类似结果。

接下来是渗透沟处理的比较。图4-67是渗透沟处理径流S_IT_4和支流集水区径流S2.3的比较。结果是在2年一遇（1in）降水条件下进行的，因为降水量更小时，所有的雨量都会从渗透沟渗漏。使得TSS浓度从210mg/L降至63mg/L，注意TSS去除率仍是70%。其他不同的设计降水、渗漏条件下渗透沟处理后也得到类似结果。

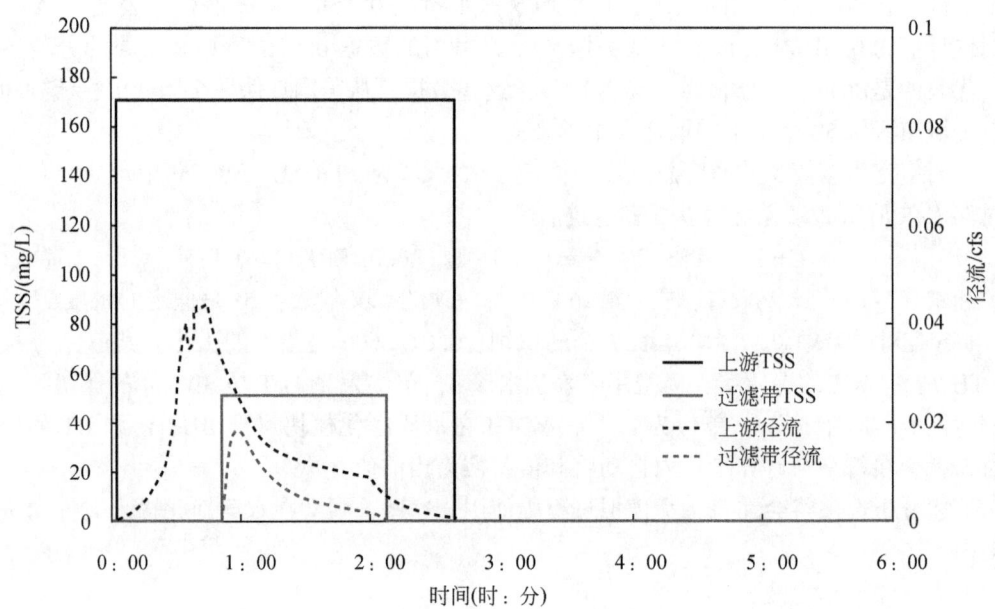

图 4-66　设计降水 0.1in 下过滤带处理后 TSS 减少量与径流 S_FS_1 减少量

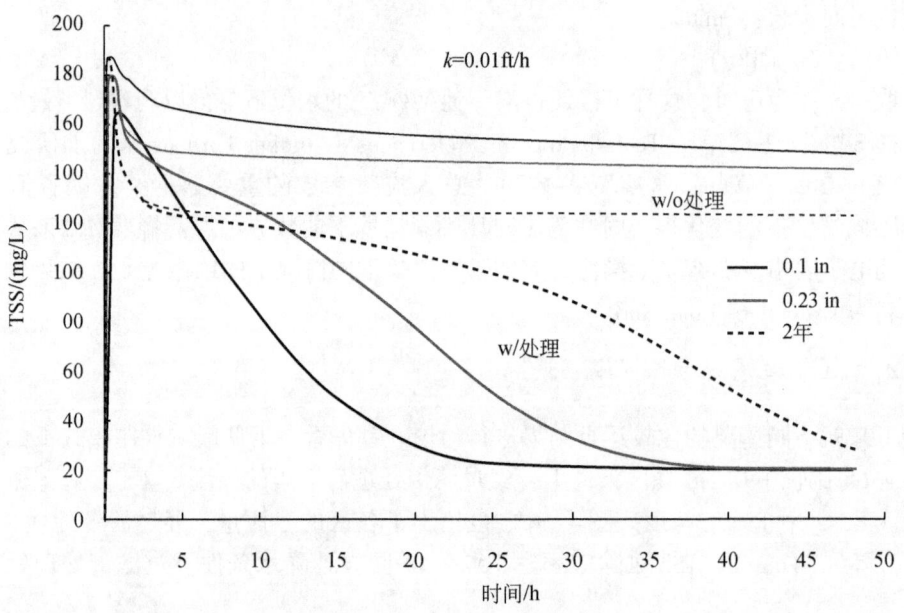

图 4-67　对于具有净化和不具有净化功能的滞留池 SU2 中 TSS 浓度

对滞留池水质处理评价的另一种方法就是对总悬浮固体的负荷进行对比，该负荷无论是对有净化功能还是没有净化功能的滞留池都存在。该项操作在图 4-68 中的 0.23 WQCV 降水事件中已经进行了计算。对于另外的设计降水事件，做的图与该图较为类似。减少对释放的总悬浮固体的水净化效应和浓度具有相同的重要性。事实上，对于水质净化的状态报告显示 72.5lbs 的总悬浮固体被本次降雨事件淋洗掉，只有 15.7lbs 的污染物进入池塘，这样只占总的污染物去除量的 21.7%。对于 0.1in 的设计降水事件和 2 年一遇的 (1in) 的降水事件，该去除率分别是 44.4%和 6%。由于在滞留池中需要足够的时间使得固体物沉淀，因此，去除率还是比较低或者中等的，当然，在该沉淀过程中，滞留池仍然释放出流。

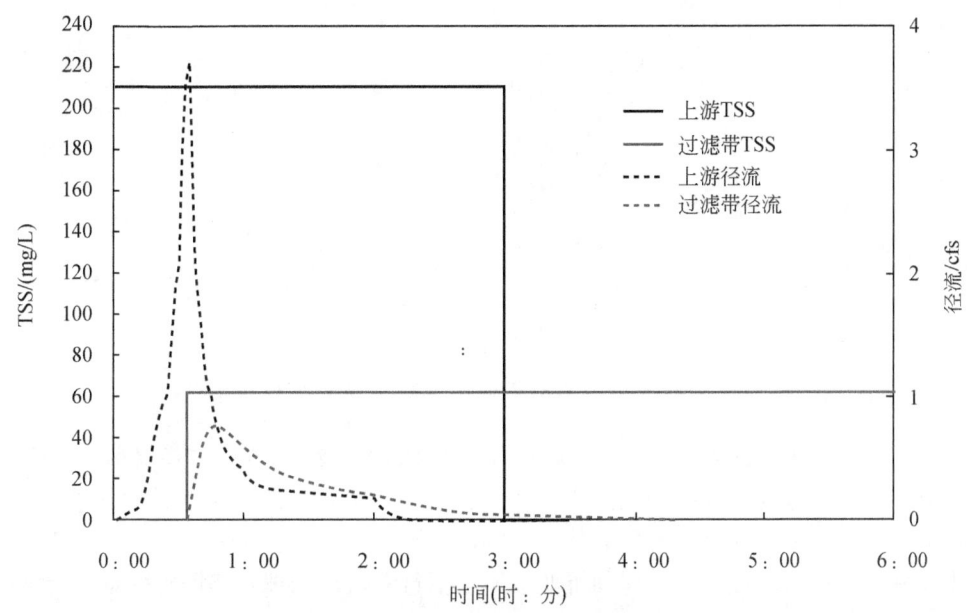

图 4-68　设计 2 年一遇渗水沟处理后 TSS 减少量与径流 S_IT_4 减少量

第三是不同设计降水处理下，滞留池的 TSS 水平比较。但是时间序列内流入滞留池和处理后出池 TSS 浓度作比较说服力不够强，因为出入池的流速相距甚远。因而我们不与流出 TSS 浓度作比较，而与设计降水作比较，不管它们是否经过处理，结果见图 4-69。这些曲线是在各设计降水（0.1in、0.23in、2 年）条件下运行模型得到的，而且都在对存储单元节点 SU2 进行处理和未处理两种条件下运行。每运行一次，在 SU2 节点处，时间序列内 TSS 浓度变化就会生成并输出到电子制表程序，图 4-69 就是这样做出的。

由图 4-68 可观察到如下几点。

1) k 值为 0.01ft/h 时，设计降水 WQCV（0.23in）条件下，基本上所有的沉淀物在 40h 内均被去除。

2) 2h 暴雨越大，TSS 减少率越小，因为池内水深变大了。

3) 无论哪种设计降水条件下，均需过一段时间才能明显看出 TSS 去除效果，对于 0.1in、0.23in、2 年暴雨而言，50% TSS 沉淀减少量分别需要 10h、19h、35h 的时间。

滞留池的这些相当温和水平的性能是用削减常数 k 计算的，k 指的是沉降速度低于最小值 20%的粒子，20%是从全国范围的调查中得到的。如果粒子分布比 TSS 淋洗广，则 k 值为 0.3ft/h，这是 NURP 研究的沉降速度的 40%。图 4-70 显示了 k 值为 0.3ft/h 的池塘径

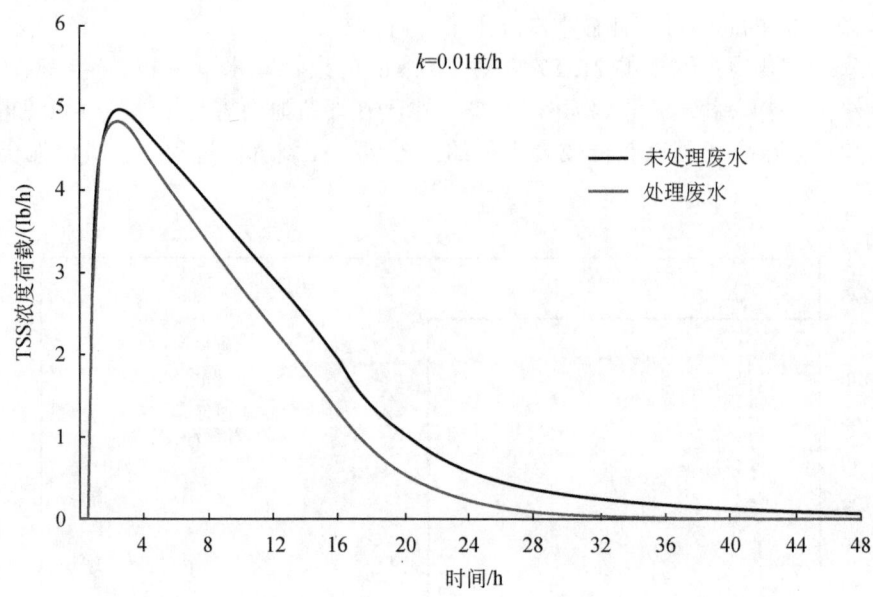

图 4-69　滞流池 SU2 在 0.23in 降水下的 TSS 浓度负荷模拟

流中 TSS 的浓度结果。图 4-71 显示了 k 值为 0.3ft/h 时 0.23in 事件的径流荷载。表 4-44 总结了两个不同 k 值的滞留池处理性能。结果表明，削减系数的不确定性对滞留池对 TSS 的削减影响很大。不幸的是，美国环保署 1986 年指出，不同站点或同一站点的不同降水的固体降解速度的可变性很大。这种可变性增加了对滞留池处理效率评价的难度。

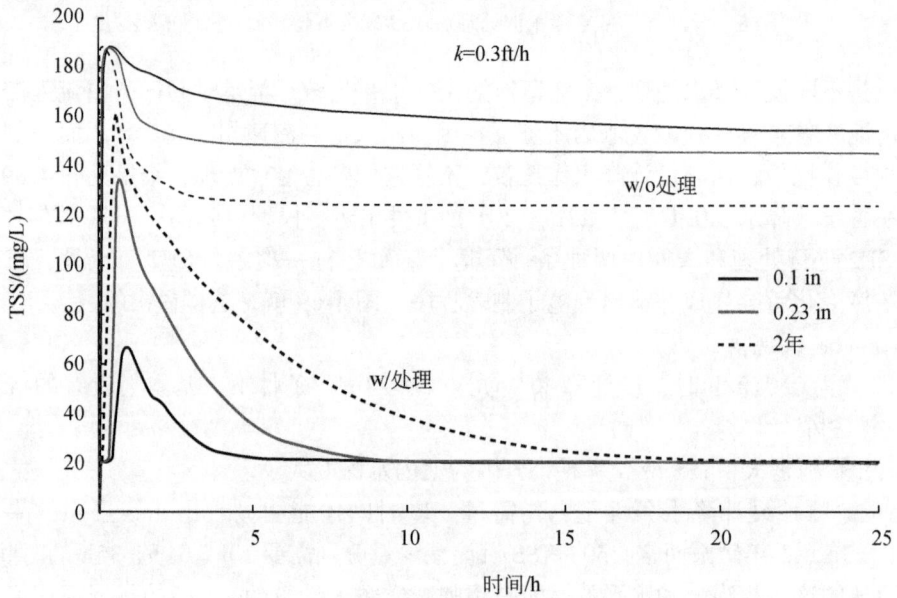

图 4-70　处理后与不经处理情况下 SU2 内 TSS 浓度

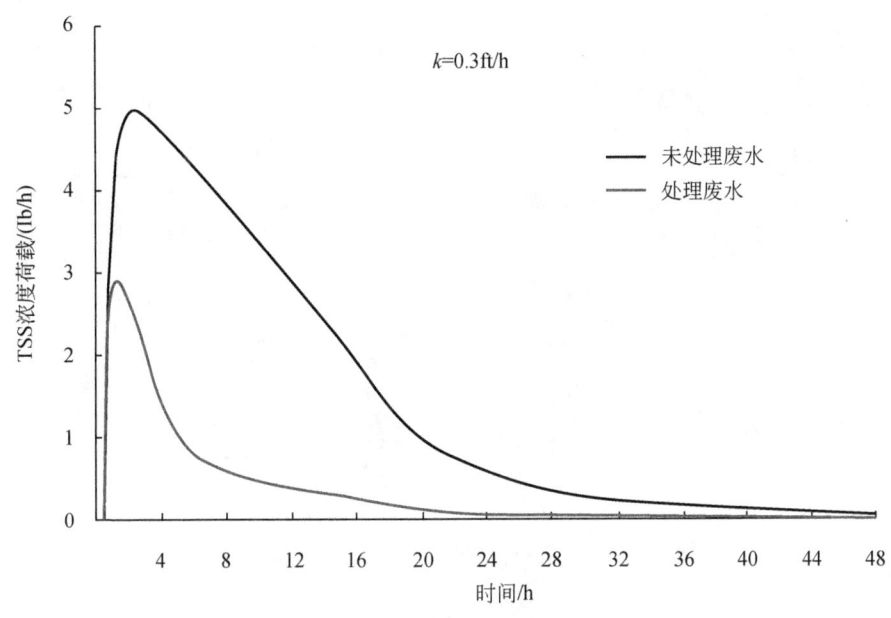

图 4-71　0.23in 降水下 SU2 TSS 浓度荷载模拟

表 4-44　不同 k 值滞留池处理性能

项目	0.1in 降雨		0.23in 降雨		1.0in 降雨	
	$K=0.01$	$K=0.3$	$K=0.01$	$K=0.3$	$K=0.01$	$K=0.3$
减少 50% 可降解量所需时间/h	10	1	19	3	35	6
全部可降解量所需时间/h	30	7	40	10	>48	20
全部可降解量比例/%	44.4	81.8	21.7	75.0	6.0	35.7

最后，图 4-72 比较了不同设计降水在无处理、LID、LID 和滞留池 3 种情况下研究区域站点的 TSS 总量。用 3 种方式对不同设计降水进行分析从而产生状态报告，从报告中可以读取负荷数。3 种方式为：①两种处理方式，②池塘处理方式（只使用 LID），③使用 4.4.3 节中的 EMC 淋洗产生的输入文件（无处理）。这些比较结果中 k 值为 0.01ft/h。应该注意的是，越来越多的处理用一致的减少负载的方式。同样应该注意的是，尽管滞留池是一个区域的处理所有流域径流的 BMP，它还是比 LID 提供了更少的负载降低量，而 LID 仅是本地接收流域 41% 径流的 BMP。这是因为 k 值在滞留池中的应用，k 值越高，越能反映径流中大颗粒将造成滞留池的低负载。

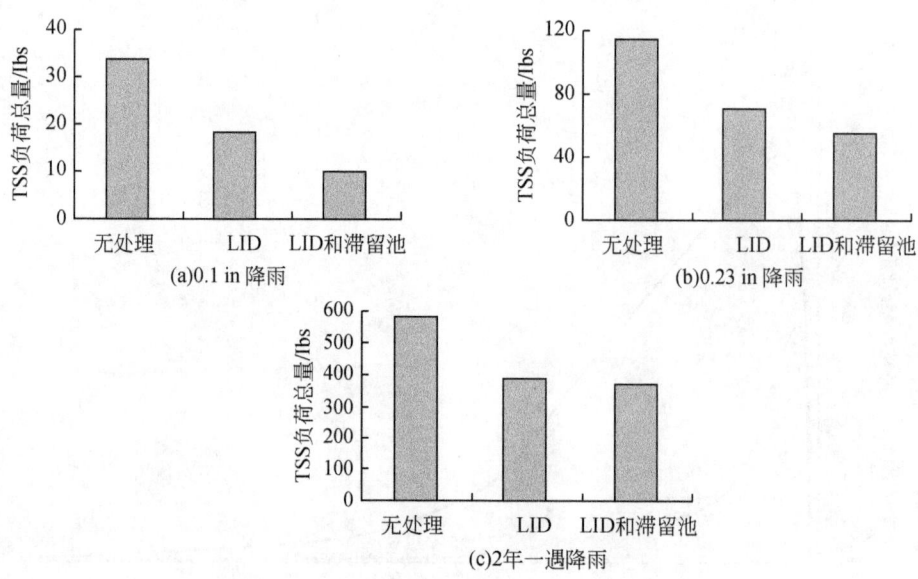

图 4-72 不同处理情景下出口处 TSS 浓度模拟

4.4.3.5 小结

本例说明了 SWMM 如何进行水质处理。在当地 LID 来源控制和区域滞留中都考虑了悬浮固体（TSS）的去除。该例的关键点有以下几点。

1）LID 可以作为一个独特的子流域，单一土地利用并具有一个恒定的去除率。SWMM 将这种去除率用于径流以控制来自上游子流域的径流量。

2）滞留池的污染物处理用户提供的处理函数，此函数用去除百分比或者出口的污染物浓度表示，它们是入口浓度以及流速、深度和表面积的函数。

3）该例中用滞留池指数处理函数预测 TSS 的去除，该函数是去除常数和滞留池深度的函数。去除常数反映了被去除颗粒的下沉速度。

4）SWMM 在 LID 控制中使用的稳定去除效率使得 LID 的处理效用对降雨的大小不敏感。

5）随着降水的变大，滞留池对污染物的处理作用将降低，这是由于滞留池的水深增加的缘故，而随构成径流中 TSS 的颗粒粒径分布的降低而增加。

6）本例中使用的处理功能，滞留池的 TSS 减少量比 LID 中的低。这种结果完全依赖于滞留池处理功能中去除常数的值。

7）城市径流中颗粒沉降速度极大的变化量使得滞留池污染物处理功能中的去除常数很难确定，所以得出的分析结果不都是可靠的。

第5章　SWMM 应用实例1：北京香山地区

随着城市化进程的加快，城区下垫面条件发生了很大变化，而排水管网的铺设直接改变了当地产汇流条件，这使得传统的水文模型难以模拟城市水文循环。为了深入认识城市雨水径流过程，各国科学家开发了多种城市水文模型。其中，SWMM 被世界各国的研究者广泛用于研究城市暴雨径流过程模拟和城市排水系统的管理上。近年来，SWMM 在我国城市排水系统中的应用也越来越多。由于城市地表特征和排水管网的复杂性，构建 SWMM 城市排水管网模型成为一项繁重而复杂的工作，而地理信息系统（GIS）技术和遥感（RS）技术的快速发展为此提供了技术支持。本实例应用 GIS 和 RS 技术，建立了 SWMM 关键参数自动提取等一系列快捷方便的方法。北京市西郊香山地区以山区为主，几乎没有雨水管道，在暴雨情况下，雨水径流完全靠道路排水，对区域公共设施及居民生命财产安全的危害性极强。该方法在北京香山地区 11.75km² 区域进行了应用，对区域出水口流量的模拟数据与实际监测数据进行比较，证实了该方法的便捷性和可靠性。

5.1 香山地区概况

5.1.1 自然地理条件

香山地区地处北京市中心城的西北部，临近中心城的西北边缘，西北五环从地区中部穿过，位于 116°9′54″E～116°13′1″E，39°58′57″N～40°1′5″N，大部分为山区，地理位置如图 5-1 所示。研究区域位于香山东侧沿山麓一线，总面积 11.75km²，最高高程为 667m，最低高程为 70m，大部分为山丘地形，行政区划属海淀区香山镇，包含海淀区西部重要的交通枢纽香泉环岛。研究区域位于永定河冲洪积扇中上部，地形较为平坦。土壤质地均一，多为中壤土质土壤——褐土。地层主要为第四系全新统冲洪积物，岩性主要为圆砾层。

应用区域地势西北高，东南低，土地利用类型包括森林、住宅区、办公楼、草坪、道路、河流。区域内现状总建筑规模约 107.04 万 m²；规划建筑规模为 117.82 万 m²，其中居住用地 55.19 万 m²，平均容积率为 0.8。

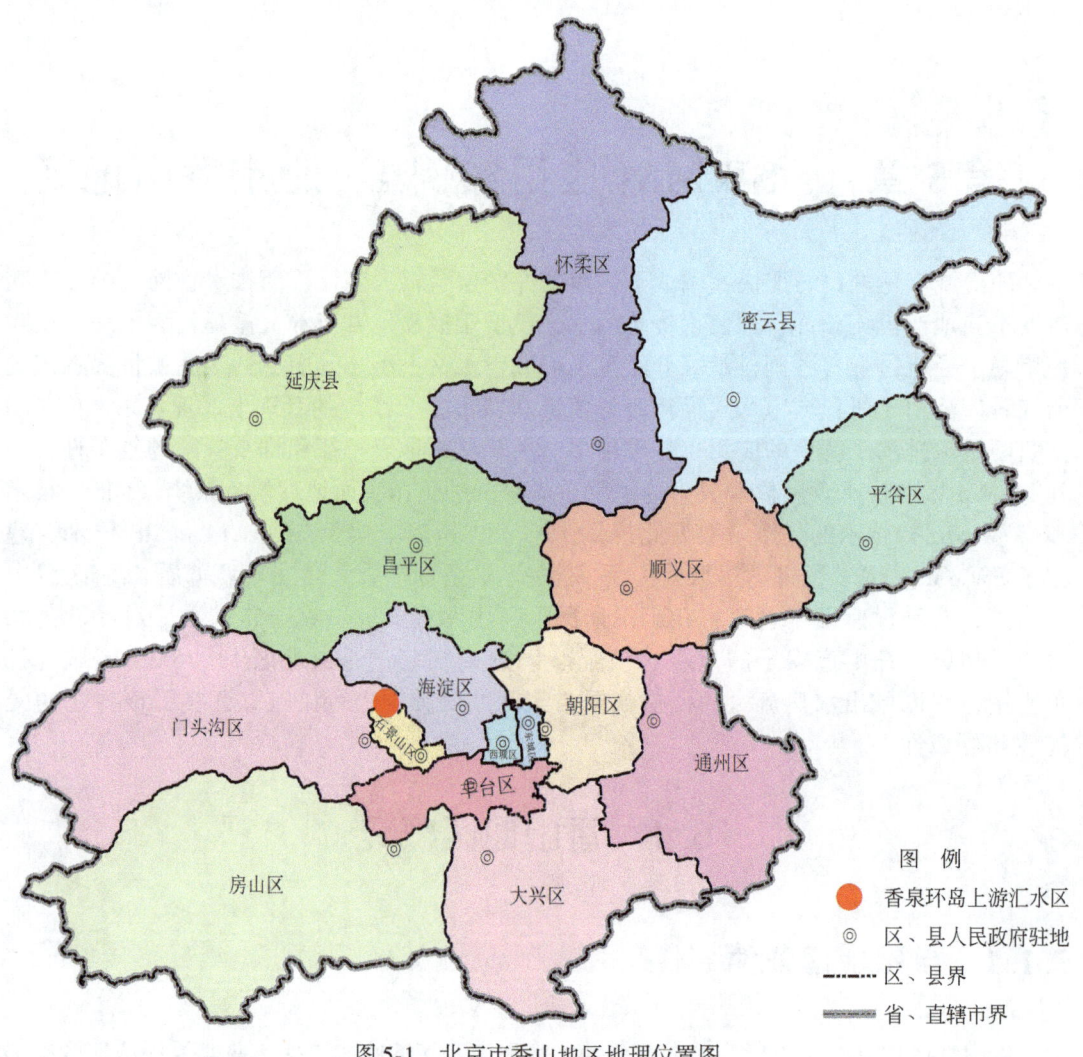

图 5-1　北京市香山地区地理位置图

5.1.2　水文气象条件

北京香山地区地处东部季风区暖温带半湿润地区，气候受蒙古高压的影响，属大陆性季风气候。区域四季分明，冬季寒冷干燥，春季干旱多风沙，夏季高温多雨，秋季凉爽多晴天。冬季受西伯利亚、蒙古高压的影响，盛行西北风，天气寒冷、干燥、雨雪稀少，常形成寒潮天气，造成大风降温；夏季受大陆低压和太平洋高压的影响，盛行东南风，天气炎热多雨；春秋两季是过渡季节，冷暖气团互有进退，天气变化频繁。气温年内变化较大，多年平均气温为 11.7℃ 左右，年极端最低气温为 -20℃，最高气温为 39.7℃，最大冻深 80cm。年均日照时数为 2676h，年均无霜期 193 天。

据海淀区 1956~2010 年降水量资料统计，多年平均年降水量为 525.4mm。平水年降水量为 614.3mm，枯水年降水量为 336.4mm。年际降水量分布极不均匀，年降水量最多达

1115.7mm（1956年），最少只有281.4mm（1965年），丰水年、枯水年降水量最大相差近4倍，且年内降水分配也极不均匀，汛期降水量占全年降水量的80%以上。地下水主要依靠大气降水及河道渗透补给，在地下形成径流由西北流向东南。根据附近地下水位资料分析，地下水位埋深在15m以下。

5.1.3 河流水系条件

根据全国第一次水利普查成果《北京市第一次水务普查公报》（2011年），香山地区属南旱河（通惠河流域最远的支流）上游区域，同时又同清河流域的北旱河相通（图5-2）。

南旱河：现南旱河为季节性河道，汛期行洪，非汛期为旱河。该河道起自万安公墓，流经小屯、南平庄汇入永定河引水渠，河道全长5km，1991年对南旱河全线进行清淤疏浚，治理完后河道防洪标准为10年一遇。2007年北京中心城区雨洪利用工程启动，对南旱河万安公墓上段到香泉环岛进行疏浚，疏浚长度1663m；2003年四季青绿谷青清文化园工程启动，对南旱河下段现管理站（南平庄桥）以下到永定河引水渠进行整治，整理长度1350m。同时在管理站门前河道上修建了节制闸，在河道末段入永定河引水渠前修建了橡胶坝，节制闸、橡胶坝以及南平庄桥以下新修建的河道委托四季青乡管理。

北旱河：现北旱河为季节性河道，汛期行洪，非汛期为旱河。该河道起自北京植物园东墙，流经四王府、娘娘府、玉泉山、槐树居、厢红旗，于安河桥处汇入清河，河道在香泉环岛位置分为南北两条支沟，北支沟长2018m，南支沟长2631m，两条支沟在娘娘府处汇合，河道全长7471m，流域面积为16.3km²，是香山、四季青乡一带的主要排水河道。

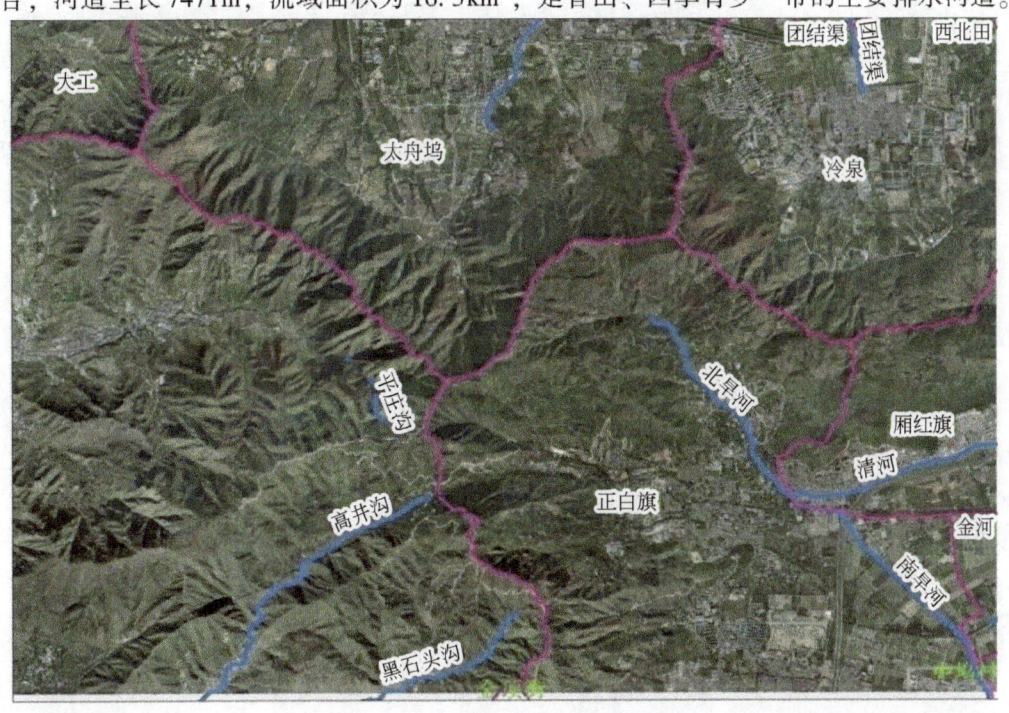

图5-2 香山地区河流水系与流域划分

5.2 模型适用性分析

研究区域位于山麓一线，包含山区、居民区、公共用地等多种土地类型，区域内基本无排水管网铺设，排水主要以道路及河道为主，且缺乏下垫面、降水径流等基础资料，模拟具有一定的挑战性。发生暴雨时，雨水从香山及香山植物园汇集到香泉环岛，一部分分流至北旱河，其余沿南旱河往南流，通过南旱河通金河节制闸，沿金河流入北坞村砂石坑（王海潮等，2011a）。

SWMM 优势主要体现在以下几个方面。①具有较好的灵活性，输入时间间隔是任意的，输出结果也是任意的，可以跟踪模拟不同时间步长任意时刻每个子流域所产生径流的水量。②可完整地模拟降雨径流过程，可以模拟洼蓄、入渗以及干旱的入渗能力恢复过程，模拟水流在管网系统中的运动过程。③针对多种土地利用类型的汇水都有不同的模拟参数，适用于多种土地利用下垫面情况。④通用性较好，对城市化地区和非城市化地区均能进行准确的模拟；在资料充分的基础上，对小流域及较大流域均能适用。⑤与其他模型相比，SWMM 的模拟结果与实测值更为接近，且模拟的径流量达到峰值所需的时间最短。⑥SWMM 具备较强的水量水质模拟能力和后期的数据分析和处理能力，且广泛应用于实际的规划、设计和管理过程中，可视化程度高，操作简单、实用、容易上手。因而，SWMM 对香山地区的应用是适合的。

5.3 模型构建

SWMM 的构建包括数据分析、预处理和数据导入等准备工作，基础数据的精确性将直接影响模型精度。基础数据初步输入后，需对研究区域各子流域下垫面情况逐个进行深入分析，以便对各种不确定性模型参数进行估算。参数率定方面，精确的参数能赋予模型的科学性和实用性。

5.3.1 排水系统概化

以香泉环岛以西香山地区为例，香泉环岛汇水区域主要以地表汇流为主，区域内还没有建设完整的排水管网，现状仅在香山南路有一根排水管，长度为 438m，管径为 1000～2000mm。

由于地形坡度较大，因此区域排水系统主要以低洼区域自然汇流和道路路面汇流为主，山区以坡面产流为主，本研究对以道路为主的排水系统进行概化，如图 5-3 所示。

图 5-3　香泉环岛排水系统概化图

5.3.2　汇水区域概化

SWMM 汇水区划分，主要是通过实地调查研究区域的水流方向来提高模型的精度。由于建模区包括山区和山前冲洪积平原区，所以本应用实例依据地形、社会单元和就近排放的三个原则确定了汇水区边界。

以香泉环岛以西香山地区为例，首先依据 DEM 数据把汇水区粗略分为 3 个大的汇水区。由于 DEM 的精度不够，此时划分的汇水区面积往往过大，远达不到建模所需要的精度要求。因此本研究基于遥感影像图，进一步判断建模区各汇水区排水边界。不同下垫面类型采取不同的细分策略，在保持汇水区下垫面性质均一的基础上，建筑物密度较大的地方细分程度可适当高于建筑物密度较小的地方。原则上，子流域面积越小越能客观反映下垫面地表，模型的精度也越高，但是，过多的子流域会增加模型模拟的复杂性。因此，建模时必须权衡模型精度和模拟的简易程度。在充分考虑了建模区下垫面信息后，将整个建模区划分为 72 个汇水区，如图 5-4 和图 5-5 所示。最终建成香泉环岛汇水区域分区、汇水路径、汇入节点数据库。

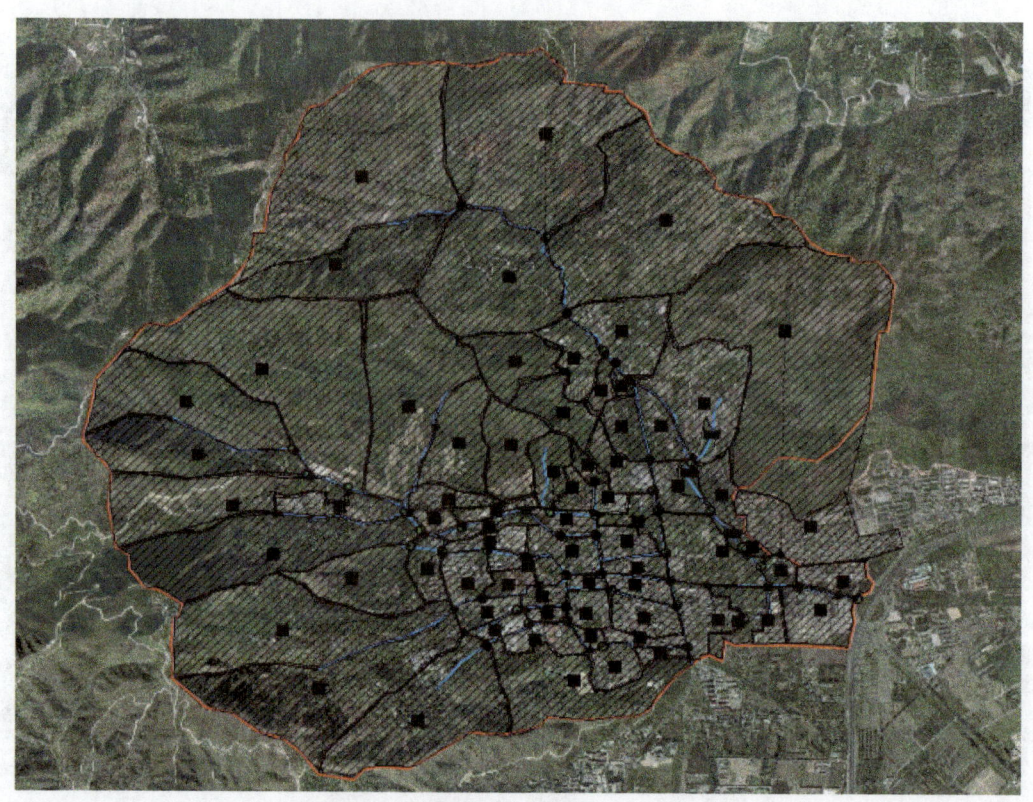

图 5-4　香泉环岛汇水区域 72 个分区图

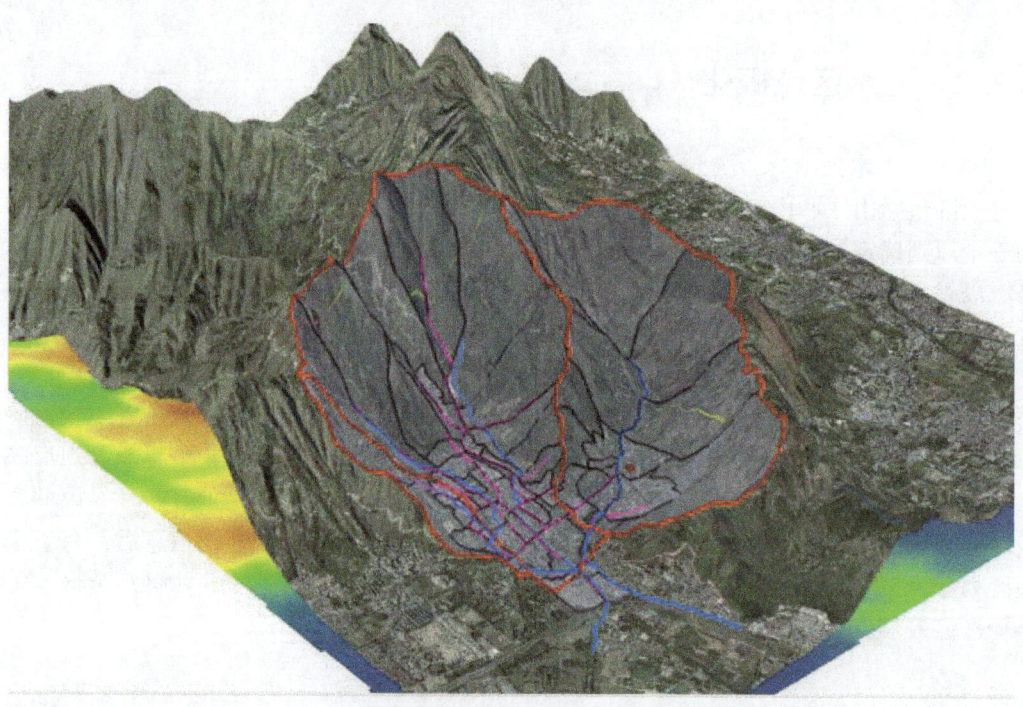

图 5-5　香泉环岛汇水区域建模图

5.3.3 参数及断面设置

SWMM模拟所需参数包括水文参数和水力参数。相对而言，雨水管网水力参数一般可以通过管网普查获得较为真实的数据。然而，水文模型参数的获得相对比较困难，包括地表汇流阶段的汇水区面积、特征宽度、坡度、不透水率、不透水区曼宁糙率、透水区曼宁糙率、不透水区洼蓄量、透水区洼蓄量、产流阶段的最大入渗率、最小入渗率及衰减指数等。

(1) 流域宽度

汇水区的宽度是SWMM中一个非常敏感的参数。SWMM提供了4种流域宽度的计算方法：

$$\text{Width} = 1.7\text{MAX}(\text{Height}, \text{Width}) \tag{5-1}$$

$$\text{Width} = K \cdot \text{SQRT}(\text{area}) \quad (0.2 < K < 5) \tag{5-2}$$

$$\text{Width} = K \cdot \text{Perimeter} \quad (0 < K < 1) \tag{5-3}$$

$$\text{Width} = \text{Area/Flow Length} \tag{5-4}$$

其中式（5-4）是SWMM中建议的，但是由于本实例中香泉环岛汇水区域地形和下垫面复杂，水流长度难以确定，所以对研究区采用式（5-2），在其他模型参数确定的基础上，利用实测资料对K值进行参数率定。

(2) 汇水区坡度

模型所需要的坡度是指汇水区地表径流平均坡度。本实例在坡度计算时以DEM为基础，使用Arcgis的3D分析工具进行坡度分析生成坡度图，继而使用分区统计工具得到每个汇水区域的平均坡度，如图5-6所示。

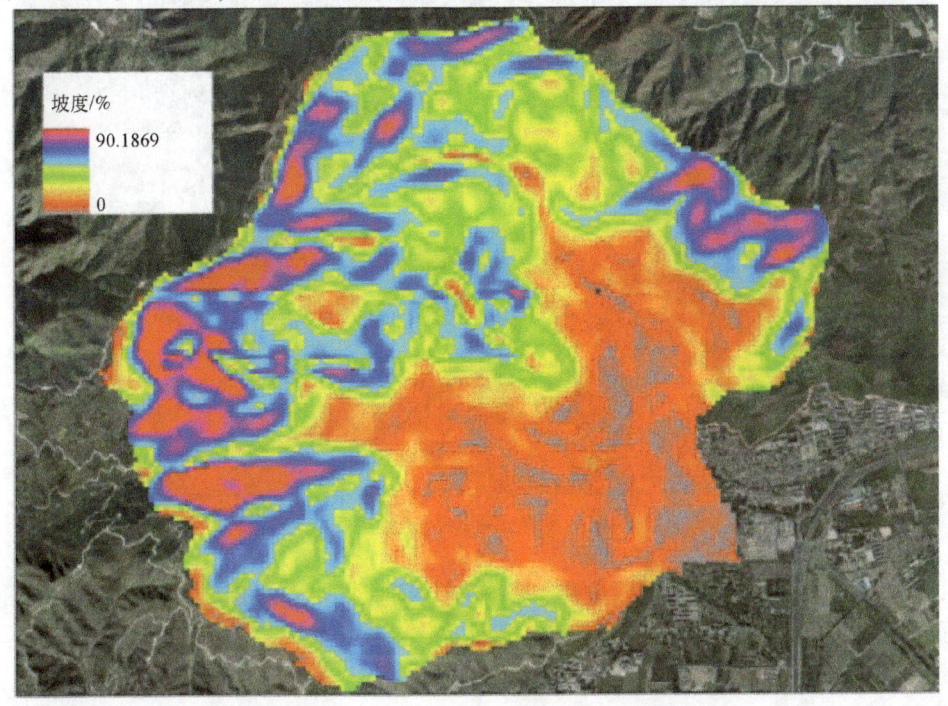

图5-6 香泉环岛汇水区域坡度分布图

(3) 洼蓄量

洼蓄量是指在低洼处地表积蓄水深，根据下垫面性质，分为透水区洼蓄量和不透水区洼蓄量。目前，我国对降水损失的水文测验研究较少，SWMM 提供的不透水面积洼蓄深度取值为 1.27~2.52mm，透水区洼蓄量为 2.52~7.62mm，因此结合前人研究成果并结合建模区特点，将不透水区初始洼蓄量设为 2.00mm，透水区初始洼蓄量设为 7.00mm。

(4) 不透水系数

SWMM 的不透水系数主要是指不透水面积比。本实例基于航拍图对区域内的居工地、广场、道路进行数字化处理，如图 5-7 所示。基于不透水地物的空间分布，利用 ENVI 遥感软件中的监督分类方法，对研究区航拍图进行人机交互式解译，将整个研究区分为透水区和不透水区两大类，利用软件的统计命令统计各汇水区居工地、广场、道路的面积，并计算各分区的不透水面积比，具体步骤如下。

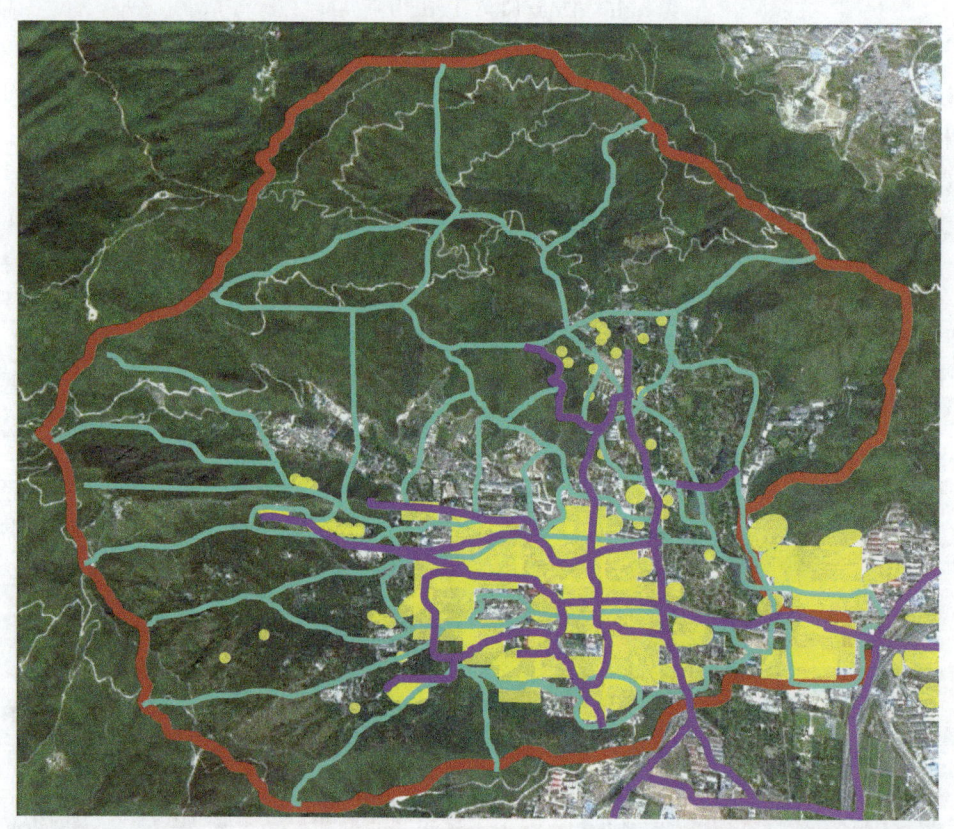

图 5-7 香泉环岛汇水区不透水面（居工地、广场、道路）分布图

1) 根据先验知识及野外调研成果，整体判读研究区下垫面状况。通过判读，研究区下垫面地类主要有人工植被区、天然植被区、水体、居民地、交通用地。其中，根据各地类的透水性质，将耕地、城市绿地、天然植被区和水体合并为透水区，居民地和交通用地归为不透水区。

2）判读标志又称解译标志，是指能够反映和表现目标地物信息的各种影像特征，这些特征能帮助识别图像上目标地物或现象，有直接判读标志和间接判读标志两种。前者有：形状大小，是地物轮廓缩影，地物二维空间特征量的反映；色调或颜色，是地物波谱特性的表征，对揭示地物属性有重要指示作用；阴影或落影，是地物三维空间特征在色调上的间接显示；模式或图型，是地物各部位或地物与地物之间平面结构形式的表达，对于判断复杂地物尤为重要；纹理，反映地物影像色调变化的频率；相关位置，反映地物与背景或其他地物的空间关系。后者是通过与之有联系的其他地物在影像上反映出来的直接标志，间接推断某地物的存在及其属性。两者具有相对性，依判读对象的不同，可相互转化。根据研究区航拍图上不同地类的影像特征，综合直接判读和间接判读两种方法，构建研究区各地类解译标志，见表 5-1。

表 5-1　研究区各地类解译标志表

土地利用类型	判读信息	影像特征
人工植被区	颜色基本为绿色，纹理明显，形状规则	
天然植被区	由于植被覆盖度的不同，颜色基本为绿色到灰色，纹理不明显，片状分布	
水体	主要分布在负地形区，线状分布为河流，面状分布为湖泊	
居民地	形状规则，颜色较亮	
交通用地	线状分布，颜色较亮	

3）根据建立的解译标志，构建研究区训练样区。选择感兴趣区域时要注意每种地类的感兴趣区域尽量分散在全图上。尽量设置较多的类别，同一地物有不同的光谱特性的最好先分为不同的类别（如深浅不同的水体有不同的光谱特性），最后再对其修改。

4）在构建训练样区的基础上，选择监督分类方法中最大似然法对研究区进行分类。然后对分别表示的同类地物进行合并和修改，得到研究区的最后分类结果。

5）基于 ENVI 遥感软件中的统计命令，选择 Classification＞Post Classification＞Class Statistics，从分类影像中，提取研究区集水区域透水和不透水面积等统计信息。

(5) 曼宁系数

曼宁系数包括透水区曼宁系数、不透水区曼宁系数和管网曼宁系数。本实例将道路概化为渠道，其曼宁系数为0.013~0.017，选择最不利的0.017作为排水道路的曼宁系数。

(6) 下渗系数

根据建模区特点，参考SWMM用户手册中的典型值以及借鉴前人在北京西山地区开展的森林地生态水过程研究成果确定了fc、fo、k的取值（史宇，2011）。由于研究区土壤为中壤质土——褐土，SWMM建议的壤土最大入渗速率为76.2（植被覆盖度较小或无覆盖下）~152.4mm/h（高植被覆盖度）。通过查阅北京西山地区相关资料，确定不同植被覆盖条件下最大入渗速率，见表5-2。建模过程中根据各分区实际下垫面情况，分别确定其最大入渗速率。根据SWMM用户手册建议的粉壤土最小入渗速率设为6.6mm/h。SWMM建议的入渗衰减系数为2~7，根据文献资料选择4作为本研究区的入渗衰减系数。最终构建了香泉环岛汇水区域SWMM，具体参数设定见表5-3。

表5-2 典型地表的下渗速率表　　　　　　　　　　（单位：mm/h）

下垫面类型	刺槐林坡地	灌草坡地	裸地、坡下地	侧柏林地	坡耕地
最大入渗速率	73.2	123	181.2	120	115.8

表5-3 汇水区参数设置表

汇水区编号	面积/hm²	特征宽度/m	坡度/%	不透水面积比/%	不透水面积/hm²	曼宁系数（不透水区）	曼宁系数（透水区）	洼地蓄水深度（不透水区）/mm	洼地蓄水深度（透水区）/mm	最大入渗速率/(mm/h)	最小入渗速率/(mm/h)	衰减系数/h^{-1}
S1	31.17	412.16	37.94	0.00	0.000	0.017	0.8	2	7	73.2	6.6	4
S2	78.69	653.12	39.42	0.00	0.000	0.017	0.8	2	7	73.2	6.6	4
S3	74.65	632.32	31.70	0.03	0.022	0.017	0.8	2	7	73.2	6.6	4
S4	42.66	480.64	32.40	0.00	0.000	0.017	0.8	2	7	73.2	6.6	4
S5	73.99	630.08	31.60	0.07	0.052	0.017	0.8	2	7	73.2	6.6	4
S6	101.31	735.04	30.53	0.00	0.000	0.017	0.8	2	7	73.2	6.6	4
S7	15.96	295.04	8.26	9.55	1.524	0.017	0.4	2	7	96.6	6.6	4
S8	12.44	267.2	35.68	4.47	0.556	0.017	0.8	2	7	96.6	6.6	4
S9	10.04	233.28	26.66	3.62	0.363	0.017	0.8	2	7	96.6	6.6	4
S10	8.39	220.16	19.19	8.81	0.739	0.017	0.4	2	7	123	6.6	4
S11	2.56	120.32	10.97	6.82	0.175	0.017	0.4	2	7	123	6.6	4
S12	1.37	88.16	7.08	33.02	0.452	0.017	0.4	2	7	120	6.6	4
S13	6.62	190.56	8.54	1.36	0.090	0.017	0.4	2	7	120	6.6	4
S14	6.99	198.88	12.12	11.79	0.824	0.017	0.4	2	7	120	6.6	4

续表

汇水区编号	面积/hm²	特征宽度/m	坡度/%	不透水面积比/%	不透水面积/hm²	曼宁系数（不透水区）	曼宁系数（透水区）	洼地蓄水深度（不透水区）/mm	洼地蓄水深度（透水区）/mm	最大入渗速率/(mm/h)	最小入渗速率/(mm/h)	衰减系数/h⁻¹
S15	6.31	192.48	4.69	16.88	1.065	0.017	0.4	2	7	120	6.6	4
S16	26.19	379.52	6.96	0.44	0.115	0.017	0.4	2	7	96.6	6.6	4
S17	4.61	167.04	3.86	3.92	0.181	0.017	0.4	2	7	96.6	6.6	4
S18	5.95	181.60	5.56	1.51	0.090	0.017	0.4	2	7	120	6.6	4
S19	15.39	290.72	5.10	10.78	1.659	0.013	0.2	2	7	120	6.6	4
S20	1.21	80.32	5.44	1.62	0.020	0.013	0.2	2	7	120	6.6	4
S21	2.76	124.48	2.85	22.77	0.628	0.013	0.2	2	7	120	6.6	4
S22	33.57	429.12	46.18	0.00	0.000	0.017	0.8	2	7	73.2	6.6	4
S23	25.74	373.76	47.56	0.00	0.000	0.017	0.8	2	7	73.2	6.6	4
S24	73.96	633.92	38.75	1.00	0.740	0.017	0.8	2	7	73.2	6.6	4
S25	43.94	490.88	32.89	0.01	0.004	0.017	0.8	2	7	73.2	6.6	4
S26	29.17	408.00	46.99	0.19	0.055	0.017	0.8	2	7	73.2	6.6	4
S27	7.82	215.84	16.37	19.45	1.521	0.017	0.4	2	7	120	6.6	4
S28	44.61	496.32	48.83	1.20	0.535	0.017	0.8	2	7	73.2	6.6	4
S29	48.65	517.12	33.89	0.57	0.277	0.017	0.8	2	7	73.2	6.6	4
S30	17.86	314.88	32.50	1.71	0.305	0.017	0.8	2	7	73.2	6.6	4
S31	46.23	507.52	31.15	3.96	1.831	0.017	0.8	2	7	96.6	6.6	4
S32	41.18	470.72	28.99	2.44	1.005	0.017	0.8	2	7	96.6	6.6	4
S33	27.57	392.00	22.10	2.01	0.554	0.017	0.8	2	7	96.6	6.6	4
S34	5.86	181.12	8.29	52.30	3.065	0.013	0.2	2	7	123	6.6	4
S35	6.13	183.84	7.69	32.69	2.004	0.013	0.2	2	7	123	6.6	4
S36	1.66	99.12	7.49	26.53	0.440	0.013	0.2	2	7	123	6.6	4
S37	1.44	90.16	5.57	70.83	1.020	0.013	0.2	2	7	123	6.6	4
S38	2.60	120.48	3.61	46.63	1.212	0.017	0.4	2	7	123	6.6	4
S39	16.48	303.68	18.81	0.74	0.122	0.017	0.8	2	7	96.6	6.6	4
S40	14.03	273.44	22.55	0.43	0.060	0.017	0.8	2	7	96.6	6.6	4
S41	6.57	198.88	17.32	0.78	0.051	0.017	0.4	2	7	96.6	6.6	4
S42	1.93	108.48	14.44	19.90	0.384	0.017	0.4	2	7	96.6	6.6	4
S43	3.95	149.84	6.44	30.40	1.201	0.017	0.4	2	7	120	6.6	4

续表

汇水区编号	面积/hm²	特征宽度/m	坡度/%	不透水面积比/%	不透水面积/hm²	曼宁系数（不透水区）	曼宁系数（透水区）	洼地蓄水深度（不透水区）/mm	洼地蓄水深度（透水区）/mm	最大入渗速率/(mm/h)	最小入渗速率/(mm/h)	衰减系数/h⁻¹
S44	4.66	162.56	7.69	34.84	1.624	0.013	0.2	2	7	120	6.6	4
S45	2.78	128.16	10.59	17.59	0.489	0.013	0.2	2	7	120	6.6	4
S46	3.75	142.72	5.81	37.12	1.392	0.013	0.2	2	7	120	6.6	4
S47	3.53	141.04	7.52	39.84	1.406	0.013	0.2	2	7	120	6.6	4
S48	2.91	136.08	7.63	17.25	0.502	0.013	0.2	2	7	120	6.6	4
S49	6.06	184.16	11.18	19.07	1.156	0.013	0.2	2	7	120	6.6	4
S50	4.40	159.92	6.62	30.95	1.362	0.013	0.2	2	7	120	6.6	4
S51	7.35	200.64	4.77	36.47	2.681	0.013	0.2	2	7	120	6.6	4
S52	6.35	191.04	5.56	26.84	1.704	0.013	0.2	2	7	120	6.6	4
S53	4.11	154.80	6.31	28.70	1.180	0.013	0.2	2	7	120	6.6	4
S54	3.28	136.88	6.03	4.81	0.158	0.013	0.2	2	7	115.8	6.6	4
S55	2.76	127.44	5.97	52.54	1.450	0.013	0.2	2	7	123	6.6	4
S56	4.05	154.72	6.68	39.80	1.612	0.013	0.2	2	7	123	6.6	4
S57	2.50	123.52	6.00	33.99	0.850	0.013	0.2	2	7	123	6.6	4
S58	1.72	100.24	5.94	19.20	0.330	0.013	0.2	2	7	120	6.6	4
S59	2.22	116.96	5.80	44.22	0.982	0.013	0.2	2	7	120	6.6	4
S60	4.86	164.64	4.63	32.23	1.566	0.013	0.2	2	7	120	6.6	4
S61	4.84	165.92	6.72	36.43	1.763	0.013	0.2	2	7	120	6.6	4
S62	3.79	149.52	4.83	38.96	1.477	0.013	0.2	2	7	120	6.6	4
S63	1.39	89.28	5.64	52.65	0.732	0.013	0.2	2	7	120	6.6	4
S64	4.26	154.24	5.34	36.50	1.555	0.013	0.2	2	7	120	6.6	4
S65	5.18	170.88	5.85	42.18	2.185	0.013	0.2	2	7	181.2	6.6	4
S66	7.02	196.16	5.31	45.31	3.181	0.013	0.2	2	7	181.2	6.6	4
S67	9.22	224.96	5.12	20.37	1.878	0.013	0.2	2	7	181.2	6.6	4
S68	7.19	196.96	2.99	3.72	0.267	0.013	0.2	2	7	120	6.6	4
S69	3.45	138.32	2.62	36.62	1.263	0.013	0.2	2	7	181.2	6.6	4
S70	11.32	245.60	3.71	59.59	6.746	0.013	0.2	2	7	181.2	6.6	4
S71	6.27	185.76	3.81	31.31	1.963	0.013	0.2	2	7	181.2	6.6	4
S72	22.59	345.00	5.212	71.02	16.042	0.013	0.2	2	7	181.2	6.6	4

(7) 断面设置

根据实测数据，设置模型中的道路断面尺寸，如图 5-8 所示。

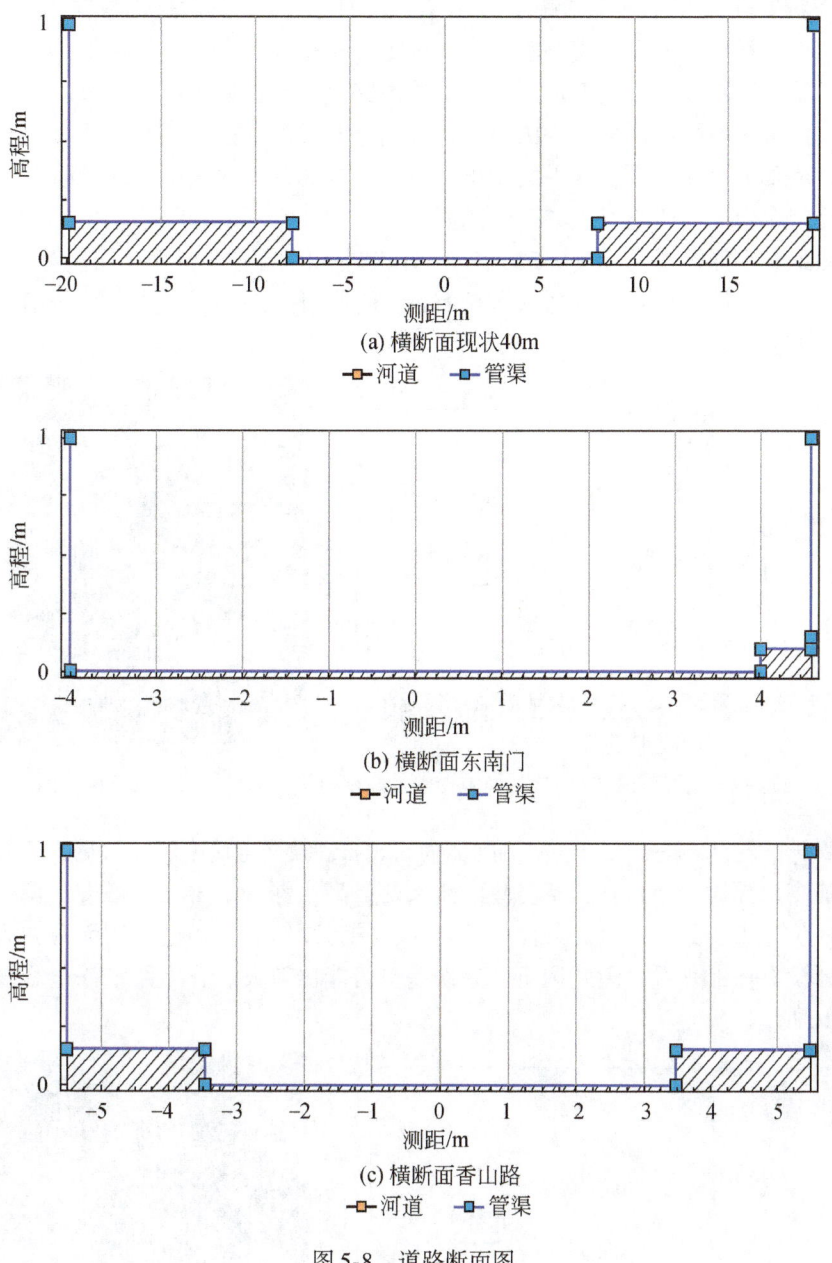

图 5-8　道路断面图

5.4 参数率定

降水资料来自香山雨量站监测的2012年7月21日1min降水过程数据。共选择了5处有较详细调查资料的位置进行模型验证：①香山公园东南门，在整个流域的上游，汇水区主要覆盖了香山饭店及其以上汇水区域；②香山路上段与正黄旗村路交叉口，香山公园东南门以下，汇水区域主要包括了香山公园及香山路两边汇水区；③香山沟上端，流域范围覆盖了整个南部汇水区范围；④香山路出山口处；⑤北部汇水区出口北旱河。

香山公园东南门前道路经现场实测路宽为8m，根据走访东南门门卫，获知"7·21"暴雨东南门最高水深漫过路牙（9.5cm），但并未进入门卫室（门框5cm），因此其水深在0.09m以上，模型计算结果为最高水深0.13m，同调研结果相近。香山公园南门水深过程线及调研现场如图5-9所示。

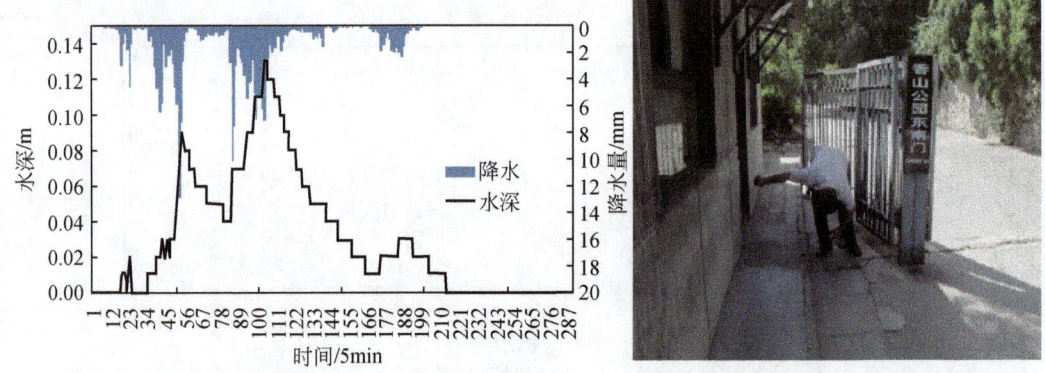

图5-9 模型模拟"7·21"暴雨香山公园东南门水深过程线及现场调研图

香山路与正黄旗村路交叉口经实测路宽为6.85m，根据走访附近冷饮店，获知"7·21"暴雨该处最高水深为7~10cm。经模型计算该处最高水深为0.14m，略大于调研结果。综合考虑此处位于丁字路口，水力条件比较复杂，同时冷饮店主描述当时天色昏暗他也只是远距离估计没有仔细查看，因此调研结果误差也可能比较大。香山路水深过程线及调研现场如图5-10所示。

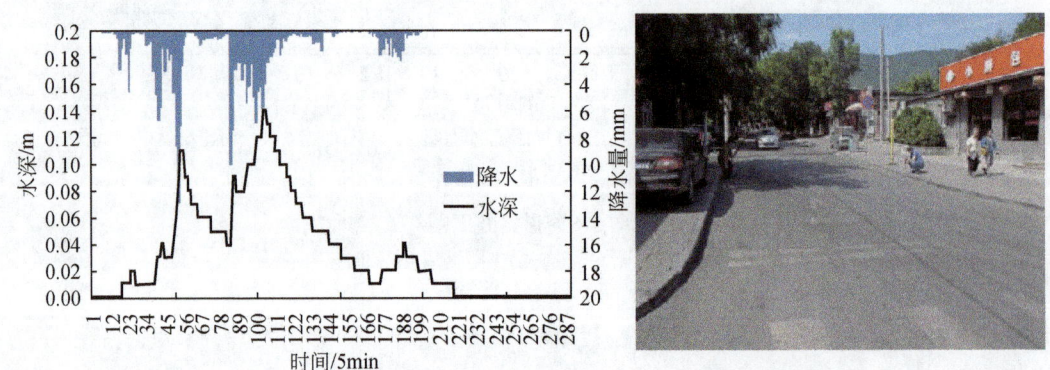

图5-10 模型模拟"7·21"暴雨香山路水深过程线及调研现场图

香山沟以上汇水区经实测路宽为7.65m，根据走访附近住户，获知"7·21"暴雨该处水深刚刚漫过门前台阶和门框（33cm），且洪水已进入室内，经模型计算该处最高水深为0.42m，同调研结果相近。香山沟水深过程线及调研现场如图5-11所示。

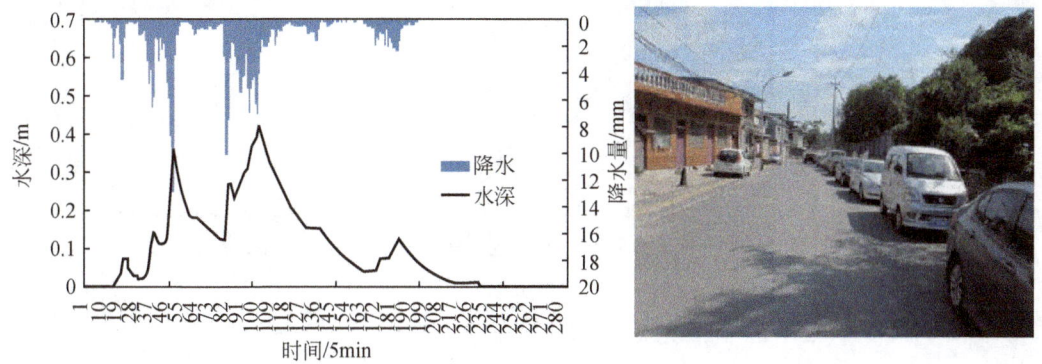

图5-11 模型模拟"7·21"暴雨香山沟水深过程线及现场调研图

北旱河出口汇水区包括整个北部汇水区域，现场估测河道宽度为8m，河槽深超过2m，根据走访附近住户，获知"7·21"暴雨该处最高水深约为1.2m，洪水没有漫槽，经模型计算该处最高水深为1.28m，同调研结果相近。北旱河水深过程线及调研现场如图5-12所示。

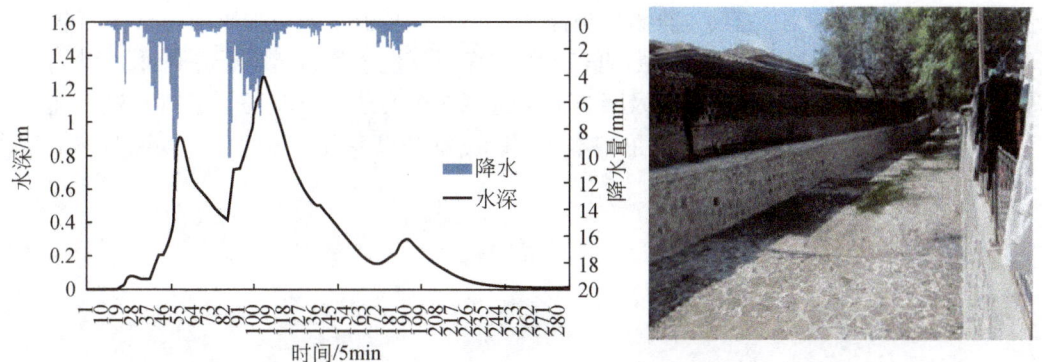

图5-12 模型模拟"7·21"暴雨北旱河水深过程线及现场调研图

香山路出山口位于香泉环岛以上，经实测现状路宽为40m，根据实测资料模型建立现状复式断面，根据走访附近商户，获知"7·21"暴雨该处水深已漫过门前台阶和门框，且洪水已进入室内，结合道路实际测量，附近"7·21"暴雨期间最高水深在0.4m左右，经模型计算出山口位置最高水深为0.44m（图5-13），整个汇水区域径流系数为0.548。

通过"7·21"暴雨洪水过程资料验证，最终确定各子流域模型参数。经验证模型模拟结果同调研资料一致性较好，可用模型开展不同设计暴雨重现期情景下的洪水过程计算。

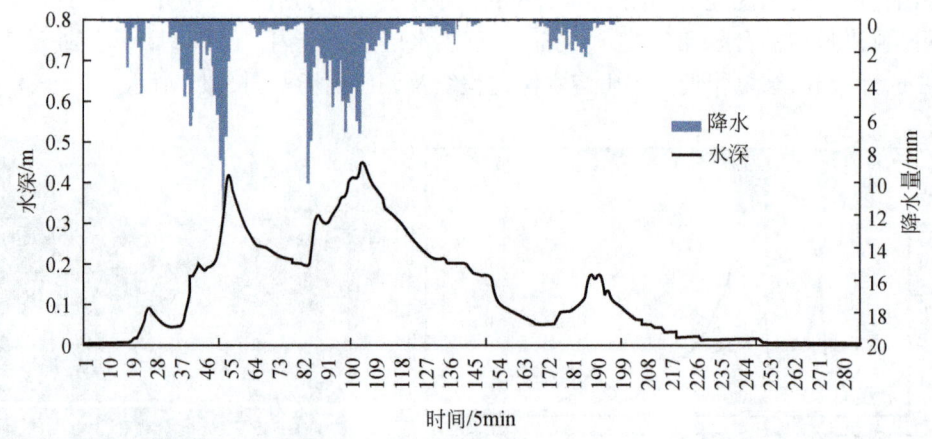

图 5-13　模型模拟"7·21"暴雨香山路出山口水深过程线

5.5　结　果　分　析

本实例以香泉环岛汇水区域为研究对象，在 SWMM 国内外研究的基础上，具体说明 SWMM 建模的过程，根据地形、汇水特点，对研究区域排水区、汇水路线进行概化。根据水文站降雨径流实测资料及经验系数构建基于 SWMM 的香泉环岛计算模型。应用区域属于山区，基本无排水管网铺设，排水以道路为主，地表径流子系统采用 Horton 入渗模型和非线性水库地表漫流模型模拟降雨的地表入渗和净雨汇流过程；传输子系统采用动力波模拟水流在系统中的流动；参数率定及模型验证选用 5 个实地调研验证点进行验证，建立了适用于香泉环岛的 SWMM，模拟结果基本与实际勘察结果一致。因此，可以说明该模型在典型城市丘陵地区的适用性良好。

第6章 SWMM 应用实例2：北京亦庄地区

6.1 亦庄地区概况

6.1.1 地理条件

北京经济技术开发区（以下简称开发区）位于北京市市区东南部，地处大兴区与通州区交界处，开发区是北京市发展高新技术产业的重要基地，长远将建成现代化的亦庄卫星城，地理位置如图 6-1 所示。

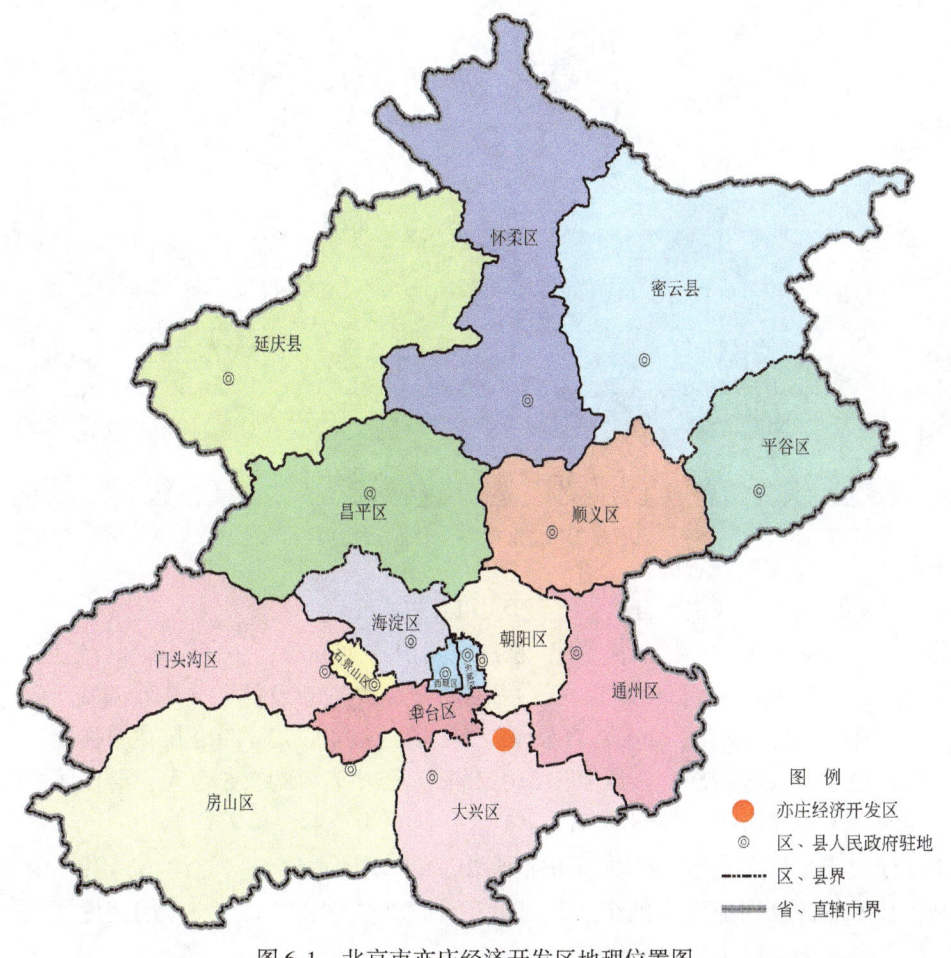

图 6-1 北京市亦庄经济开发区地理位置图

开发区根据发展规划，分为核心区、南部新区和路东新区，目前核心区建设较为完善，南部新区处于逐步开发阶段，路东新区尚未开始建设。因此，本实例选定核心区为研究区域，如图 6-2 所示。核心区位于京津塘高速公路西侧、五环路和凉水河之间，规划用地约 15.86km²。开发区地势西北高东南低，最大高差 2.6m，核心区属永定河冲积扇下部，为二类工程地质，富水性较好，地下水埋深约 17m，综合径流系数为 0.5~0.55，排水系统东侧有大羊坊沟，西南侧有凉水河。核心区排洪标准按照 20 年一遇洪水设计，区内沿凉水河 500m 左右流域范围的雨水排入凉水河，其余部分向东经大羊坊沟，并由北向南排入凉水河。

图 6-2　北京市亦庄核心区边界

亦庄核心区功能分区主要分为：公建区、居住区和工业区。

公建区主要位于开发区中轴路两侧，总占地面积约 159hm²，主要由 6 部分组成，包括：行政管理中心、金融中心、科技博览中心、贸易中心、购物饮食城和文化娱乐城。公建区由中心广场、科技公园、文化公园、体育公园组成，并通过 40m 宽的绿化隔离带连成一体。

居住区位于开发区西部，占地面积 210.2hm²，居住人口约 7.5 万人，居住区内绿化率不低于 30%，小区集中公共绿地人均 2m²，居住区集中公共绿地人均 1m²。

工业区位于开发区东部，占地面积 742.2hm²，安排占地少、能耗小、用水少、污染小的高新技术和产品附加值高的企业。以电子、汽车、精密机械、生物工程、光电技术、制药、医疗器械为主，工业区绿化率不低于 30%。

核心区用地类型分类如图6-3所示，地块参照《北京市城乡规划——北京经济技术开发区分册》编号，并补充其未标注地块。

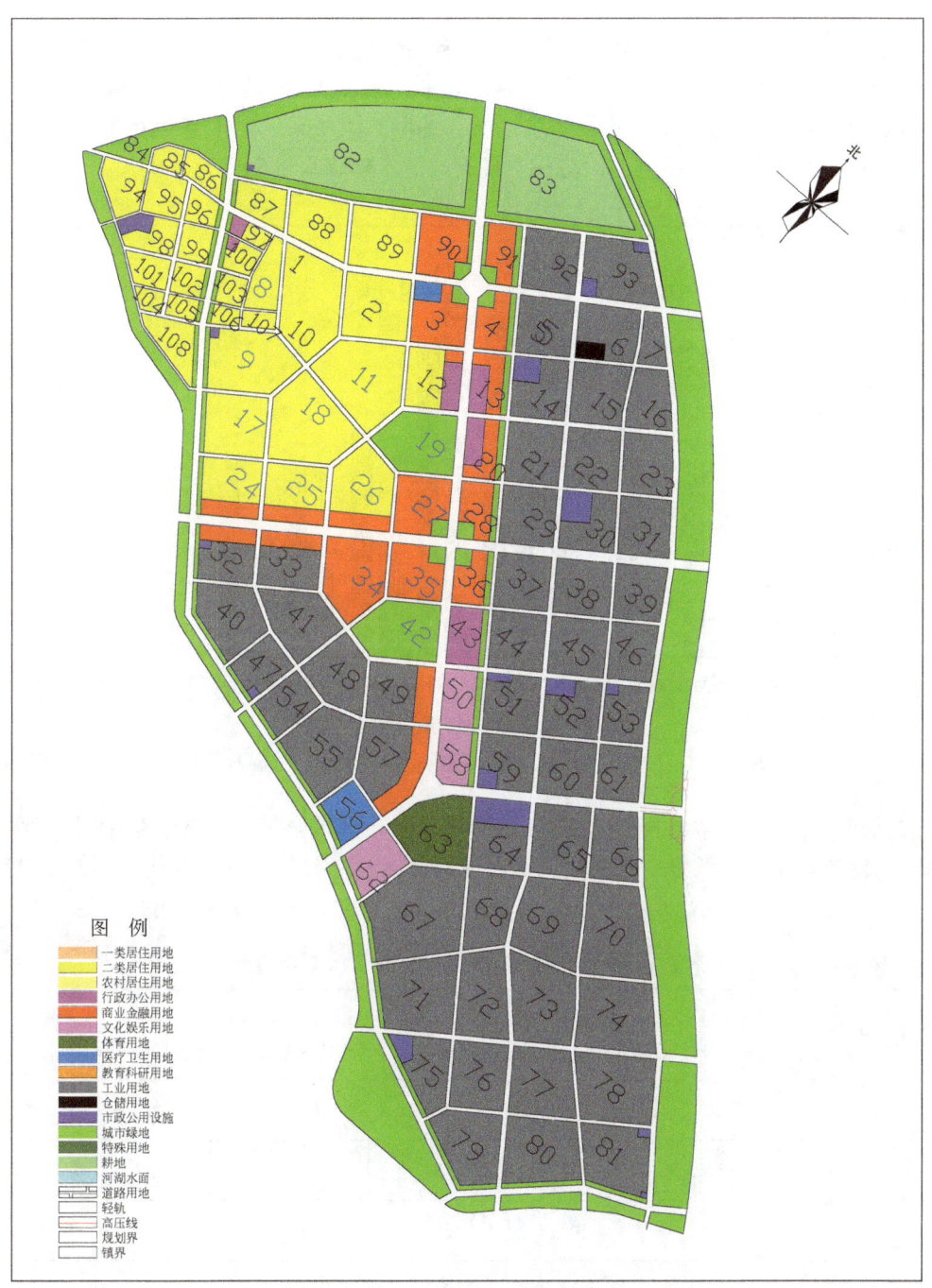

图6-3 北京亦庄核心区地块编号

6.1.2 水文气象条件

根据亦庄经济开发区旧宫站、南大红门站和马驹桥站1956~2000年45年降水量资料计算统计，核心区全区多年平均降水量539.4mm，降水呈现年际变化大、年内集中的特点，汛期为6~9月，占全年降水量的83.3%，如图6-4所示。45年系列中最大年降水量为928.9mm，最小年降水量为318.6mm，最大与最小年降水量之比为2.92。

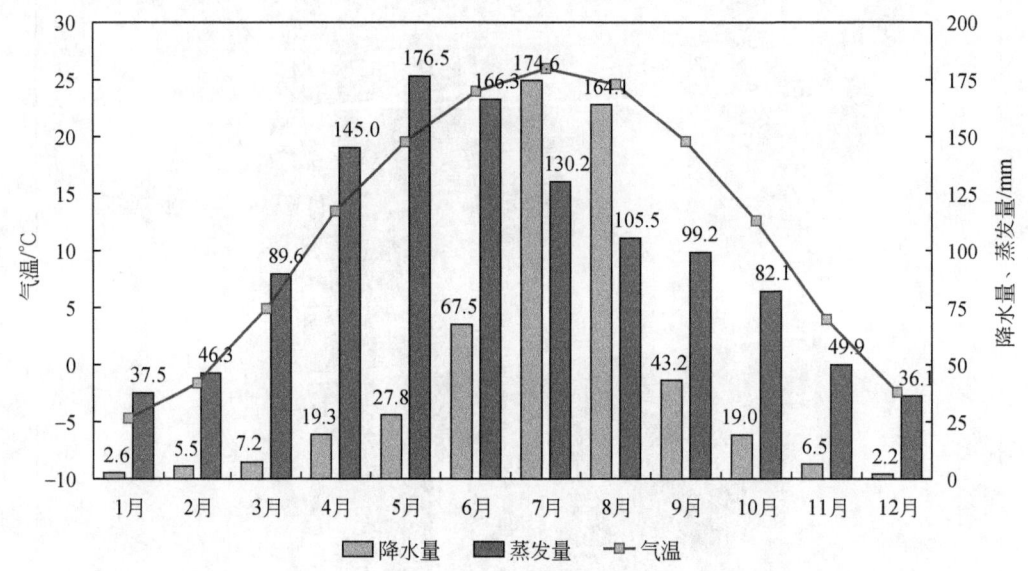

图6-4 亦庄地区1956~2000年降水量、蒸发量、气温月分布图

在汛初或夏末秋初常出现50~120mm的连阴雨，且是全市范围的。暴雨是平原区汛期降水的重要特征，雨量集中且强度大，出现概率频繁。汛期暴雨大多出现在7月中旬至8月中旬，尤以7月下旬出现的概率为最高，达27%，北京市平原区暴雨特性见表6-1。

表6-1 北京市平原区最大1d、3d、7d暴雨特性

频率（P/%）	最大1d降水量/mm	最大3d降水量/mm	最大7d降水量/mm	最大7d降水量占汛期雨量/%	最大1d降水量占最大7d降水量/%
1	403	455	556		
2	346	386	489		
5	259	308	399	41.4	65.0
10	201	250	331	39.5	60.7

续表

频率（P/%）	最大1d降水量/mm	最大3d降水量/mm	最大7d降水量/mm	最大7d降水量占汛期雨量/%	最大1d降水量占最大7d降水量/%
20	144	190	258	36.5	55.8
50	86	110	154	31.0	55.8

北京市平原区降水统计资料表明，5~10月降水量占全年降水总量的92%，完全可以收集利用或补充地下水，改善区内水资源平衡状况。根据大兴站（亦庄站缺日降水资料，以邻近的大兴站替代）45年的降水资料，分别分析 $P=75\%$、$P=50\%$、$P=20\%$ 3个汛期降水量，汛期时间为6~9月，降水频率统计结果见表6-2。

表6-2 北京市亦庄地区汛期降水频率统计表

频率	$P=75\%$	$P=50\%$	$P=20\%$
降水量/mm	319.4	458.1	571.7
对应年份	1972	1992	1991

亦庄地区地下水位多年动态变化规律与年降水量变化规律一致，随年降水量的增减而升降，但总趋势呈下降态势。13年来亦庄地区平均地下水位下降了2.72m，年均下降0.21m，说明地下水补给量小于排泄量，地下水处于超采状态。

6.1.3 地质与土壤

北京经济技术开发区位于潮白河冲积平原的中部，属于海河流域的北运河水系。地质情况属于洪积冲积平原地区，为第四系沉积物，表面岩性多为各种砂壤土与黏性土层。主要含水层埋深多在25m以下，厚度可达40m。含水层以砂卵石和砂砾石等为主，为多层砂砾含水层，渗透性强。一般上部为潜水，下部为承压水。单井出水量在东南大部分为1000~1500m³/d，西北部旧宫、赢海一带为1500~3000m³/d，渗透系数为50~150m/d。

统计以往建设工程地质资料如图6-5和表6-3所示，1号、2号、3号、4号、5号为地质勘探点。各地质勘探点地层岩性、厚度及断面状态见表6-3。由地质条件分析，开发区地势较低，核心区现状已垫土1~2m，垫土成分较为复杂，多为黏土。地面以下平均深度7m内土壤以黏质土壤为主，入渗条件较差。

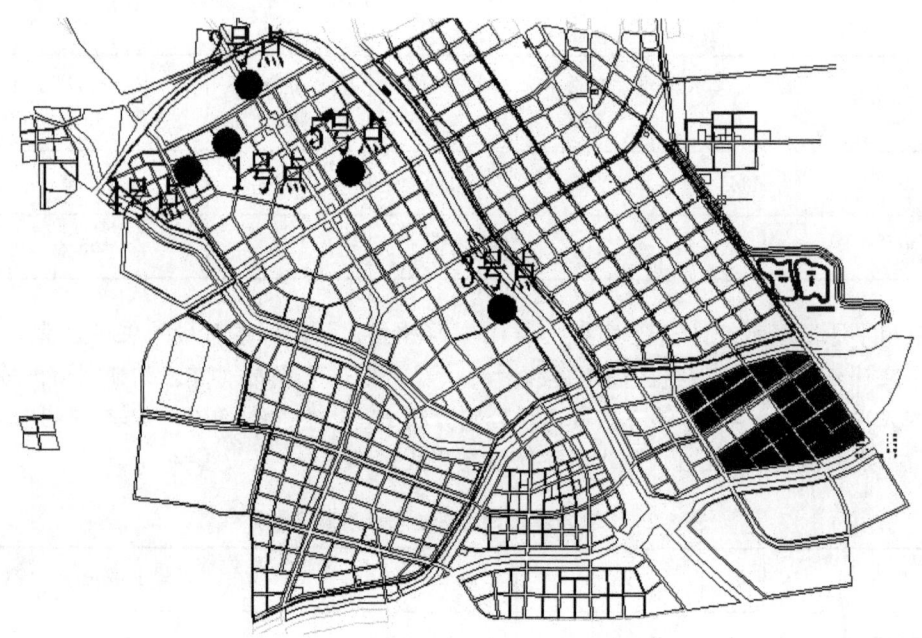

图 6-5 亦庄地区地质勘探点分布图

表 6-3 亦庄地区勘探点地层岩性和厚度

勘探点号	层	地层岩性	厚度/m	断面状态与含有物	地下水位
1 号点 (2001.3)		填土	0.80~2.00	填土夹层，砖渣，灰渣	未到地下水位
		粉质黏土-粉砂	2.00~3.80	粉质黏土夹层	未到地下水位
		粉质黏土-砂质粉土	2.00~3.50	砂质粉土夹层	未到地下水位
		细砂-粉砂	0.50~1.20	砂质粉土，中砂夹层	未到地下水位
		粉质黏土-黏质粉土	未钻穿该层		未到地下水位
2 号点 (2000.10)		素填土	0.80~2.40	填土砖渣，灰渣	未到地下水位
		黏质粉土	0.30~2.70		未到地下水位
		砂质粉土	1.80~4.10		未到地下水位
		粉质黏土	3.80~5.50		未到地下水位
		粉细砂	未钻穿该层		未到地下水位
3 号点 (1995.12)		填土	0.50~3.00		未到地下水位
		砂质粉土-黏质粉土	0~0.90		未到地下水位
		砂质粉土-重粉质黏土	0.50~4.20		未到地下水位
		粉质黏土-砂质粉土	2.00~2.40		未到地下水位
		砂质粉土-重粉质黏土	未钻穿该层		未到地下水位
		黏质粉土-粉土	0.30~1.00		未到地下水位

续表

勘探点号	层	地层岩性	厚度/m	断面状态与含有物	地下水位
4号点 （1993.9）	2	粉砂	1.60~2.80		未到地下水位
	3	粉质黏土	6.30~6.90		未到地下水位
		粉细砂	未钻穿该层		未到地下水位
		粉质黏土	0.20~0.60		未到地下水位
5号点 （1992）		粉土-粉细砂	1.20~5.20		未到地下水位
		黏质粉土	1.50~2.70		未到地下水位
		粉土-中砂	未钻穿该层		未到地下水位

6.2 数据库的建立

基础数据的收集和整理是整个模型构建的基础，对模型的最终运行具有重要意义。在模型构建之前，首先需要对基础空间地形数据、排水管网数据、遥感卫星数据、社会经济统计结果等基础数据进行广泛的收集和整理，从而为模型构建过程中的属性数据设置、拓扑关系检查及修正等关键步骤提供必要的数据支持。为了使收集的各类数据得到有序可靠的存储和管理，并为模型的应用以及排水管网相关查询与决策开发提供良好的数据条件，设计并建立核心区综合数据库，同时为排水管网的数据管理、网络分析与模型模拟等功能的开发应用提供统一的数据支持。

6.2.1 现状工作调研

现状雨水排水工作调研主要从以下几个方面进行。

（1）下垫面

下垫面类型及各类型所占比例将影响产汇流模型的概化以及产汇流模拟的精度，作为下垫面获取主要手段的航拍图和数字地形往往较研究时限早几年形成而不能反映当前的真实情况，因此需要对研究区域下垫面重要控制点高程、下垫面类型等情况进行调研。

（2）排水管网

选择自下而上的方式，通过入河雨水口的调研对逐个入河雨水口的排水管网及服务面积进行摸底。运用管道内窥检测技术（closed ciracit television，CCTV）测量水位、检查井测量调查评价现有雨水管网的运行、服务情况、淤积情况和结构完整性。

（3）排水河道

排水河道是雨水排出研究区域的主要途径，因此需要对研究区域主要排水河道断面布置、防洪标准、治理情况、入河雨水口等进行调研，对河道内运行的闸门、橡胶坝等水工建筑物位置、运行情况进行调研。

(4) 历史内涝

通过实地调研和走访群众等方式，深入了解2004年"7·10"以来各场暴雨下核心区的内涝情况，以便作为模型率定的依据。本实例选定2011年"6·23"大暴雨产生最大径流深作为模型模拟的验证依据。

6.2.2 排水区域划分

将研究区域划分为若干个排水区域，便于建模。排水区域划分的目的是：①指导排水现状摸查；②便于摸查数据的整理和自验；③有利于数学模块的建立。排水区域划分的原则是：①以雨水排水规划为指导；②以排水干管为导向；③充分考虑河流水系分布。

因此，确定以入河排污口管网服务面积为划分依据，进行排水区域划分。排水区示意图如图6-6所示。将研究区域排水区域划分为5个片区，各片区管道及面积参数如表6-4所示。

图6-6 亦庄地区排水示意图

表 6-4　各片区管道长度及排水区域面积

片区编号	片区管网长度/m	片区面积/hm^2
1	1 909	41.83
2	4 909.8	92.81
3	6 121.5	115.98
4	16 290.4	394.87
5	77 869.3	1 138.51

6.2.3　基础数据收集

模型涉及收集、勘测和处理的数据如下。

1）地面高程数据，以高程点的形式出现或以等高线的形式出现。
2）数字地形数据，包括道路、各种建筑物、公园和绿化带等。
3）雨水排水管网。
4）渠道、河网、水库和湖泊等河道水体。
5）排水基础设施，如泵站、堰、闸等。

数据来源主要有以下几个方面。

1）开发区管委会水务局。
2）开发区档案馆市政竣工档案。
3）北京市勘察设计研究院有限公司。
4）北京市城市排水集团有限公司。
5）美国快鸟公司卫星影像，分辨率0.61。
6）现场巡查，对雨水排水管网进行现场巡查，核定重点区域断点、盲点、遗漏点，并进行现场标记；利用管道内窥技术对排水管网进行检测，发现中断、淤塞、严重破损、错混接和偷排等情况。

6.2.4　数据库建设

在资料收集分析的基础上，形成典型城市经济开发区暴雨径流管理模型的专用数据库。数据库包含内容如下。

1）研究区域道路，如图6-7所示。
2）研究区域水系，如图6-8所示。
3）研究区域构筑物及其他设施，如图6-9所示。

4）研究区域绿地，如图 6-10 所示。

图 6-7 研究区域道路

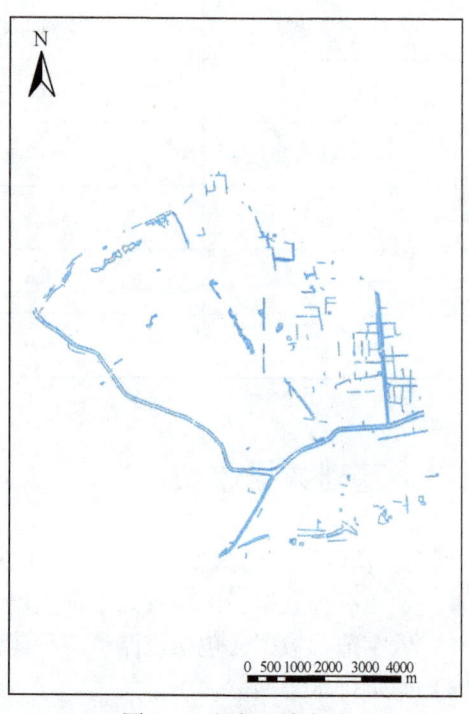

图 6-8 研究区域水系

图 6-9 研究区域居工地

图 6-10 研究区域绿地

5）研究区域雨水检查井、排水管道，如图 6-11、图 6-12 所示。

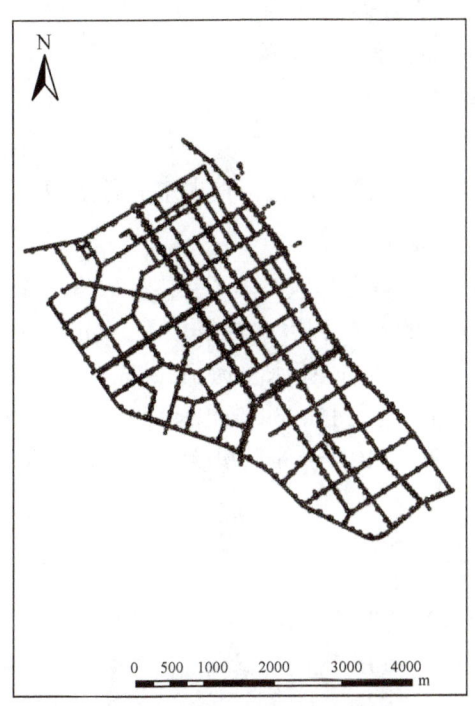

图 6-11　研究区域雨水排水管网

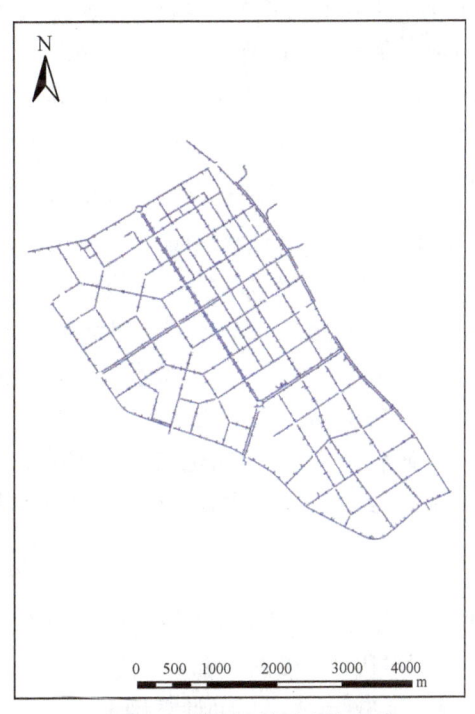

图 6-12　研究区域雨水检查井

考虑到构建 SWMM 的关键在于排水管网数学模型，因此从分类原则、分类方式、编码原则等方面建立了城市雨水排水管网的数据标准并建立了基于 GIS 的排水管网分层标准。选取北京经济技术开发区为研究区域，在现有工作调研和资料收集的基础上，建立了城市雨洪管理数学模型数据库，为模型的输入准备。

6.3　水文分析计算

为提高城市排水系统模拟的质量和水平，确保暴雨径流模拟结果的可靠性，在建立模型数据库的基础上，分别推求了重现期为 1 年、2 年、5 年、10 年、20 年和 50 年一遇的设计暴雨。不同重现期的设计雨型是以《雨水控制与利用工程设计规范》（DB11/685—2013）为标准，依据北京市典型实测降雨资料，采用同频率放大的方法分析计算得出。不同重现期的设计降水量根据《北京市水文手册》第一分册暴雨图集推求。《北京市水文手册》第一分册暴雨图集由北京市水利局组织编制，于 1999 年 9 月发布，其暴雨等值线图、各种历时暴雨特征值等适用于北京市范围。

以10年一遇为例，查阅《北京市水文手册》第一分册暴雨参数等值线图读出亦庄地区10年一遇的水量10min、30min、60min、360min和1440min（24h）各标准时段均值（$\overline{H}_t$）和变差系数（C_v），通过式（6-1）计算得出亦庄地区10年一遇最大10min降水量为26.5mm，最大30min降水量为47.5mm，最大60min降水量为75.0mm，最大360min降水量为125.0mm，最大1440min（24h）降水量为190.0mm。

$$H_{tp} = K_p \cdot \overline{H}_t \qquad (6-1)$$

式中，H_{tp}为某一历时某一设计频率的点暴雨量；K_p为模比系数，查皮尔逊Ⅲ型曲线可得出。其中C_s/C_v值各标准历时统一采用3.5；$\overline{H}_t$为暴雨均值。

根据北京市地方标准《城市雨水系统规划设计暴雨径流计算标准》（DB11/T969-2013），认为最大5min降水量占最大10min降水量的62%，因此求得最大5min降水量为16.4mm。此外，最大15min降水量为42.0mm，最大45min降水量为61.2mm，最大90min降水量为80.0mm，最大120min降水量为85.0mm，最大150min降水量为90.0mm，最大180min降水量为120.0mm，最大240min降水量为105.0mm，最大720min降水量为250.0mm，其数值是根据式（6-2）计算求得。

$$H_{tp} = H_{bp} \times \left(\frac{t}{t_b}\right)^{1-n_{ab}} \qquad (6-2)$$

式中，H_{tp}为某一历时设计雨量；H_{bp}为相邻两个标准历时后一历时的设计降水量；n_{ab}为相邻两个标准历时t_a（前）和t_b（后）的设计雨量H_a和H_b区间的暴雨递减指数。

暴雨递减指数n_{ab}值的计算确定：

1）n_{ab}值的使用范围：n_1为10~30min递减指数；n_2为30~60min递减指数；n_3为60~360min递减指数；n_4为360~1440min递减指数。

2）n_{ab}值计算：

$$n_1 = 1 + 2.0961g\left(\frac{H_{10p}}{H_{30p}}\right) \qquad (6-3)$$

$$n_2 = 1 + 3.3221g\left(\frac{H_{30p}}{H_{60p}}\right) \qquad (6-4)$$

$$n_3 = 1 + 1.2851g\left(\frac{H_{60p}}{H_{360p}}\right) \qquad (6-5)$$

$$n_4 = 1 + 1.6511g\left(\frac{H_{360p}}{H_{1440p}}\right) \qquad (6-6)$$

按照式（6-1）~式（6-6）分别计算得到亦庄地区1年、2年、5年、10年、20年和50年一遇设计降水过程，见图6-13，单位时间段为5min。

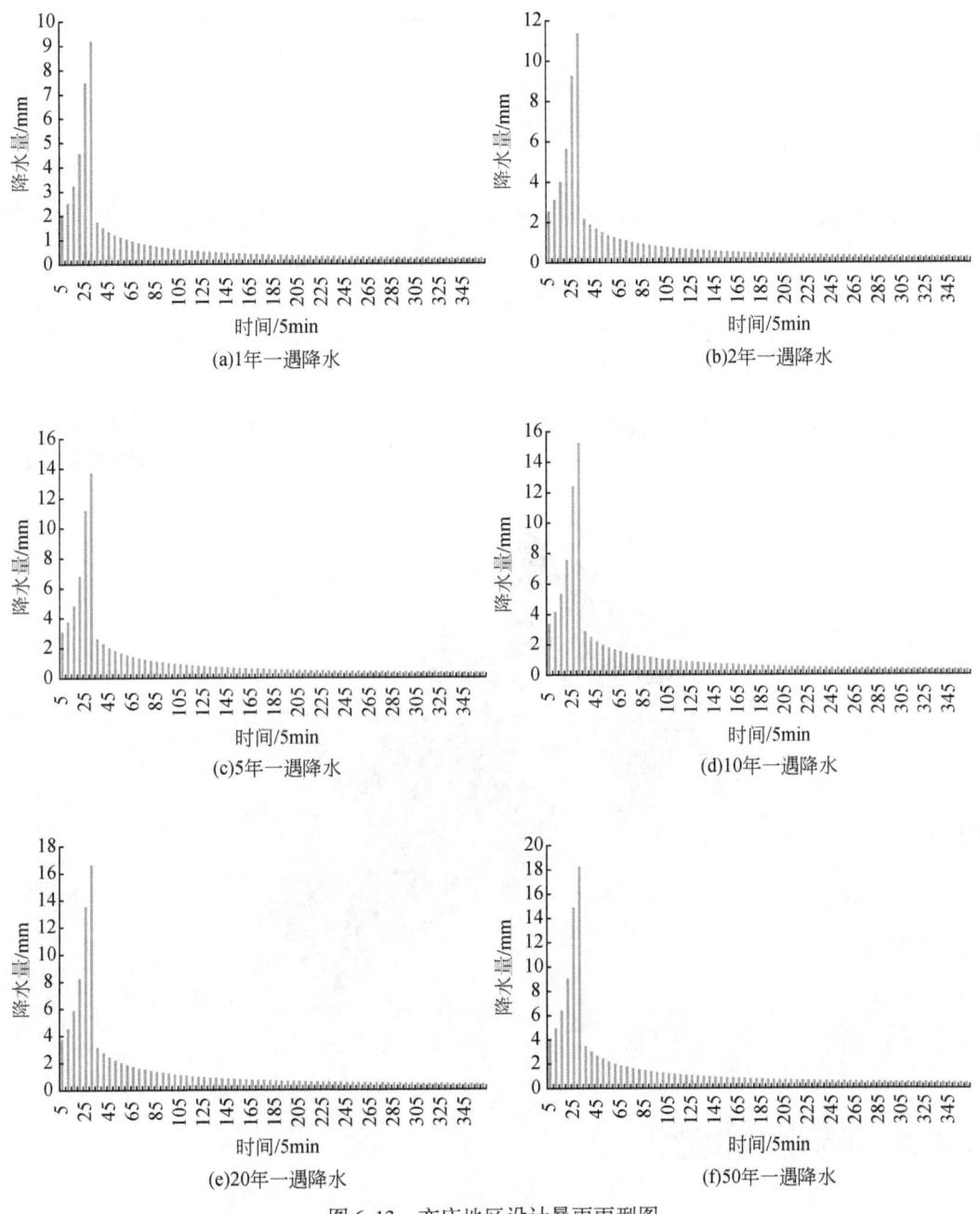

图 6-13 亦庄地区设计暴雨雨型图

6.4 模型构建

本实例中 SWMM 建模最基础的数据包括研究区域的子集水区域的数据、河道排水系统数据、参数及断面设置等。区域内概化的汇水区通过雨水井与城市排水管网连接，结合各子集水区的下垫面性质，对模型中人为因素影响较大的参数进行了初步设置。原始数据的初步分析和提取，对模型的正常运行、参数精确率定具有重要意义。

6.4.1 子集水区域划分

集水区域的划分目标是按照排水流域的实际汇流情况，将地表径流汇流分配到相应的排水管网集流点（模型中为检查井节点），使管网系统的入流量分配更符合实际情况。经拓扑关系检查，亦庄核心区雨水排水管道总长度107.1km，检查井3139个。在雨水排水管道的基础上对集水区域进行划分，共划分集水区1072个，集水区域总面积17.84km²。研究区域子集水区划分如图6-14所示。

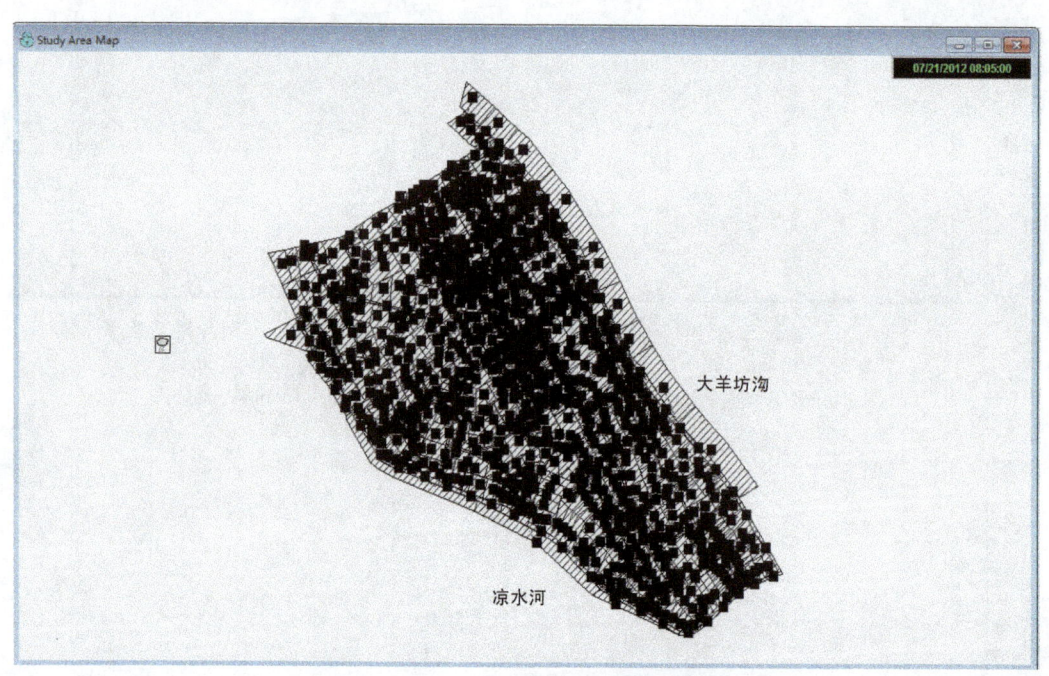

图 6-14 亦庄地区子集水区划分

6.4.2 排水系统概化

6.4.2.1 河道概化

研究区域主要排水河道西南侧为凉水河，东侧为大羊坊沟，区内沿凉水河500m左右流域范围的雨水排入凉水河，其余部分向东经大羊坊沟，并由北向南一直排入凉水河。凉水河治理标准为20年一遇设计，50年一遇校核，涉及水工建筑物为两座橡胶坝和马驹桥节制闸，大羊坊沟开发区境内已修为暗涵。建模过程中，凉水河作为河道加入，大羊坊沟作为排水管道概化。

凉水河开发区段从旧宫桥至马驹桥闸，河道全长 9868m。本次建模涉及的河道上游边界为五环路与凉水河交叉口，下游边界为京沪高速与凉水河交叉口。河道中涉及水工建筑物三座，1#橡胶坝、2#橡胶坝、马驹桥节制闸。

6.4.2.2 排水管网概化

排水管网的原始资料是 shape 数据格式，需要根据对 shape 文件进行数据的初步提取并转换为所需的 Input 文件导入模型软件，本实例中通过 Access 编程对原始数据资料进行预处理，再将所有设施对象数据成果导入模型的配置文件，排水管线的配置文件信息如表 6-5 所示。

表 6-5 雨水井的配置文件

管线名称	上井名称	下井名称	长度	曼宁系数	上井标高	下井标高
1-1S-62-2	1YS［2］2S-62-2	1YS［2］1S-62-2	51.66	0.013	24.180	23.820
2-1S-62-2	1YS［2］3S-62-2	1YS［2］2S-62-2	53.50	0.013	24.210	24.180
3-1S-62-2	1YS［2］4S-62-2	1YS［2］3S-62-2	38.61	0.013	24.260	24.210
4-1S-62-2	1YS［2］5S-62-2	1YS［2］4S-62-2	41.64	0.013	24.300	24.260
5-1S-62-2	1YS［2］6S-62-2	1YS［2］5S-62-2	38.97	0.013	24.320	24.300
⋮	⋮	⋮	⋮	⋮	⋮	⋮

将亦庄核心区的检查井和雨水排水管线的 shape 数据导入模型平台，即完成了研究区域雨水排水管网模型初建。雨水排水系统模型图如图 6-15 所示。

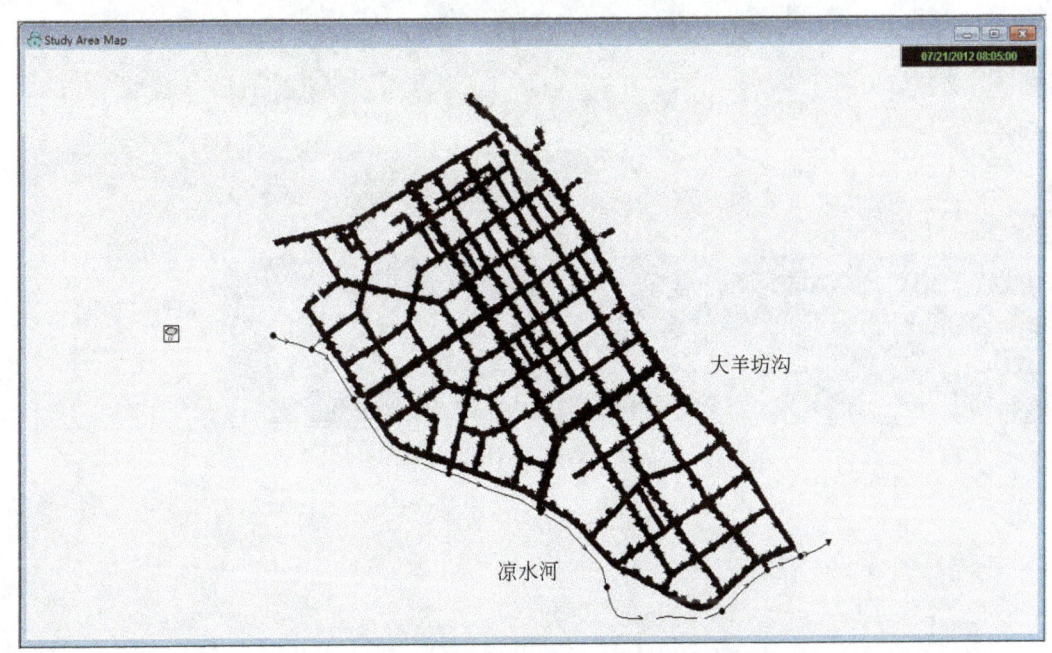

图 6-15 亦庄经济开发区雨水排水系统模型图

6.4.3 参数及断面设置

6.4.3.1 土地利用

土地利用参考亦庄新城规划（2005—2020年）新城地区用地规划图、1：10 000 数字地形图和航拍图。其中，透水区占总研究区域的28.5%，不透水区占71.5%。亦庄经济开发区用地规划图如图6-16所示，模型界面中土地利用参数如图6-17所示。

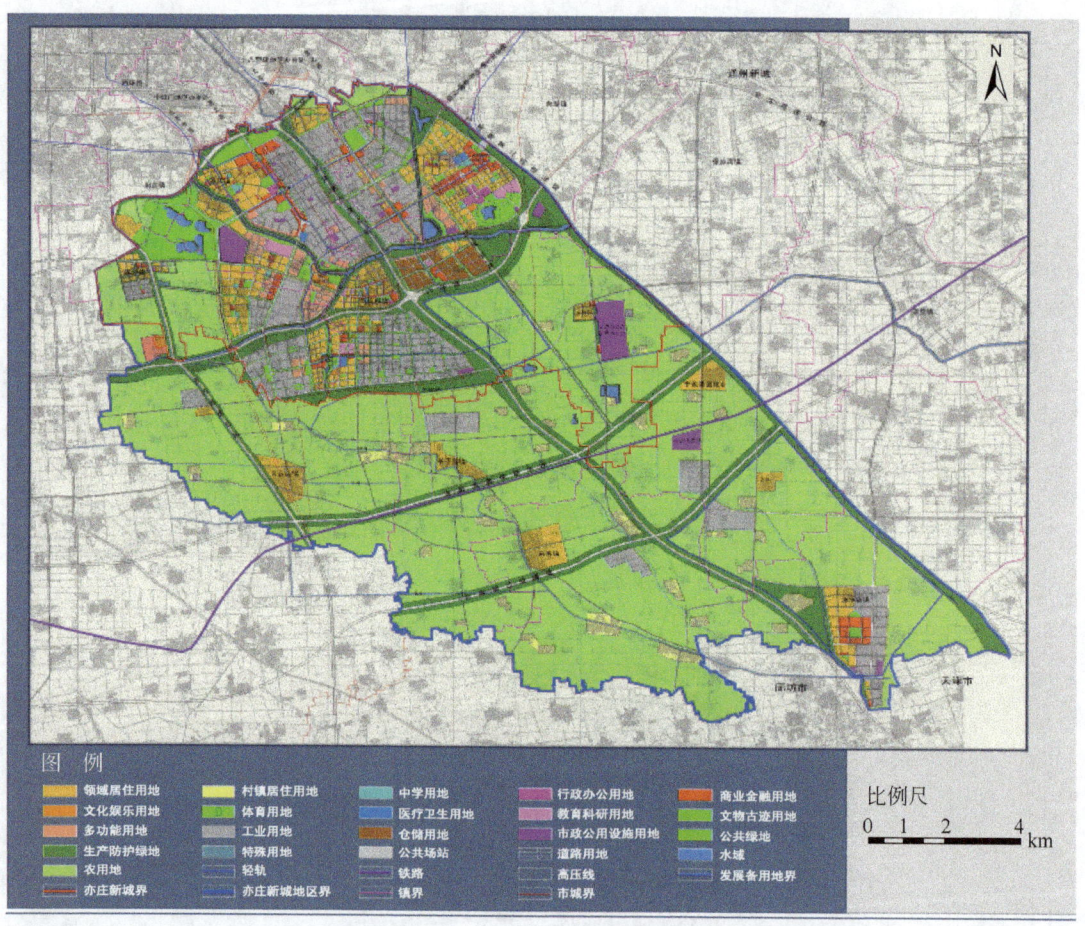

图6-16 研究区域用地规划图

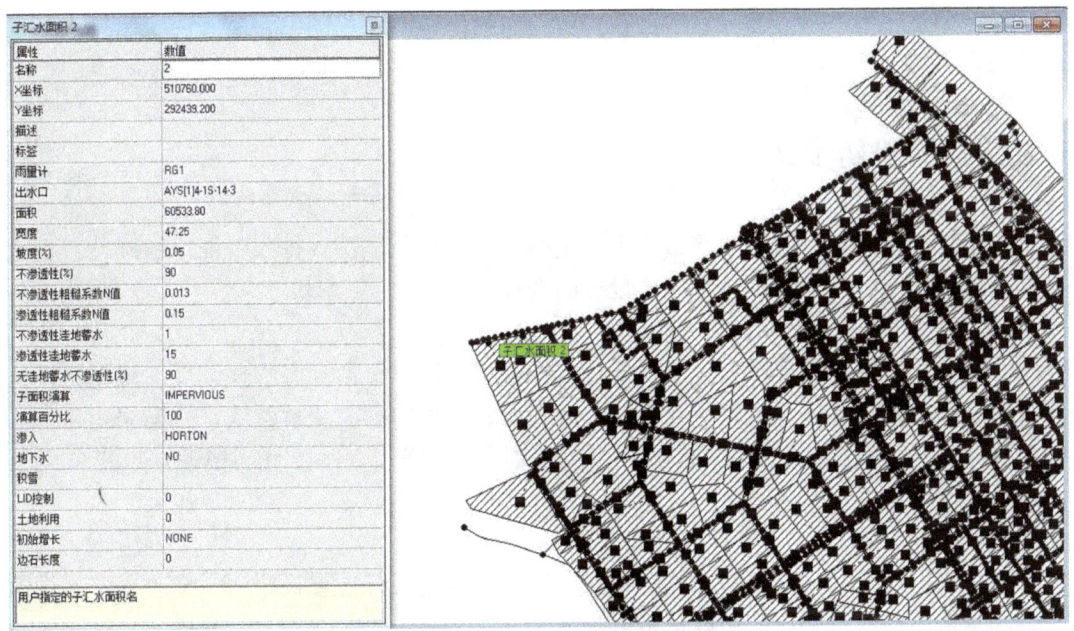

图 6-17 土地利用率参数设置图

6.4.3.2 管道参数

SWMM 选用曼宁公式来计算水力粗糙性。可以使用两个数值：一个用于底部 1/3；另一个用于横截面上的其他部分，通常更加光滑。单个管道的默认值为定义给整个排水系统的全局数值。

根据不同类型的管道，设置不同的管道粗糙系数。曼宁系数 n 作为水力粗糙类型的典型数值参考表 6-6。

表 6-6 曼宁系数 n 作为水力粗糙类型的典型值

描述	$1/n$	n
光滑混凝土	83	0.012
粗糙混凝土或砖砌	50	0.02
光滑土渠	33	0.03
粗糙土渠	5~25	0.2~0.04

6.5 参 数 率 定

确保网络的真实准确之后，即可进行模型的计算模拟。对得到的初步模拟结果进行校核,通过调整模型参数等途径使模型模拟值与实测值在误差范围内,能够反映出排水管网运行的真实状况。

6.5.1 模型初步运行

数学模型初步运行以一维网络为主,主要目的是进一步检查排水管网的准确性,查看降雨事件与管网的匹配性、边界条件设置的合理性等。

(1) 管网修正

在拓扑关系检查的基础上,需要通过运行模型来检查雨水管网的连续性。根据错误信息提示栏中的信息逐一对管网进行修改,直到所有错误信息完全被修改。管网修正后,添加时间序列,运行模型。如不能运行,则查找原因,修改管网,直到模型可以正常运行为止。

(2) 降水修正

排水管网修正后,加入降水信息运行模型。如不能运行,查找原因,修改集水区域赋予的降水信息等,直到模型可以正常运行为止。

(3) 边界修正

降水信息输入好后,需要对河道边界条件合理性进行验证。首先,加入上游入流边界,如不能运行,查找原因,修改入流时间间隔、流量等,直到模型可以正常运行为止;其次,加入下游水位边界,如不能运行,查找原因,修改水位时间间隔、水位等信息,直到模型可以正常运行为止;最后,加入水工建筑物实时控制方案,如不能运行,查找原因,修改水工建筑物信息、调度规则等信息,直到模型可以正常运行为止。

6.5.2 参数率定与验证

本实例中降水资料来自松林闸水文站监测的2011年6月23日1min降水过程数据。在亦庄核心区共选取了6个典型位置作为模型验证对象,分别是:①凉水河上游——贵园北里小区;②典型居住区——天宝家园小区;③典型公建区——荣京东街地铁口;④凉水河下游——凉水河公园;⑤大羊坊沟上游——大羊坊南桥;⑥大羊坊沟下游——大羊坊沟汇入凉水河的排水口。模型验证点分布图如图6-18所示。

贵园北里小区位于凉水河上游,覆盖了亦兴北路以北的汇水区域,是亦庄核心区西部排水系统的起点。调研"6·23"暴雨最大水深0.15m,SWMM模拟最大径流深0.188m,水深过程线及调研现场如图6-19和图6-20所示。

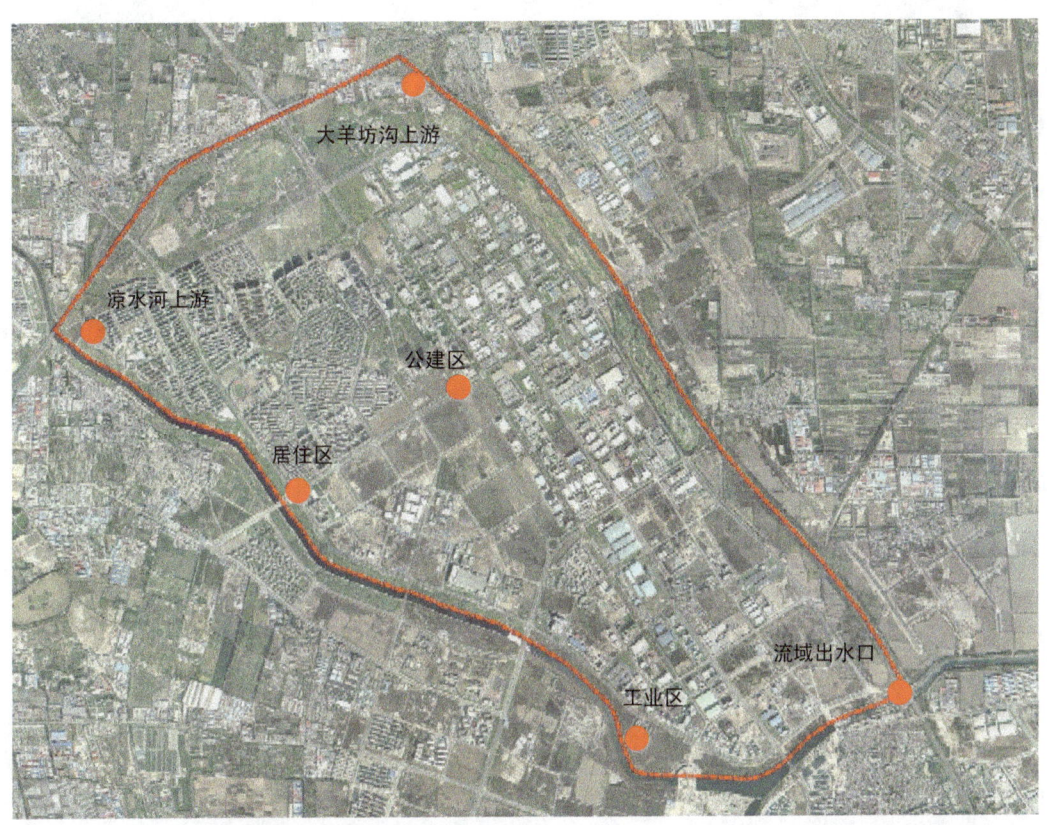

图 6-18　亦庄地区模拟 2011 年 "6·23" 洪水过程验证点分布图

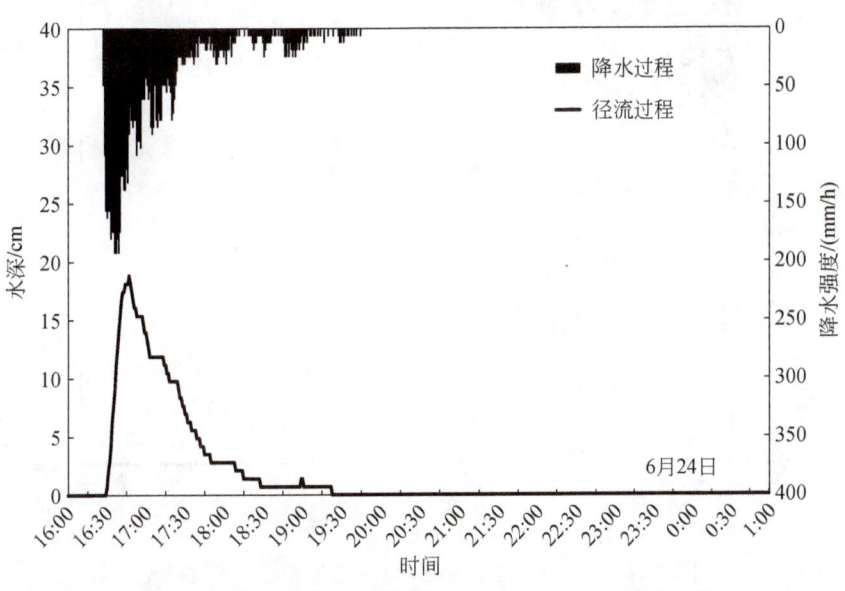

图 6-19　模拟贵园北里居住区 "6·23" 暴雨水深过程线

图 6-20 贵园北里小区调研现场

选取天宝家园作为研究区域居住区的典型站点,该小区覆盖了西环北路与荣京西街以上的居住区汇水区域,是整个居住区的最低点。调研"6·23"暴雨最大水深 0.25m,SWMM 模拟最大径流深 0.243m。水深过程线及调研现场如图 6-21 和图 6-22 所示。

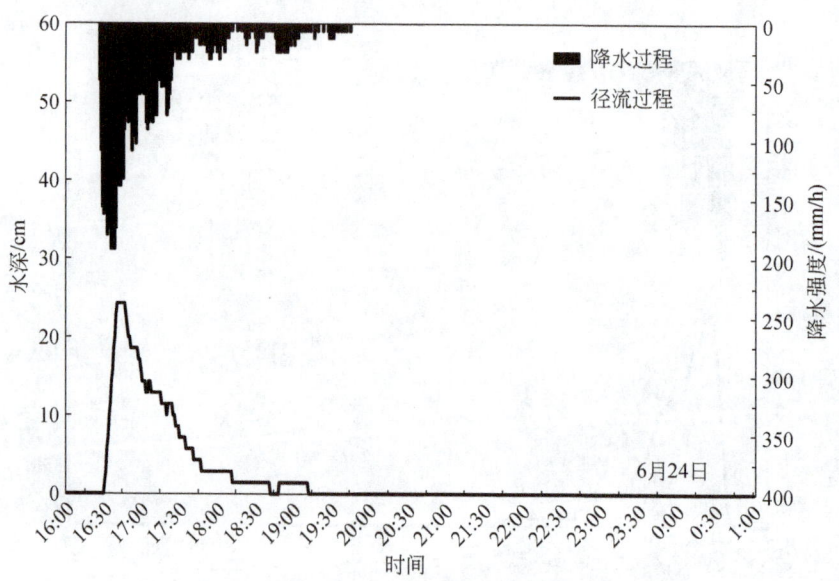

图 6-21 模拟天宝家园小区"6·23"暴雨水深过程线

图 6-22 天宝家园小区调研现场

以荣京东街地铁口作为公建区的典型站点,该对象覆盖了荣华东街、西街以上的公建区汇水区域。调研"6·23"暴雨最大水深 0.24m,SWMM 模拟最大径流深 0.235m。水深过程线及调研现场如图 6-23 和图 6-24 所示。

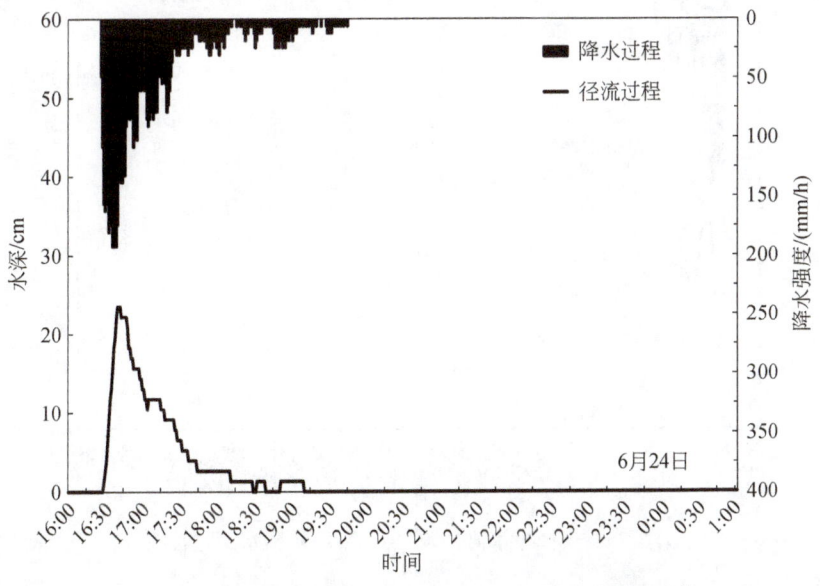

图 6-23 模拟荣京东街地铁口"6·23"暴雨水深过程线

图 6-24　荣京东街地铁口调研现场

选取凉水河公园为工业区的代表站点，验证点位于凉水河下游，覆盖了西环南路以北整个工业区的汇水区域。调研"6·23"暴雨最大水深 0.37m，SWMM 模拟最大径流深 0.377m。水深过程线及调研现场如图 6-25 和图 6-26 所示。

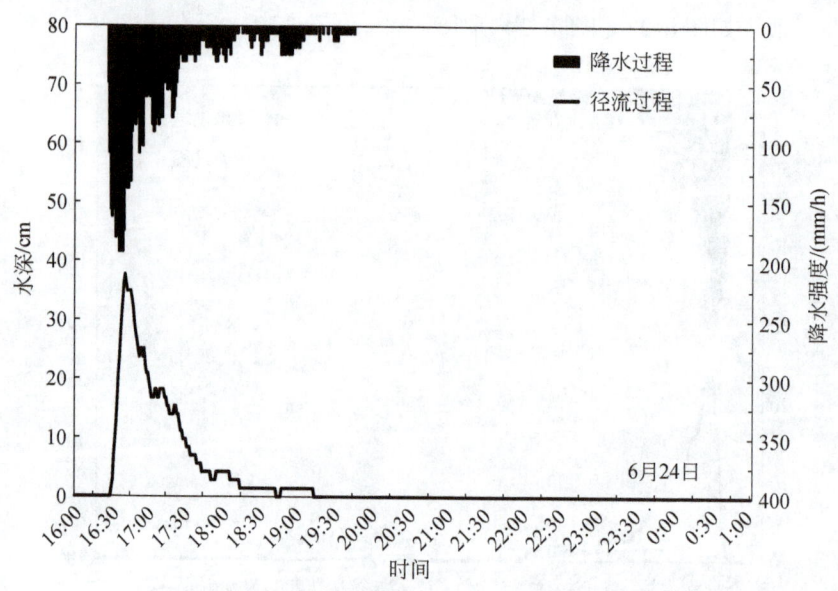

图 6-25　模拟凉水河公园"6·23"暴雨水深过程线

图 6-26 凉水河公园调研现场

大羊坊南桥位于大羊坊沟上游，覆盖了东环北路以北的汇水区域，是东部排水系统的起点。调研"6·23"暴雨最大水深 0.25m，SWMM 模拟最大径流深 0.244m。水深过程线及调研现场如图 6-27 和图 6-28 所示。

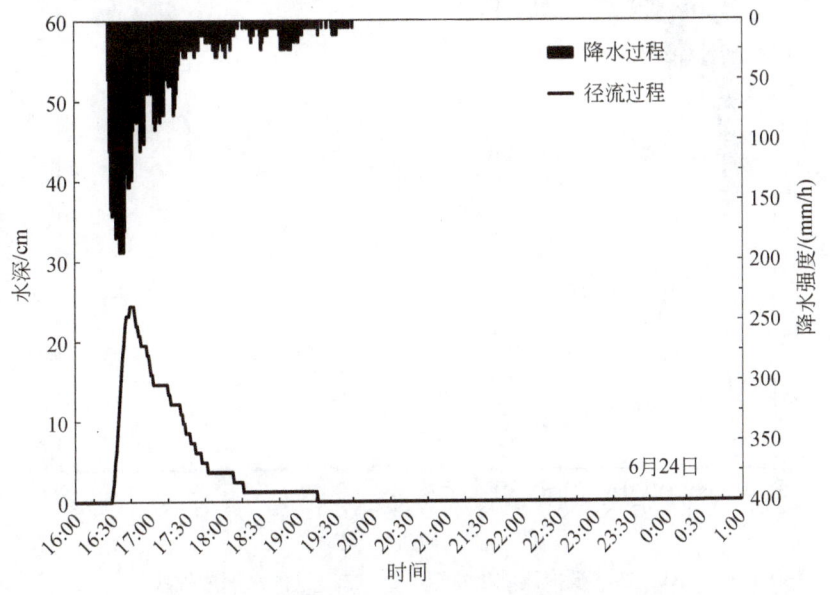

图 6-27 模拟大羊坊南桥"6·23"暴雨水深过程线

图 6-28　大羊坊南桥调研现场

流域出水口以大羊坊沟汇入凉水河的排水口为验证站点，该站点覆盖了东环南路以北主要工业区的汇水区域，是整个排水系统的终点。调研"6·23"暴雨最大水深 0.63m，SWMM 模拟径流深 0.639m。水深过程线及调研现场如图 6-29 和图 6-30 所示。

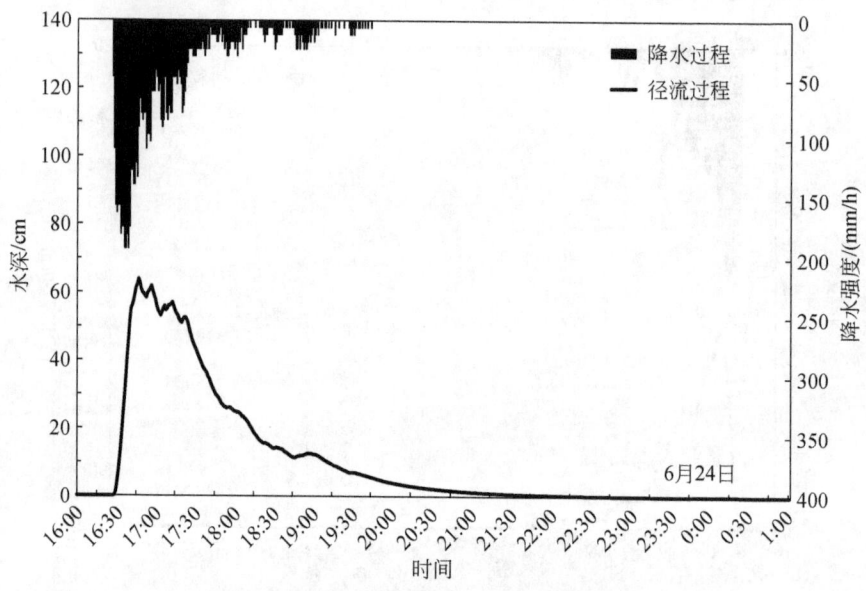

图 6-29　模拟流域出水口"6·23"暴雨水深过程线

图 6-30　流域出水口调研现场

通过"6·23"暴雨洪水过程资料验证,模拟结果同调研资料一致性较好,可用模型开展不同重现期降水情景下的洪水过程的计算。

模型模拟 10 年一遇 6h 降水情景大羊坊沟下游最大水深 0.557m,计算结果如图 6-31 所示。

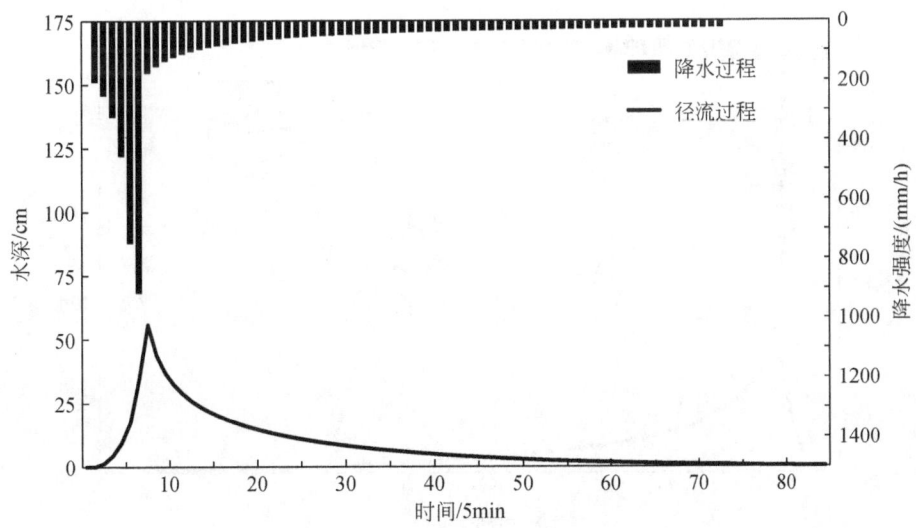

图 6-31　10 年一遇 6h 降水大羊坊沟下游洪水过程线

模型模拟 20 年一遇 6h 降水情景大羊坊沟下游最大水深为 0.916m,计算结果如图 6-32 所示。

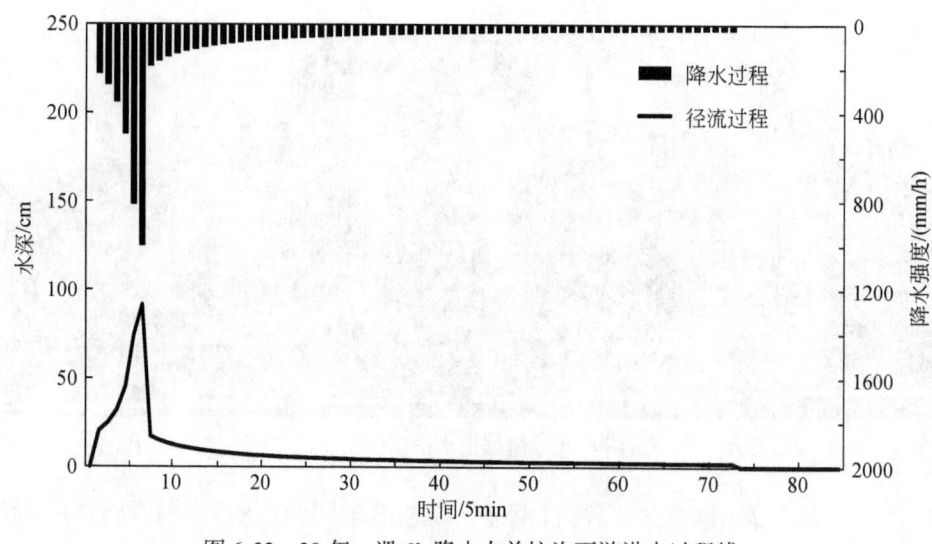

图6-32　20年一遇6h降水大羊坊沟下游洪水过程线

模型模拟50年一遇6h降水情景大羊坊沟下游最大水深为1.391m，计算结果如图6-33所示。

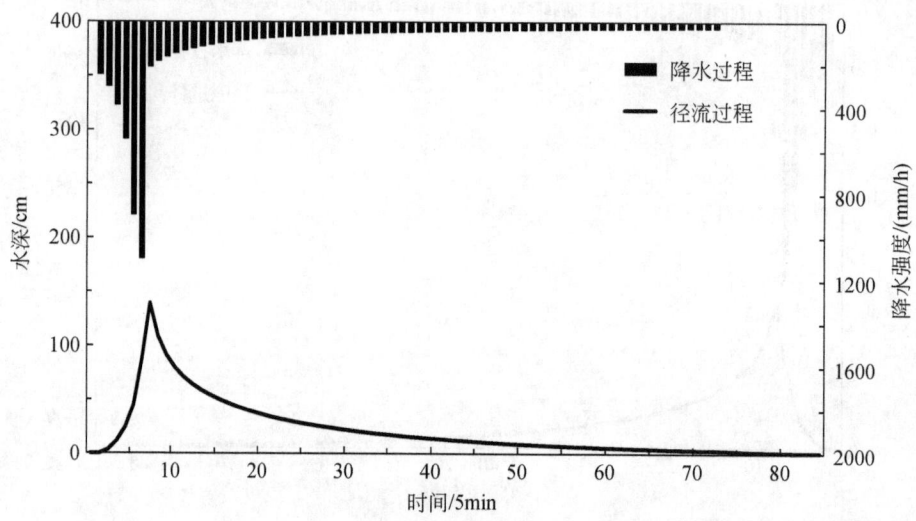

图6-33　50年一遇6h降水大羊坊沟下游洪水过程线

由计算结果可知，对于重现期为10年、20年、50年及以上的设计降水，亦庄核心区均将出现超过0.5m的道路积水，这必然会影响行人、车辆的正常通行，雨水会倒灌地铁造成交通不便，给核心区居民的生命、财产安全带来一定的影响。

6.6 结果分析

SWMM 在北京亦庄经济开发区核心区的应用结果表明：暴雨径流管理模型的开发取得了较大进展，模型应用日趋成熟。本实例涉及模型模拟过程中的 5 个主要部分，即降水过程模拟、地表径流过程模拟、管网汇流过程模拟、河湖水流过程模拟和洪水淹没过程模拟。模型经过参数率定后，模拟结果与实际勘察资料基本一致，模拟不同重现期的暴雨径流过程线与设计雨型吻合较好。因此，SWMM 对典型城市经济开发区的适用性良好。

第7章　SWMM 应用实例3：北京东升园小区

7.1　研究区概况

研究区位于海淀区东升镇小营村，西临地铁八号线（西小口站）900m，东接建材东路300m，南行至北五环3000m，尽享四通八达的交通网络。具体四至范围为：西至西三旗东路，南至西三旗南路，东至后屯东路，北至高压线防护绿地。研究区地势平坦，海拔为20m左右。地下水位较高，一般距地面0.5~1.5m，地基岩性为中等压缩性的黏性土及粉砂基地。研究区内雨水经市政管网流经东小口沟最终排至清河。

（1）东小口沟

东小口沟位于海淀区、昌平区、朝阳区三区交界，上游起自海淀区西三旗镇，由西向东流经昌平区东小口镇、朝阳区立水桥村，穿过安立路后，汇入清河，全长约为5km，其在海淀段约为890m。东小口沟过去主要为农田排水渠道，近年来由于该地区的快速发展及高新建材城的开发建设，东小口沟已成为该地区的主要城市排水渠道，承担流域面积约为23.3km^2。

北京市出台《加快中小河道治理的意见》，东小口沟作为北京市第一批中小河道治理工程，对其加宽挖深等治理工程完成后，在汛期能达到行洪要求，届时东小口沟将承担着西三旗地区的排水行洪任务，工程分为明渠和暗涵两部分。即在公园里是雨水方沟，是暗涵的形式；东侧这段是河道，是明开挖的形式。

（2）清河

根据《清河治理工程规划》（北京市城市规划设计研究院，1999），规划在清河下游采取蓄滞洪措施，利用沈家坟和沙子营附近的现有水塘、低洼地和温榆河故道调蓄洪水，方案如下所示。

当发生20年一遇洪水时，需滞蓄洪水总量约291万 m^3。沈家坟水库调蓄洪水量约172万 m^3，调蓄水深2m，沈家坟处清河洪水位约为28.14m，水库起调水位需为26.14m，控制沈家坟闸下泄流量为380m^3/s，到规划沙子营蓄滞洪区再调蓄洪水量约119万 m^3，控制规划沙子营闸下泄流量316m^3/s。如果水位继续上涨发生50年一遇洪水时，规划沙子营蓄滞洪区的调蓄水量由119万 m^3 增加到412万 m^3，沙子营水库需滞蓄洪水约240万 m^3，调蓄水深2.5m，沙子营处清河洪水位约为27.35m，起调水位需为24.85m，控制规划沙子营闸下泄流量450m^3/s。

7.2 研究背景与研究内容

对中关村东升科技园二期回迁安置房项目建设对流域行洪影响和洪水对建设项目影响进行研究。中关村东升科技园二期回迁安置房项目用地规模约 5.44 hm^2，包括北块用地 1.28 hm^2 和南块用地 4.16 hm^2。主要研究内容包括以下几个方面。

（1）水文分析计算

根据《北京市水文手册》和《城市雨水系统规划设计暴雨径流计算标准》推算设计暴雨，根据相关资料确定河道设计洪水情况，为流域行洪影响分析和洪水对建设项目的影响分析计算做基础。

（2）项目建设对流域行洪影响分析计算

通过 SWMM 软件建立流域产汇流模型，计算建设项目建成前后对东小口沟入河排水总量、洪峰流量及河道行洪过程的影响。

（3）洪水对建设项目的影响分析计算

根据暴雨强度公式，通过 SWMM 模型计算东小口沟设计洪水条件下厂区积水情况。

7.3 水文分析计算

根据《雨水控制与利用工程设计规范》（DB11/685-2013）要求，调蓄系统的设计标准应与下游排水系统的设计降雨重现期相匹配，项目雨水管接入周边规划道路雨水管线，周边道路为城市次干路，按照规范要求，周边道路雨水管网的设计标准为 3 年一遇，结合研究区规划的雨水管道为 5 年一遇，确定排水分析标准为 5 年一遇；结合研究区防洪排涝标准，确定研究区内的防洪防涝分析标准为 50 年一遇。

（1）3 年一遇

查阅《北京市水文手册》第一分册暴雨参数等值线图读出 3 年一遇的雨量 10min、30min、60min、360min 和 1440min（24h）各标准时段均值（$\overline{H}_\text{t}$）和变差系数（C_v），通过式（6-1）计算得出 3 年一遇最大 10min 降水量为 18.5mm，最大 30min 降水量为 32.7mm，最大 60min 降水量为 45.3mm，最大 360min 降水量为 75.0mm，最大 1440min（24h）降水为 99.8mm。

根据北京市地方标准《城市雨水系统规划设计暴雨径流计算标准》（DB11/T969-2013），认为最大 5min 降水量占最大 10min 降水量的 62%，因此求得最大 5min 降水量为 11.0mm。此外，最大 15min 降水量为 23.0mm，最大 45min 降水量为 40.0mm，最大 90min 降水量为 51.0mm，最大 120min 降水量为 55.0mm，最大 150min 降水量为 59.0mm，最大 180min 降水量为 62.0mm，最大 240min 降水量为 67.0mm，最大 720min 降水量为 87.0mm，其数值根据式（6-2）~式（6-6）计算求得。

经计算得到建设研究区 3 年一遇雨水 24h 雨量过程见图 7-1，单位时间段为 5min。

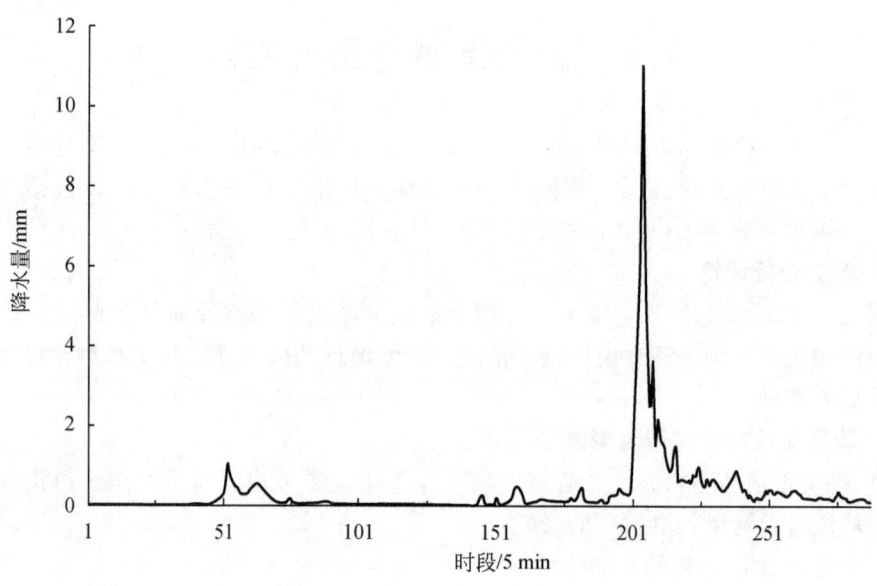

图 7-1 建设研究区 3 年一遇 24h 降雨设计雨型

(2) 5 年一遇

查阅《北京市水文手册》第一分册暴雨参数等值线图读出 5 年一遇的雨量 10min、30min、60min、360min 和 1440min (24h) 各标准时段均值 ($\overline{H}_t$) 和变差系数 (C_v)，通过式 (6-1) 计算得出 5 年一遇最大 10min 降水量为 23.2mm，最大 30min 降水量为 41.9mm，最大 60min 降水量为 60.3mm，最大 360min 降水量为 103.4mm，最大 1440min (24h) 降水量为 143.9mm。

根据北京市地方标准《城市雨水系统规划设计暴雨径流计算标准》(DB11/T969-2013)，认为最大 5min 降水量占最大 10min 降水量的 62%，因此求得最大 5min 降水量为 14.0mm。此外，最大 15min 降水量为 29.0mm，最大 45min 降水量为 52.0mm，最大 90min 降水量为 68.0mm，最大 120min 降水量为 74.0mm，最大 150min 降水量为 79.0mm，最大 180min 降水量为 84.0mm，最大 240min 降水量为 92.0mm，最大 720min 降水量为 122.0mm，其数值根据式 (6-2) ~式 (6-6) 计算求得。

经计算得到建设研究区 5 年一遇雨水 24h 雨量过程见图 7-2，单位时间段为 5min。

(3) 50 年一遇

通过查阅《北京市水文手册》第一分册暴雨图集，采用等值线内插法读出 50 年一遇最大 10min 降水量为 38.0mm，按照此方法从图集中读出最大 30min 降水量为 70.0mm，最大 60min 降水量为 110.0mm，最大 360min 降水量为 210.0mm，最大 1440min 降水量为 350.0mm。

根据北京市地方标准《城市雨水系统规划设计暴雨径流计算标准》(DB11/T969-2013)，认为最大 5min 降水量占最大 10min 降水量的 62%，因此求得最大 5min 降水量为 24.0mm。此外，最大 15min 降水量为 48.0mm，最大 45min 降水量为 91.0mm，最大 90min

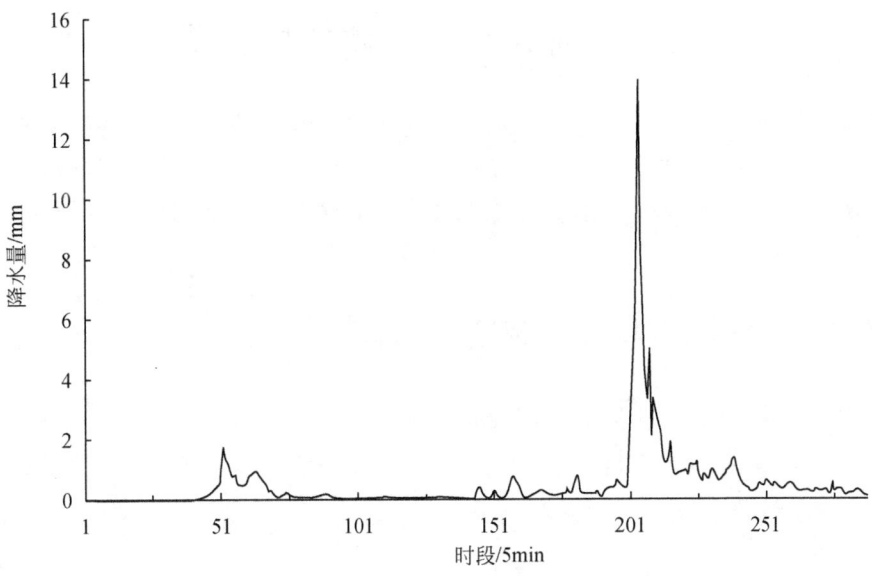

图 7-2　建设研究区 5 年一遇 24h 降雨设计雨型

降水量为 127.0mm，最大 120min 降水量为 141.0mm，最大 150min 降水量为 153.0mm，最大 180min 降水量为 164.0mm，最大 240min 降水量为 181.0mm，最大 720min 降水量为 271.0mm，其数值根据式（6-2）～式（6-6）计算求得。

经计算得建设研究区 50 年一遇雨水 24h 雨量过程见图 7-3，单位时间段为 5min。

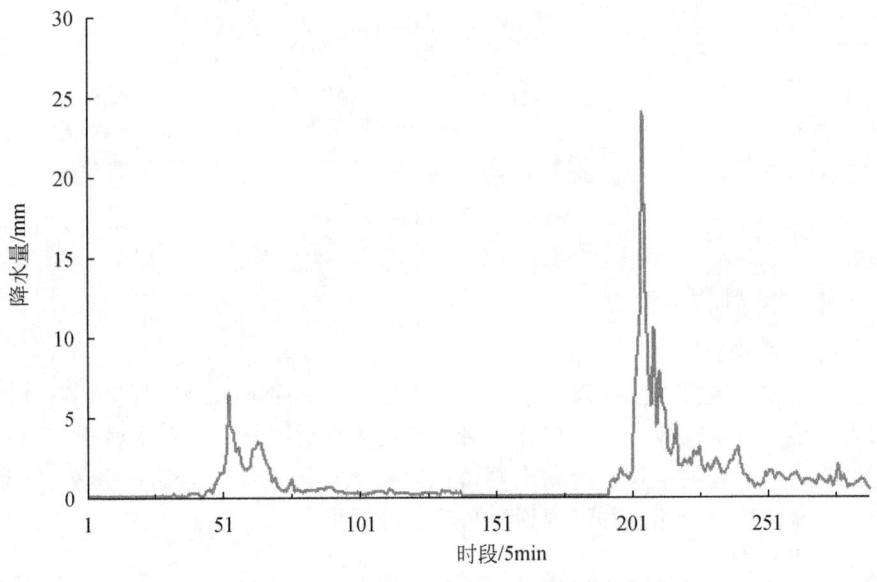

图 7-3　建设研究区 50 年一遇 24h 降雨设计雨型

7.4 流域行洪影响分析计算

研究区建设前为自然村，建设后为有规划的居住用地、周边市政道路及绿地，下垫面条件发生改变，为了更好地模拟分析下垫面条件改变导致的研究区峰值流量和外排总量的变化，本次采用 SWMM 降水-径流模拟模型计算项目建成前后研究区内的产汇流情况并进行对比分析。

7.4.1 SWMM 模型构建、率定与验证

根据 SWMM 构建东升园小区界面如图 7-4 所示。

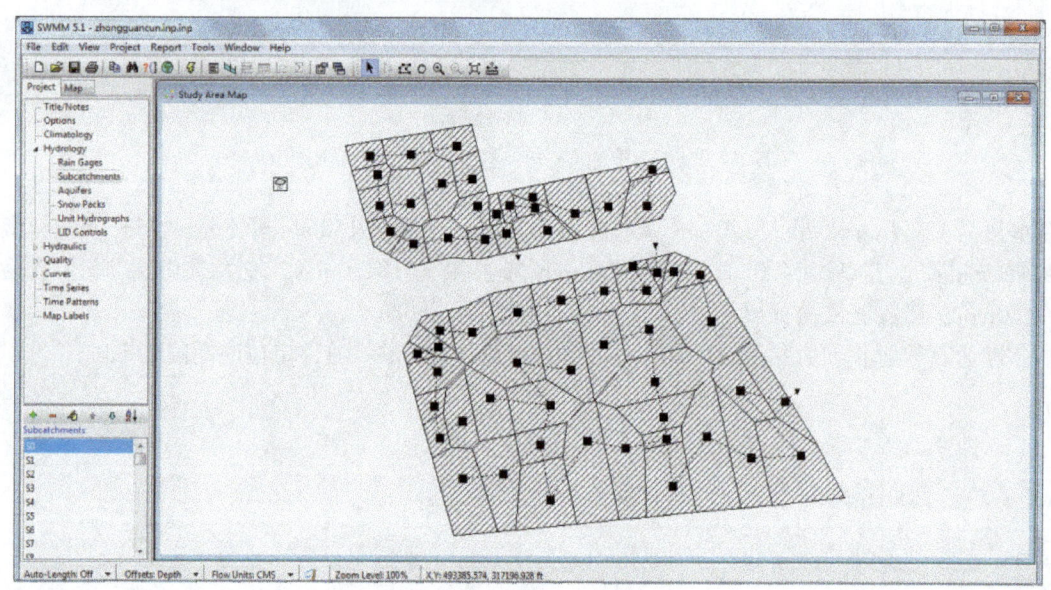

图 7-4 SWMM 模型界面

7.4.1.1 模型构建

(1) 排水系统概化

研究区内汇水区域排水主要以排水管网汇流为主，墙面雨水经立管排至室外散水，雨水就近渗入绿地、土壤吸收排放。室外道路雨水及屋面雨水分别经雨水箅子和雨水立管收集后，通过院内雨水管网汇集，经雨水调蓄池后排入市政管网减轻市政管网的排水压力。研究区内雨水排水管道以相关图纸规划为基础进行概化。

(2) 汇水区划分

由于项目建模区为城市汇水平原区，所以本研究确定汇水区边界依据社会单元、道路、就近排放 3 个原则。根据雨水井的位置分布，运用 ArcGIS 中泰森多边形工具划分研究区内的汇水区域，再根据雨水管道的分布调整不合理的汇水区。根据研究区雨水井和雨

水管道的分布状况，把整个项目建模区划分为 61 个汇水区，其中最大和最小汇水区面积分别为 2411.16m² 和 135.66m²。

(3) 节点和雨水管道文件

建立了 61 处节点汇水文件，节点主要为检查井。最终建立研究区内的汇水区分区、汇水路径和汇入节点等的数据库，具体见图 7-5。

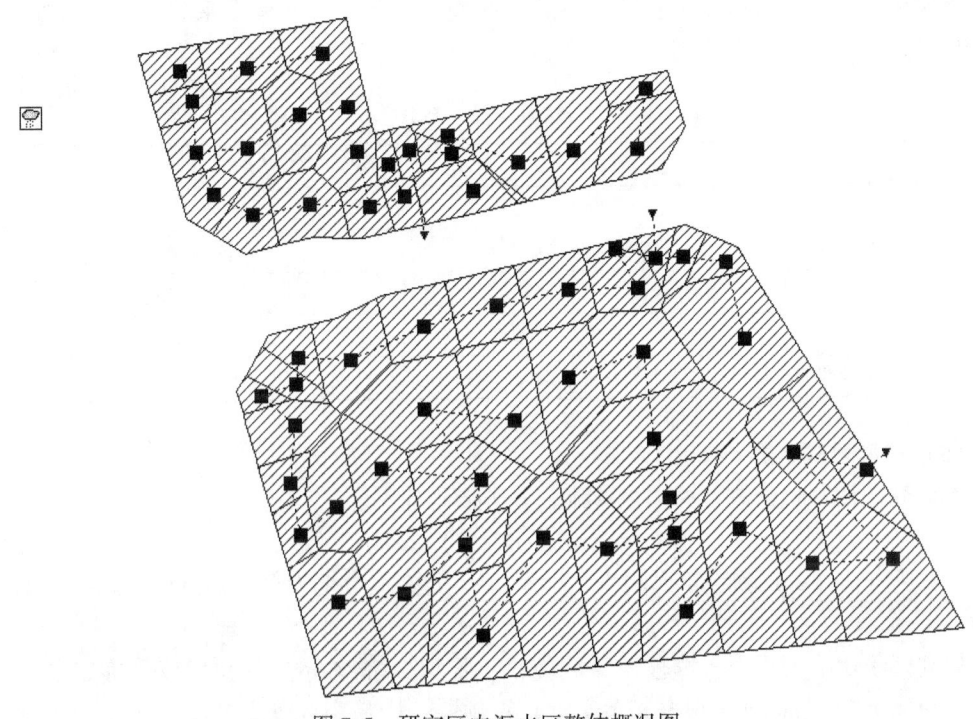

图 7-5 研究区内汇水区整体概况图

7.4.1.2 模型率定

本模型参数的取值，依据参数建议取值范围及相关研究成果，蓄洼深度和霍顿公式参数参照模型在《西郊线香山路隧道口重现期洪水水位计算》项目中的参数取值（该项目根据 2012 年"7·21"暴雨时的 4 处较详细的洪水位调查数据对模型模拟结果进行了验证）确定，特征宽度和曼宁系数在合理取值范围内根据研究区内设计流量和水位值进行率定。

(1) 特征宽度

采用公式

$$\text{Width} = K \cdot \text{SQRT}(\text{area}) \tag{7-1}$$

式中，$0.2 < K < 5$，然后对 K 进行参数率定。

(2) 汇水区坡度

模型所需要的坡度是指汇水区径流平均坡度，本模型计算中研究区内的坡度采用工程特性数据。

(3) 蓄洼深度

根据下垫面性质,分为透水区蓄洼深度和不透水区蓄洼深度。SWMM 提供的不透水面积蓄洼深度取值为 1.27~2.54mm,透水区蓄洼深度为 2~7mm,结合前人研究成果和建模区特点,不透水区初始填洼深度设为 2.5mm,透水区初始填洼深度为 7mm。

(4) 曼宁系数

曼宁系数包括透水区曼宁系数、不透水区曼宁系数、管网曼宁系数和河道曼宁系数,SWMM 建议值和模型取值见表 7-1。

表 7-1 曼宁系数

土地利用类型	曼宁系数 SWMM 建议值	模型取值
透水区	0.15~0.41	0.4
不透水区	0.013~0.024	0.015
雨水管网	0.012~0.022	0.017
河道(观音堂沟)	0.02~0.035	0.02、0.027

(5) 霍顿公式参数

本研究使用霍顿公式计算地表产流,基本方程如下。

$$f_p = f_c + (f_o - f_c) \times e^{-kt} \tag{7-2}$$

式中,f_p 为入渗率;f_c 为稳定入渗率;f_o 为初始入渗率;t 为时间;k 为与土壤有关的衰减系数。

研究区土壤为壤质土,植被覆盖度较小,根据 SWMM 用户教程建议,确定壤土的最大入渗速率为 76.2mm/h。根据相关文献,霍顿曲线中最小入渗率其值等于饱和土壤中的水力传导度。因此本研究查阅了土壤特性表,采用饱和壤土的水力传导度,确定研究区最小入渗速率为 3.3mm/h。SWMM 用户教手呈建议的入渗衰减系数为 2~7,入渗衰减系数取 4.0。

(6) 模型 5 年一遇设计降水率定

采用研究区建设后 5 年一遇研究区北块用地和南块用地雨水出口设计流量与 SWMM 模型模拟的 5 年一遇研究区北块用地和南块用地出口雨水流量对比分析,进行 SWMM 模型模拟结果的率定见表 7-2。

表 7-2 研究区 5 年一遇雨水流量结果对比

率定点位	设计流量/(m³/s)	模拟流量/(m³/s)	相对偏差/%
研究区北块用地	0.31	0.31	0
研究区南块用地	0.94	0.77	18

表 7-2 的计算结果表明,SWMM 计算雨水出口流量与研究区建设后规划设计出口流量结果接近,相对偏差在 20% 以内,计算结果合理。

7.4.2 建设项目对流域行洪影响计算

中关村东升科技园二期回迁安置房项目包括北块用地和南块用地两部分。由于建设项目建设前后，研究区内下垫面发生变化，径流系数也相应改变。研究区建设前的径流系数参考《北京市水文手册》第二册关于城区不透水面积（表7-3），确定项目建设前径流系数为0.8；研究区建设后的径流系数以甲方提供的数据为准，确定项目建设后径流系数为0.7。运用SWMM模拟研究区建设后在50年一遇降水条件下与建设前总雨水流量、北块用地和南块用地雨水的流量变化情况见表7-4和图7-6～图7-8，并进一步分析建设项目对东小口沟流域行洪的影响。

表7-3 北京市城区不同地块的不透水面积百分比表

地块性质	楼房区	平房区	高校区	工厂区	仓库区	河道	绿地区	湖泊
不透水面积比例/%	77	80	60	84	92	50	0	100

表7-4 研究区建设前后洪峰流量、洪峰时间和排水量变化对比表

洪峰流量/（m³/s）			洪峰时间	排水量/m³		
建设前	建设后	下降	延迟/min	建设前	建设后	减少
3.05	2.02	1.03	10	15 710	15 190	520

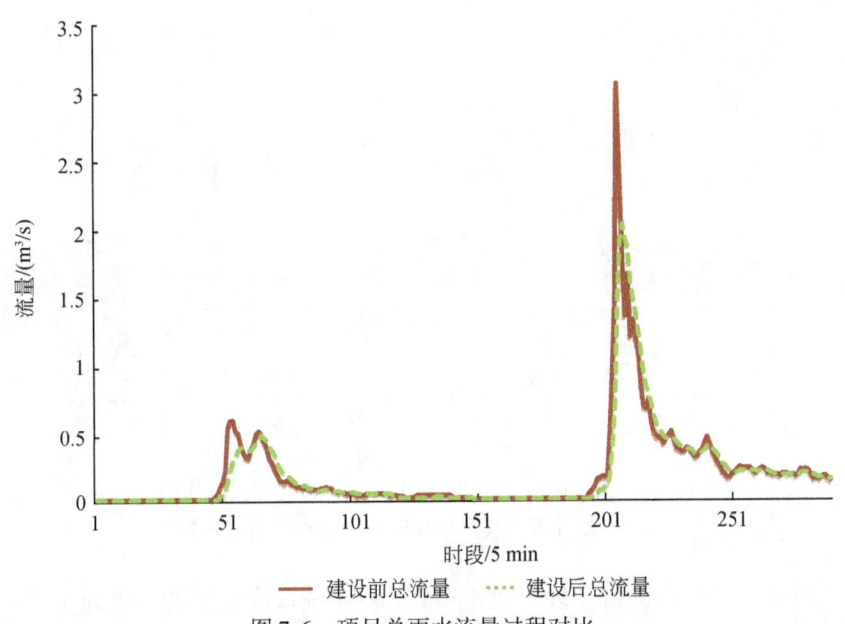

图7-6 项目总雨水流量过程对比

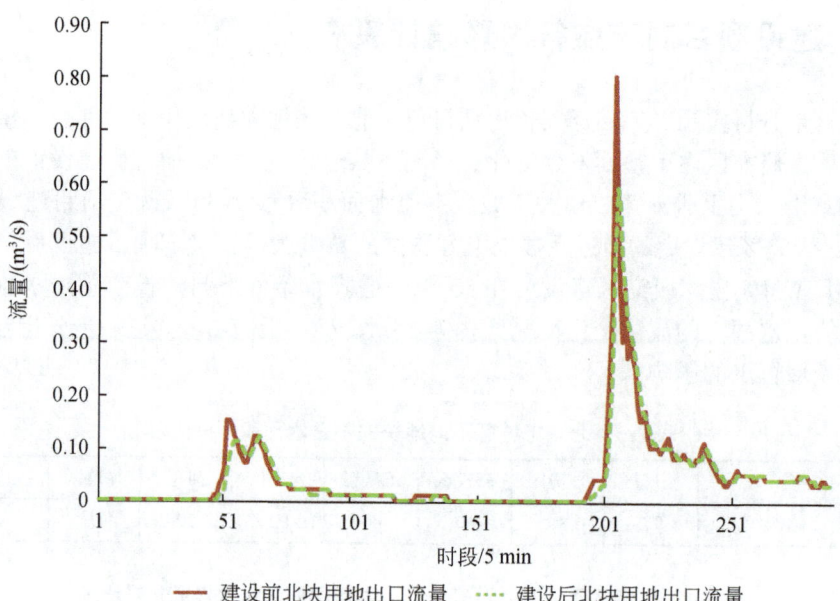

图 7-7　研究区北块用地建设前后雨水流量过程对比

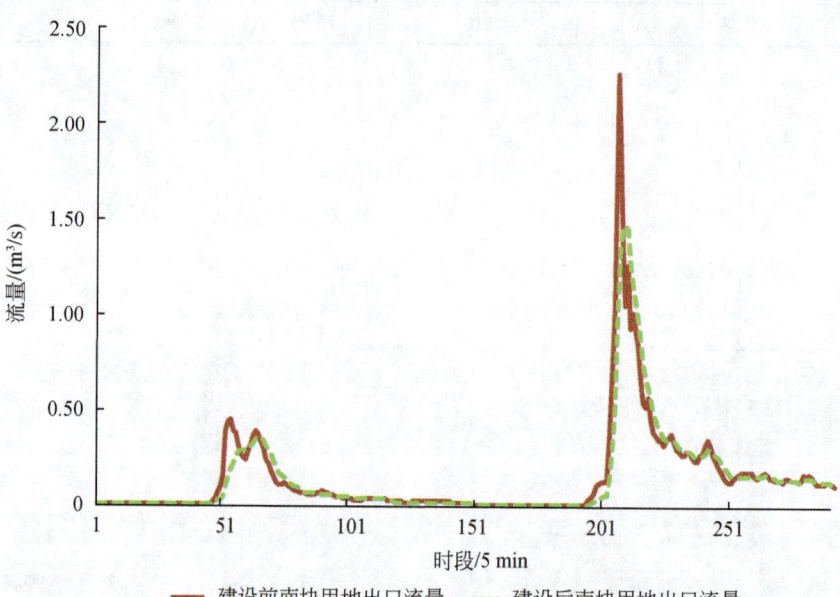

图 7-8　研究区南块用地建设前后雨水流量过程对比

由模拟计算结果可知，研究区用地建成前后对东小口沟流域的行洪几乎没有影响。研究区内总洪峰时间、北块用地和南块用地出现洪峰的时间都有所推迟，总洪峰流量、北块用地和南块用地有所降低，研究区内总外排水量减少。研究区洪峰时间推迟约10min，洪峰流量由建设前的 3.05m³/s 变为建设后的 2.02m³/s，下降 1.03m³/s；北块用地洪峰时间推迟约 5min，北块用地洪峰流量由建设前的 0.80m³/s 变为建设后的 0.59m³/s，下降 0.21m³/s；南块用地洪峰时间推迟约 10min，南块用地洪峰流量由建设前的 2.25m³/s 变为 1.46m³/s，下降 0.79m³/s；研究区内总外排雨水量由建设前的 15 710m³ 变为建设后的 15 190m³，减少外排雨水量 520m³。

7.5 洪水对建设项目的影响分析计算

7.5.1 排水能力计算

中关村东升科技园二期回迁安置房项目建设后研究区内雨水通过区内雨水规划管网汇集，经雨水调蓄池后排入市政管网减轻市政管网的排水压力。研究区汇水面积为 5.44hm²。需校核研究区内雨水管网排水能力。

根据《雨水控制与利用工程设计规范》（DB11/685—2013）要求，调蓄系统的设计标准应与下游排水系统的设计降雨重现期相匹配，本项目雨水管接入周边规划道路雨水管线，周边道路为城市次干路，按照规范要求，周边道路雨水管网的设计标准为 3 年一遇，研究区内雨水管网的设计应为 3 年一遇。考虑甲方提供研究区内雨水管网的排水设计为 5 年一遇，并基于 SWMM 校核雨水管网排水能力，计算结果如下所示。

在雨水收集池不蓄存洪水及雨水调蓄水池未能滞蓄洪水的最不利条件下，设计标准为 3 年一遇，研究区内出现洪峰的时间都有所推迟，洪峰流量有所降低，外排水量减少，即洪峰时间推迟约 15min；洪峰流量由建设前的 1.14m³/s 变为建设后的 0.72m³/s，下降 0.42m³/s；外排雨水量由建设前的 4640m³ 变为建设后的 4042m³，减少外排雨水量 598 m³；设计标准为 5 年一遇，研究区内出现洪峰的时间都有所推迟，洪峰流量有所降低，外排水量减少，即洪峰时间推迟约 10min；洪峰流量由建设前的 1.57m³/s 变为建设后的 1.03m³/s，下降 0.54m³/s；外排雨水量由建设前的 6940m³ 变为建设后的 6300m³，减少外排雨水量 640m³。具体变化情况可见表 7-5 和图 7-9、图 7-10。

表 7-5　研究区建设前后洪峰流量、洪峰时间和排水量变化对比表

雨水管网的设计标准	洪峰流量/(m³/s)			峰时间延迟/min	排水量/m³		
	建设前	建设后	下降		建设前	建设后	减少
3 年一遇	1.14	0.72	0.42	15	4640	4042	598
5 年一遇	1.57	1.03	0.54	10	6940	6300	640

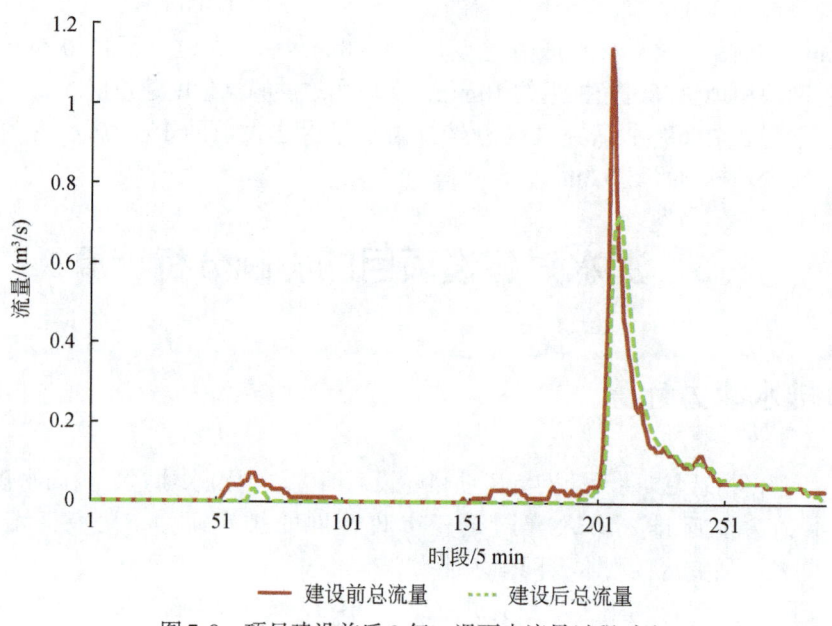

图 7-9　项目建设前后 3 年一遇雨水流量过程对比

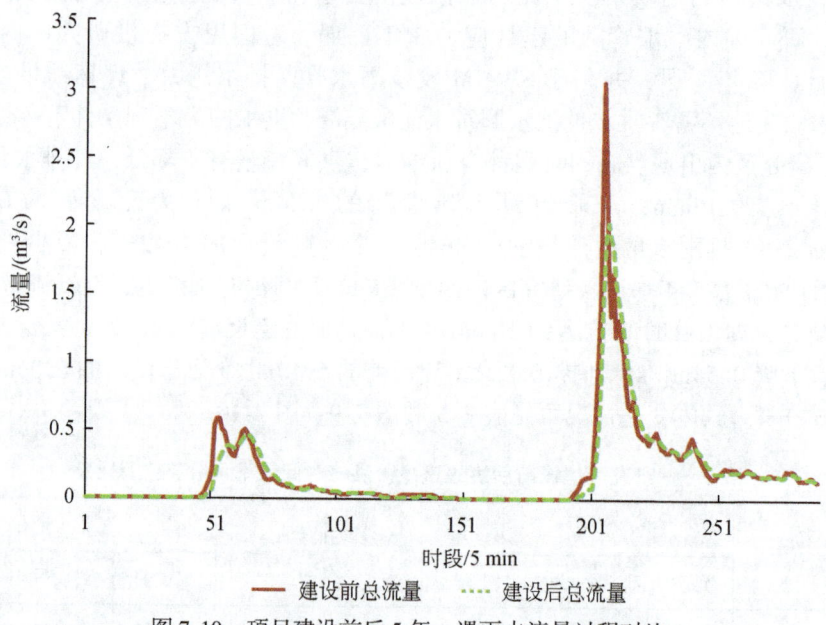

图 7-10　项目建设前后 5 年一遇雨水流量过程对比

7.5.2　内涝积水计算

根据《室外排水设计规范（2014 年版）》（GB 50014—2006）内涝防治设计重现期要

求，按照特大城市内涝防治标准，确定该研究区防涝标准采用50年一遇。

分析计算研究区在排涝设计50年一遇标准下的研究区内积水情况。研究区径流系数采用0.7；管道排除能力按照甲方规划设计5年一遇，管径DN700。计算结果表明，在雨水收集池不蓄存洪水及雨水调蓄水池未能滞蓄洪水的最不利条件下，当发生50年一遇暴雨时，研究区内平均积水深度为0.014m，最长积水时间为0.9h。具体可参考表7-6和图7-11。

表7-6 研究区发生50年一遇暴雨积水情况表

积水节点	积水时间/h	出现最大积水时段	积水量/m³
J20	0.9	204	345
J46	0.2	204	178
J47	0.01	169	2
J51	0.01	169	1
J52	0.03	128	2
J58	0.03	204	1
J59	0.36	204	242

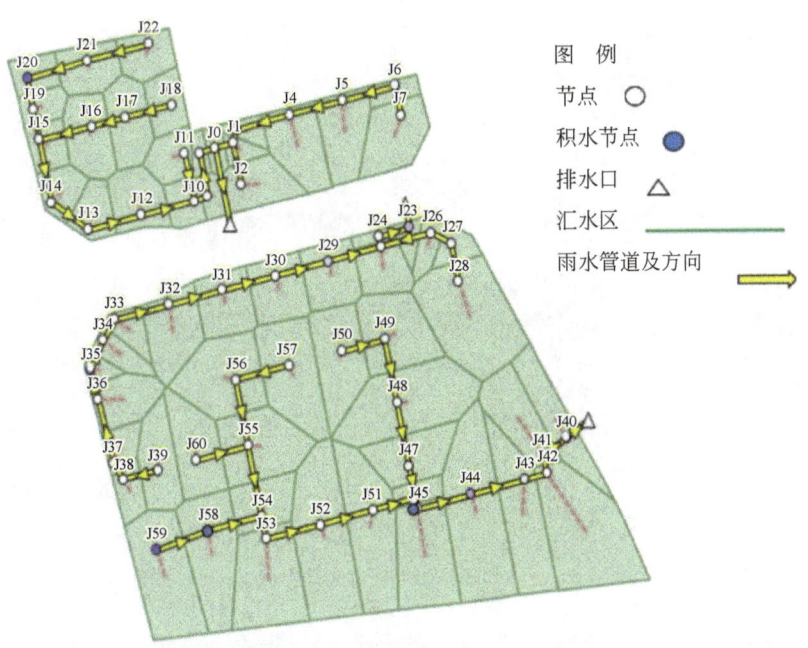

图7-11 研究区在204时段的出现积水节点情况图

7.6 研究结论

根据 SWMM 的模拟结果，可得以下结论。

1）建设项目建设后在雨水收集池不蓄存洪水及雨水调蓄水池未能滞蓄洪水的最不利条件下，5 年一遇的洪峰时间推迟约 10min，洪峰流量下降 1.03m³/s，外排雨水量减少 520m³，对东小口沟及清河防洪基本无影响。SWMM 有效地模拟了建设用地类型改变之后，下垫面变化（建设之前不透水面积比例为 0.8，建设之后为 0.7）对洪峰出现时间、洪峰流量和洪水总量的变化的影响。

2）建设项目对东小口沟排水和清河河势及堤岸稳定基本没有影响，对其他设施不产生不利影响。

3）建设项目防洪排涝标准为 50 年一遇，采取的防洪排涝措施满足《防洪标准》（GB 50201—2014）及《室外排水设计规范（2014 年版）》（GB 50014—2006）的要求；项目区雨水管网的设计方案为 5 年一遇，符合《城市雨水系统规划设计暴雨径流计算标准》（DB11/T969-2013）的规范要求。

4）通过内涝计算可知，项目建成后，发生 50 年一遇降水时，大范围内，项目区不属于内涝严重区域，项目区所在地地面最大积水深度为 0.014m。建设项目地面标高较高，受内涝影响很小，建设项目基本不受淹没影响。

第8章 结论和展望

8.1 模型特点及局限性总结

SWMM 由径流模块（runoff）、输送模块（transport）、扩充输送模块（extran）和储存/处理模块（storage/treatment）共 4 个计算模块及服务模块组成。SWMM 的 4 个计算模块配合可对地面径流、排水管网以及污水处理单元等的水量水质进行动态模拟，服务模块则执行统计、计算等后处理功能。SWMM 模拟的核心是利用模型中的核心模块，即径流模块、输送模块和储存/处理模块依次对城市排水中的地表径流、管网输送和污水处理进行模拟计算，最终得到区域内水量和水质的动态结果。SWMM 作为分布式模型在城市化区域的地表产汇流以及排水管网的管道输送过程模型构建等方面具有比较明显的优势。经 SWMM 多年的实践经验总结，模型具有以下几个特点（任伯帜等，2006b；王志标，2007；韩娇，2011；许迪，2014）。

1) 模型的整体性好。模型集水文、水力、水质过程的模拟于一体，模型界面开发完全、采用模块式结构组合，具有各自不同功能的模块既可单独使用，又可共同使用，比较灵活，便于解决多目标的城市暴雨洪水模拟问题。

在径流子模块中，不但可以模拟地表洼蓄的过程，还可以模拟下渗以及旱季的下渗能力恢复的过程，对研究区域的多种土地利用类型也有不同的模拟参数要求；在水质子模块中，不但可以模拟地表污染物的累积过程，还可以根据不同的土地利用类型模拟不同的污染物累积过程；在输送模块中，不但可以模拟管网及沟渠中水流的运动过程，还可以模拟节点处水流的情况，简单地模拟水流在管网及沟渠中的输移过程。

2) 模型的易用性、通用性强。SWMM 的要求相对较低，录入的数据与其他暴雨洪水的模拟模型相比较，资料比较容易收集。数据录入的时间间隔可以人为改变；输出的结果也可以是任意的整数步长；模拟的区域面积也可以灵活多变，没有具体的限制条件。在应用方面相对灵活，可针对自然排放系统、合流制与分流制排水管网，进行水质水量的相关模拟与分析。

3) 模型的应用面宽。与其他模型相比，既可以用于规划设计和模拟设计暴雨条件下的暴雨径流过程和水质过程，还可用于预报和管理实际暴雨条件的暴雨径流过程。在模拟具有复杂下垫面条件的城市地区时，可通过将流域离散成多个子流域，分别考虑各子流域的地表性质，并进行逐个模拟，方便地解决了产汇流不均匀的问题，为模型在大型城市的应用奠定了基础。模型不仅可以用于单次降雨事件的短期模拟，而且还具有连续多次模拟降雨的功能。可模拟几年乃至几十年连续的降雨径流过程，并统计分析出有关参数逐日逐月的数值大小，进行频率分析，特别适用于城市规划设计工作。

本书介绍的北京市 3 种典型地貌特征下的应用表明，SWMM 适用的地貌类型非常广泛。既可适用于香山周边类似的地形（包括森林、住宅区、办公楼、草坪、道路、河流，情况复杂），也可模拟如平原地区包括公建区（如广场、科技公园、体育公园等）、居住区、工业区等土地利用类型的情况，还可用于小面积、不透水面积比例大的商品房开发项目洪水评价研究。

SWMM 功能强大，自推出以来，在世界各地都获得了广泛的应用，为各地的雨水利用措施影响、水质分析等提供了可靠的技术支持，但仍存在局限性。主要体现在以下几个方面（宋翠萍，2015）。

1）水文过程物理规律不全面，没有蒸发模型。

2）不是一个完整的城市雨水综合管理模型。没有沉积物运移或者侵蚀过程；不能模拟污染物在地表和排水管道中运移时的生化反应过程；不能用于地表以下的水质建模；仅能反映土地覆被类型面积比例的变化对地表径流和非点源污染的影响，不能反映土地利用格局变化的影响。

3）缺乏地表地下耦合机理。缺乏地表径流与地下管网排水的数据交换，只能进行一维集总式流量运算，运算无法脱离推理计算方法。

4）对模型输入数据要求较高。当难以获取实时数据和大量基础数据时，模拟很难进行，影响模型对实际问题的解决。

5）水动力模型功能有限，难以直接计算出淹没深度。

6）SWMM 在模拟天然河道及人工渠道方面具有一定的局限性，因此往往需要借助于其他专用模拟软件，如 HEC-RAS（hydrologic engineering centers river analysis system）等获得所需要的参数。

7）与 GIS 系统、CAD 系统的交互性差。SWMM 用图片进行交互，与 GIS 系统和 CAD 系统等应用越来越广泛的系统工具交互困难，给用户带来很大不便。

8.2 模型推广及应用展望

SWMM 具有整体性好，易用性、通用性强，适用面宽等优点。但是在数据交互性要求增强、地理信息系统应用越来越广泛的背景下，SWMM 与 GIS 系统、CAD 系统交互性差的缺点逐渐显现出来，部分研究机构在 SWMM 的基础上开发出如 MIKE URBAN、PCSWMM、XPSWMM、InfoSWMM、OTTSWMM 等模型，还有诸如 InfoWorks CS、MOUSE 等相应的软件，在交互性上均比 SWMM 强大。

但是对于大部分城市暴雨径流过程模拟、污染物输移模拟来说，SWMM 的性能已经足够满足研究或者实践的需求。在既满足需求、又节约成本的要求下，SWMM 的免费共享特性使之成为首选工具。

总之，SWMM 虽然有一定的局限性，但是在其整体性好，易用性、通用性强，适用面宽以及免费共享等优势的支撑下，模型的应用将会越来越广泛。特别是在城市化发展速度加快，城市内涝风险加剧的情况下，各级政府、居民均对城市内涝问题高度重视，城市暴雨洪水径流模拟、污染物输移模拟的需求不断增加，SWMM 的推广应用具有广阔的前景。

参 考 文 献

白璐．2012．城市内涝问题的研究．许昌学院学报，31（2）：124-126．
边易达．2014．基于 HEC-HMS 和 SWMM 的城市雨洪模拟．山东大学硕士学位论文．
岑国平，沈晋，范荣生．1996．城市暴雨径流计算模型的建立和检验．西安理工大学学报，12（13）：184-225．
岑国平，詹道江，洪嘉军．1993．城市雨水管道计算模型．中国给水排水，01：37-40．
车武，李俊奇．2002．从第十届国际雨水利用大会看城市雨水利用的现状与趋势．中国给水排水，28（3）：12-14．
车武，吕放放，李俊奇，等．2009．发达国家典型雨洪管理体系及其实．中国给水排水，25（20）：12-17．
陈能志．2013．福建省城市内涝治理研究．水利科技，（3）：1-4．
陈守珊．2007．城市化地区雨洪模拟及雨洪资源化利用研究．河海大学硕士学位论文．
陈晓燕，张娜，吴芳芳，等．2013．雨洪管理模型 SWMM 的原理、参数和应用．中国给水排水，04：4-7．
陈鑫，邓慧萍，马细霞．2009．基于 SWMM 的城市排涝与排水体系重现期衔接关系研究．中国给水排水，35（9）：114-117．
程江，徐启新，杨凯，等．2007．国外城市雨水资源管理利用体系的比较及启示．中国给水排水，23（12）：68-72．
程群．2007．城市区域雨水和中水的联合利用研究．浙江大学硕士学位论文．
程伟，王宏峰，谌志涛．2013．基于 SWMM 的雨水管道优化设计．山西建筑，25：135-137．
丛翔宇，倪广恒，惠士博，等．2006．基于 SWMM 的北京市典型城区暴雨洪水模拟分析．水利水电技术，37（4）：64-67．
崔春光，彭涛，殷志远，等．2011．暴雨洪涝预报研究的若干进展．气象科技进展，01（2）：32-37．
丁国川，徐向阳．2003．城市暴雨径流模拟及动态显示系统．海河水利，（1）：40，41．
丁燕燕，韩乔．2012．城市内涝的主要成因及防治对策．市政技术，30（6）：68，69．
董立人．2011．政务微博发展助推社会管理创新．领导科学，10（上）：20-22．
付炀．2013．基于 SWMM 和 Infoworks CS 的南湖路高排管涵改造工程水力模拟研究．湖南大学硕士学位论文．
郭雪梅，任国玉，郭玉喜，等．2008．我国城市灾害内涝的影响因子及气象服务对策．灾害学，23（2）：46-49．
韩冰，张明德，王艳．2011．世博浦西园区供水管网系统水力（质）模型的建立及其研究．净水技术，30（3）：78-82．
韩娇．2011．城市降雨径流面源污染水质水量动态模型研究．华南理工大学硕士学位论文．
何爽，刘俊，朱嘉祺．2013．基于 SWMM 模型的低影响开发模式雨洪控制利用效果模拟与评估．水电能源科学，12：42-45．
胡伟贤，何文华，黄国如，等．2010．城市雨洪模拟技术研究进展．水科学进展，01：137-144．
胡盈惠．2012．论快速城市化进程中的城市内涝治理．中国公共安全，2：6-8．
黄国如，黄晶，喻海军，等．2011．基于 GIS 的城市雨洪模型 SWMM 二次开发研究．水电能源科学，29（4）：43-45，195．
黄卡．2010．SWMM 模型在南宁心圩江设计洪水中的应用研究．红水河，05：36-38，54．
黄延林，马学尼．2006．水文学．第 4 版．北京：中国建筑工业出版社．

黄泽钧.2012.关于城市内涝灾害问题与对策的思考.水科学与工程技术，(1)：7-10.

贾海峰，姚海蓉，唐颖，等.2014.城市降雨径流控制 LID BMPs 规划方法及案例.水科学进展，25（2）：260-267.

姜体胜，孙艳伟，杨忠山，等.2011.基于 SWMM 的不同降水量对城市降雨径流 TSS 的影响分析.南水北调与水利科技，05：55-58.

晋存田，赵树旗，闫肖丽，等.2010.透水砖和下凹式绿地对城市雨洪的影响.中国给水排水，01：40-42，46.

金蕾，华蕾，荆红卫，等.2010.非点源污染负荷估算方法研究进展及对北京市的应用.环境污染与防治，32（4）：72-77.

鞠宁松.2012.国内工民建中防渗漏技术实际应用中的相关问题分析.中国房地产业（理论版），(11)：217-217.

鞠宁松，龚坤.2012.城市内涝的成因及破解方法探讨.江苏建筑，(B12)：90-93.

李春林，胡远满，刘淼，等.2014.SWMM 模型参数局部灵敏度分析.生态学杂志，04：1076-1081.

李家科.2009.流域非点源污染负荷定量化研究.西安理工大学硕士学位论文.

李俊奇，孟光辉，车伍.2007.城市雨水利用调蓄方式及调蓄容积实用算法的探讨.中国给水排水，33（2）：42-46.

李岚，邢国平，赵普.2011.城市小区雨水利用的模拟分析.四川环境，04：56-59.

李炜.2007.地铁工程深基坑支护系统优化设计研究.北京交通大学硕士学位论文.

李学东，王佳，史荣新.2014.基于 SWMM 水量模拟的人工雨水湿地规模确定方法.环境保护科学，05：8-11.

李永福，王冬梅.2011.下凹式绿地对城市雨水集蓄利用作用研究进展.南水北调与水利科技，01：160-165，176.

李正晖.2010.基于 SWMM 的生态小城镇雨水径流模拟研究//中国城市规划学会、重庆市人民政府.规划创新：2010 中国城市规划年会论文集.

李祚泳，王文圣，张正健，等.2001.环境信息规范对称与普适性.北京：科学出版社.

梁春娣，孙艳伟.2012.基于 SWMM 的透水性路面水文效应分析.山西水利科技，03：6，7，27.

林佩斌.2006.深圳地区污水截流倍数研究.重庆大学硕士学位论文.

刘金平，杜晓鹤，薛燕.2009.城市化与城市防洪理念的发展.中国水利，(13)：22-25.

刘俊，徐向阳.2001.城市雨洪模型在天津市区排水分析计算中的应用.海河水利，01：9-11.

刘俊，郭亮辉，张建涛.2006.基于 SWMM 模拟上海市区排水及地面淹水过程.中国给水排水，22（21）：64-68.

刘茂云.2007.影响降水的因素分析.决策管理，11：15.

刘香梅.2008-8-19.城市排涝考验"管理洪水"能力.佛山日报，第4版.

刘兴坡.2012.基于 SWMM 的滨海城市河道防洪能力核算方法.中国给水排水，03：57，59.

卢士强，徐祖信.2003.平原河网水动力模型及其求解方法探讨.水资源保护，(3)：5-9.

卢晓燕，陈国伟，朱松.2013.城市内涝治理研究.现代城市，8（2）：19-20.

马洪涛，张晓昕，王强.2008.基于模型的城市道路积水应急排水措施研究.城市道桥与防洪，09：42-45.

马晓宇，朱元励，梅琨，等.2012.SWMM 模型应用于城市住宅区非点源污染负荷模拟计算.环境科学研究，01：95-102.

牛志广，陈彦熹，米子明，等.2012.基于 SWMM 与 WASP 模型的区域雨水景观利用模拟.中国给水排水, 11: 50-52, 56.
齐苑儒. 2009. 西安市城区非点源污染负荷初步研究. 西安理工大学硕士学位论文.
任伯帜. 2004. 城市设计暴雨及雨水径流计算模型研究. 重庆大学博士学位论文.
任伯帜, 邓仁健, 李文健. 2006a. SWMM 模型原理及其在霞凝港区的应用. 水运工程, (4): 41-44.
任伯帜, 周赛军, 邓仁建. 2006b. 城市地表产流特性与计算方法分析. 南华大学学报（自然科学版）, 20 (1): 8-12.
桑国庆, 曹升乐, 郝玉伟, 等. 2012. 雨洪滞留池与蓄水池模式下的雨洪过程研究. 水电能源科学, 30 (6): 45-48.
石剑荣, 陈亢利. 2010. 城市环境安全. 北京: 化学工业出版社.
司国良, 黄翔. 2009. 沿江城市内涝灾害的反思与对策. 防汛与抗旱, (19): 39, 40.
宋翠萍, 王海潮, 尚静石. 2014. InfoWorks CS 在北京香山地区应用研究. 水利水电技术, 45 (7): 13-17.
宋敏, 商良, 邵东国. 2011. 珠三角地区城市雨洪过程模拟与计算——以佛山市南海区北村水系为例. 安全与环境学报, 04: 260-263.
孙加龙, 王现方, 王琳, 等. 2006. 水资源实时监控系统关键技术引进与开发研究. 人民珠江, 02: 20-22.
孙艳伟. 2011. 城市化和低影响发展的生态水文效应研究. 西北农林科技大学硕士学位论文.
孙艳伟, 魏晓妹, 薛雁. 2010. 基于 SWMM 的滞留池水文效应分析. 中国农村水利水电, 06: 5-8.
孙艳伟, 把多铎, 王文川, 等. 2012. SWMM 模型径流参数全局灵敏度分析. 农业机械学报, 07: 42-49.
唐莉华, 彭光来. 2009. 分布式水文模型在小流域综合治理规划中的应用. 中国水土保持, 03: 34-36.
汪明明. 2008. 雨水池设计理论研究. 北京工业大学硕士学位论文.
汪郁渊. 2012. 江西景德镇市城市内涝成因及防治对策. 中国防汛抗旱, 22 (1): 46-47.
王海潮, 陈建刚, 孔刚, 等. 2011a. 基于 GIS 与 RS 技术的 SWMM 构建. 北京水务, 03: 46-49.
王海潮, 陈建刚, 张书函, 等. 2011b. 城市雨洪模型应用现状及对比分析. 水利水电技术, 42 (11): 10-13.
王建龙, 车伍, 易红星. 2010. 基于低影响开发的雨水管理模型研究及进展. 中国给水排水, 18: 50-54.
王昆, 高成, 朱嘉祺, 等. 2014. 基于 SWMM 模型的渗渠 LID 措施补偿机理研究. 水电能源科学, 06: 19-21, 28.
王龙, 黄跃飞, 王光谦. 2010. 城市非点源污染模型研究进展. 环境科学, 10: 2532-2540.
王淑云, 刘恒, 耿雷华, 等. 2009. 水安全评价研究综述. 人民黄河, 31 (7): 11-13.
王文亮, 李俊奇, 宫永伟, 等. 2012. 基于 SWMM 模型的低影响开发雨洪控制效果模拟. 中国给水排水, 21: 42-44.
王雯雯, 赵智杰, 秦华鹏. 2012. 基于 SWMM 的低冲击开发模式水文效应模拟评估. 北京大学学报（自然科学版）, 02: 303-309.
王喜东. 2004. 香港岛污水管网系统总体规划概述. 中国给水排水, 30 (12): 103-105.
王艳珍, 王晓松. 2014. 基于 SWMM 的城区雨洪模型模拟研究——以山西省孝义市城北区为例. 科技创新导报, 03: 10-13.
王永, 郝新宇, 季旭雄, 等. 2012. SWMM 在山区城市排水规划中的应用. 中国给水排水, 18: 80-83, 86.
王志标. 2007. 基于 SWMM 的棕榈泉小区非点源污染负荷研究. 重庆大学硕士学位论文.
韦铖. 2007. 南宁市城区内涝问题分析. 红水河, (4): 94-96.
吴建立. 2013. 低影响开发雨水利用典型措施评估及其应用. 哈尔滨工业大学硕士学位论文.

吴建立，孙飞云，董文艺，等．2012．基于SWMM模拟的城市内河区域雨水径流和水质分析．水利水电技术，08：90-94．

吴月霞，蒋勇军，袁道先等．2007．岩溶泉域降雨径流水文过程的模拟——以重庆金佛山水房泉为例．水文地质工程地质，06：41-48．

吴正华．2001．我国城市气象服务的若干进展和未来发展．气象科技，（4）：1-5．

解以扬，李人鸣，李彦培．2005．城市暴雨内涝数学模型的研究与应用．水科学进展，16（3）：384-390．

辛玉玲，张学强．2012．城市内涝的成因浅析．城镇供水，（5）：92-93．

徐向阳，李文起．1993．北京市管网排水流域雨洪模型研究．水利水电技术，04：1-5．

徐向阳．1998．平原城市雨洪过程模拟．水利学报，08：34-37．

许迪．2014．SWMM模型综述．环境科学导刊，06：23-26．

薛丽．2013．浅析城市内涝形成的原因及防治．黑龙江科技信息，（12）：179．

薛梅，陶俊娥，郭玲玲．2012．产生城市内涝的原因分析及对策．现代农业，（4）：87．

严煦世，刘遂庆．2004．给水排水管网系统．北京：中国建筑工业出版社．

姚宇．2007．基于GeoDatebase的城市排水管网建模的应用研究．同济大学硕士学位论文．

叶斌，盛代林，门小瑜．2010．城市内涝的成因及其对策．水利经济，28（4）：62-65．

叶为民，陶雅萍译．卢峰虎校．1990．校正洪水管理模型的专家系统．地质科学译丛，07（4）：66-75．

茵孝芳．1995．产汇流理论．北京：水利电力出版社．

尹炜，卢路．2014．暴雨洪水管理模型——EPASWMM用户教程．武汉：长江出版社．

于海波．2012．城市内涝的原因分析及应对措施．天津建设科技，4：64-72．

曾重．2013．城市内涝成因与防治对策．安阳工学院学报，12（5）：53-55．

张建涛．2009．浅谈城市暴雨径流模拟分析研究．城市道桥与防洪，（7）：213-215．

张杰．2012．基于GIS及SWMM的郑州市暴雨内涝研究．郑州大学硕士学位论文．

张利平，赵志朋，胡志芳，等．2008．雷达测雨及其在水文水资源中的应用研究进展．暴雨灾害，27（4）：373-377．

张倩，苏保林，罗运祥，等．2012．截流式合流制降雨径流污染模拟研究．北京师范大学学报，05：537-541．

张倩，苏保林，袁军营．2012．城市居民小区SWMM降雨径流过程模拟——以营口市贵都花园小区为例．北京师范大学学报（自然科学版），03：276-281．

张胜杰，宫永伟，李俊奇．2012．暴雨管理模型SWMM水文参数的敏感性分析案例研究．北京建筑工程学院学报，01：45-48．

张书亮，干嘉彦，曾巧玲，等．2007．GIS支持下的城市雨水出水口汇水区自动划分研究．水利学报，38（3）：325-329．

张晓昕，王强，马洪涛．奥林匹克公园地区雨水系统研究．城镇给排水，34（11）：7-14．

张悦．2010．关于城市暴雨内涝灾害的若干问题和对策．中国给水排水，（8）：41-42．

张志国，司国良，黄翔，等．2009．长江下游沿江城市内涝灾害的反思与对策．人民长江，(21)：99-100．

章程，蒋勇军，袁道先，等．2007．利用SWMM模型模拟岩溶峰丛洼地系统降雨径流过程——以桂林丫吉试验场为例．水文地质工程地质，03：10-14．

赵东文，康洪娟．2011．现代城市内涝问题的思考——以广西为例．技术与市场，18（8）：322-323．

赵冬泉，陈吉宁，佟庆远，等．2008．基于GIS构建SWMM城市排水管网模型．中国给水排水，27（4）：88-91．

赵冬泉，王浩正，陈吉宁，等．2009．城市暴雨径流模拟的参数不确定性研究．水科学进展，20（1）：

45-51.

赵洪宾, 严煦世. 2003. 给水管网系统理论与分析. 北京: 中国建筑工业出版社.

郑晓阳, 胡传廉. 2003. 上海市防汛决策支持系统设计. 水利水电科技进展, 23 (1): 25-27.

中国建筑设计研究院, 北京市市政工程设计研究总院, 北京市水科学技术研究所. 2013. 雨水控制与利用工程设计规范 (DB11/685-2013). 北京: 中国建筑工业出版社.

中国建筑设计研究院, 北京泰宁科创科技有限公司, 北京市水利科学研究所, 等. 2006. 建筑与小区雨水利用工程技术规范 (GB50400-2006). 北京: 中国建筑工业出版社.

钟成索. 2009. "雨岛效应"和"混浊岛效应". 环境保护与循环经济, 29: 67-69.

周乃晟, 贺宝根. 1995. 城市水文学概述. 上海: 华东师范大学出版社.

周玉文. 1994. 城市雨水管网水力学计算方法研究. 沈阳建筑工程学院学报, 10 (2): 125-129.

周玉文, 赵洪宾. 1997. 城市雨水径流模型的研究. 中国给水排水, 13 (4): 37-40.

周玉文, 赵洪宾. 2000. 排水管网理论与计算. 北京: 中国建筑工业出版社.

周玉文, 孟昭远, 宋军. 1995. 城市雨水管网非线性运动波横拟技术. 中国给水排水, (4): 9-11.

朱靖, 刘俊, 崔韩, 等. 2013. SWMM 模型在西南地区山前平原城市防洪计算中的应用. 水电能源科学, 12: 38-41.

朱明安, 李颖. 2011. 城市积水原因分析及防治对策探讨. 城市道桥与防洪, 4: 100-103.

朱元生, 金光炎. 1991. 城市水文学. 北京: 中国科学技术出版社.

Hall M J. 1989. 城市水文学. 詹道江, 顾恒岳, 许大明, 等译. 南京: 河海大学出版社.

Abbott M B. 1979. Computational Hydraulics. Elements of the Theory of Free Surface Flow. London: Pitman.

Akan A O, Houghtalen R J. 2003. Urban Hydrology, Hydraulics, and Stormwater Quality, John Wiley & Sons, Inc, Hoboken, NJ.

Balascio C C, Palmeri D J, Gao H. 1998. Use of a genetic algorithm and multi-objective programming for calibration of a hydrologic model. Transactions of the ASAE, 41 (3): 615-619.

Barber J L, Lage K L, Carolan P T. 1994. Stormwater management and modelling integrating SWMM and GIS. Integrating Information and Technology: IT Makes Sense, 310-314.

Bicknell B R, Imhoff J C, Kittle J L, et al. 1993. Hydrologic simulation program: Fortran users manual for release 10. Georgia: US Environmental Protection Agency.

Blanc D, Kellagher R, Phan L, et al. 1995. FLUPOL-MOSQITO, Models, Slmulations, Critial analysis and development. Wat Sei Tech, 32 (1): 185-192.

Burian S J, Streit G E, McPherson T N, et al. 2001. Modeling the atmospheric deposition and stormwater washoff of nitrogen compounds. Environmental Modeling and Software, 16 (5): 467-479.

Burszta Adamiak E, Mrowiec M. 2013. Modelling of green roofs' hydrologic performance using EPA's SWMM. Water science and technology: A Journal of the International Association on Water Pollution Research, 467-473.

Butler D, John W D. 2000. Urban Drainage. E&FN SPON.

Camorani G, Castellarin A, Brath A. 2005. Effects of land-use changes on the hydrologic response of reclamation systems. Physics and Chemistry of the Earth, 30 (8-10): 561-574.

Campbell C W, Sullivan S M. 1999. Simulating time-varying cave flow and water levels using the Storm Water Management Model (SWMM). Hydrogeology and Engineering Geology of Sinkholes and Karst, 383-388.

Caroline S. 2002. Calculating a water poverty index. World Development, 30 (7): 1195-1210.

Chagas, Souza. 2005. Solution of Saint Venant's Equaion to Study Flood in rivers, through Numerieal

Methods. Hydrology Days, 205-210.

Charbonneau R, Kondlef G M. 1993. Land use change in California. USA: Nonpoint source water quality impacts. Environ Manage, 17: 453-460.

Chow M F, Yusop Z, Toriman M E. 2012. Modelling runoff quantity and quality in tropical urban catchments using storm water management model. International Journal of Environmental Science and Technology, 09 (4): 737-748.

Christo P Z. 2001. Review of urban storm water models. Environmental Modeling & Software, (16): 195-231.

City of Fort Collins. 1984. Storm Drainage Design Criteria and Construction Standards, Utilities Department, Stormwater Division, Fort Collins, CO.

City of Fort Collins. 1997. Memorandum: Update to the Stormwater Drainage Design Criteria. Memorandum to Storm Drainage Design Criteria Users. April 29, Utilities Department, Stormwater Division, Fort Collins, CO.

City of Fort Collins. 1999. Memorandum: New Rainfall Criteria. Memorandum to Storm Drainage Design Criteria Users. April 12, Utilities Department, Stormwater Division, Fort Collins, CO.

Crosetto M, Tarantola S. 2001. Uncertainty and sensitivity analysis: Tools for GIS- based model implementation. International Journal of Geographical Information Science, 15: 415-437.

Daeryong P, Jorge G, Larry A R, et al. 2006. Improvement of the EXTRAN block in storm water management model (SWMM4.4h). World Environmental and Water Resource Congress, 1-12.

Daeryong P, Sukhwan J, Larry A R. 2014. Evaluation of multi-use stormwater detention basins for improved urban watershed management. Hydrolical Processes, 28 (3): 1104-1113.

Davis J R, Farley T F N. 1997. CMSS: Policy analysis software for catchment managers. Environmental Modelling & Software, 12 (2): 197-210.

Davis J R, Farley J F N, Youngw J, et al. 1998. The experiences of using a decision support system for nutrient management in Australia. Water Scei Technol, 37 (3): 209-216.

Debo, Thomas N, Andrew J R. 2002. Stormwater Management (2nd ed.). Baca Raton: Lewis Publisher.

Delfs J O, Blumensaat F, Krebs P, et al. 2010. Coupling river and subsurface flow model for an integrated analysis of receiving water quality. Proceedings of the XVIII International Conference on Computational, 713-721.

Dong Xin, Du Pengfei, Li Zhiyi, et al. 2008. Parameter identification and validation of SWMM in simulation of impervious urban land surface runoff. Huanjing Kexue, 29 (6): 1495-1501.

Endreny T A. 2002. Manipulating HSPF to simulate pollutant transport in suburban systems. Total Maximum Daily Load (Tmdl): Environmental Regulations, Proceedings, 295-300.

Environmental Protection Agency. 1999. Storm Water Technology Fact Sheet Infiltration Trench. EPA 832-F-99-019, U. S. Environmental Protection Agency. Washington, DC.

Fergson, Bruce K, Thomas N D. 1990. On- Site Stormwater Management Applications for Landscape and Engineering (2nd ed.). New York: Vannostrand reinhold.

Gabriele F, Giorgio M, Gaspare V P E. 2010. Urban Storm Water Quality Management: Centralized Versus Control. Journal of Water Resources Planning and Management, 136 (2): 268-278.

Gent R. 1996. A review of model development based on sewer sediments research in the UK. Wat Sci Tech, 33 (9): 1-7.

Guo J C Y. 2001. Design of Infiltration Basins for Stormwater. Stormwater Collection Systems Design Handbook. Edited by L. Mays, McGraw-Hill, New York, NY.

Guo J C Y, Urbonas B. 1995. Special Report to the Urban Drainage and Flood Control District on Stormwater BMP

Capture Volume Probabilities in United States. Denver, CO.

Guo J C Y, Urbonas B. 1996. Maximized Detention Volume Determined by Runoff Capture Ratio. Journal of Water Resources Planning and Management, 122（1）：33-39.

Guo J C Y, Urbonas B. 2002. Runoff Capture and Delivery Curves for Storm-water Quality Control Design. Journal of Water Resources Planning and Management, 128（3）：208-215.

HEC. 1977. Storage, treatment, overflow, runoff model (STORM) generalized computer program. USA：Hydrologic Engineering Center, United States Corps of Engineers.

Heineman M, Eichenwald Z, Gamache M, et al. 2013. A Comprehensive water quality model of boston´s drainage systems. World Environmental and Water Resources Congress 2013. Showcasing the Future. Proceedings of the 2013 Congress, 63-76.

Heui K D, Kyu C J, Chung P. 2005. Study on the runoff characteristics of non-point source pollution in municipal area using SWMM model-a case study in jeonju city. Journal of Environmental Science International, 14（12）：1185-1194.

Hsu M H, Chen S H, Chang T J. 2000. Inundation simulation for urban drainage basin with on sewer system. Joumal of Hydrology, (234)：21-37.

Huber W C. 1998. Storm water management model, Version 4：User's manual. Georgia：Environmental Protection Agency.

Huong H T L, Pathirana A. 2013. Urbanization and climate change impacts on future urban flooding in can tho city, vietnam. Hydrology and Earth System Sciences, 17（1）：379-394.

Ibrahim Y, Liong S Y. 1993. A method of estimating optimal catchment model parameters. Water Resources Research, 29（9）：3049-3068.

Jang J, Park C K. 2006. Analysis of the effects of sewer system on urban stream using SWMM based on GIS. Journal of Korean Society on Water Environment, 22（6）：982-990.

Jang S, Cho M, Yoon J. 2007. Using SWMM as a tool for hydrologic impact assessment. Desalination, 212（1/3）：344-356.

Jewell T K, Mangarella P A, DiGiano F A. 1974. Application and testing of the epa stormwater management model to greenfield, massachusetts. Proceedings of the National Symposium on Urban Rainfall and Runoff and Sediment Control. Lexington, KY, USA：61-70

Joshua P C, Marcelo H G, Arthur R S. 2008. Potential dangers in simplifying combined sewer hydrologic/hydraulic models usingsubcatchment aggregation and conduit skeletonization. in：Proceedings of Water Down Under, 714-724.

Kanso A, Chebbo G, Tassin B. 2006. Application of MCMC-GSA model calibration method to urban runoff quality modeling. Reliability Engineering & System Safety, 91（10）：1398-1405.

Kim K, Ventura S J, Harris P M, et al. 1993. Urban non-point-source pollution assessment using a geographical information system. Journal of Environmental Management, 39（3）：157-170.

Kim Y D, Park, Jae H. 2014. Analysis of non-point pollution source reduction by permeable pavement. Journal of Korea Water Resources Associtation, 47（1）：49-62.

Kug J D, Lee B H. 2003. Urban watershed runoff analysis using urban runoff models. Journal of Korea Water Resources Association, 36（1）：75-85.

Lee S B, Yoon C G, Kwang W J, et al. 2010. Comparative evaluation of runoff and water quality using HSPF and SWMM. Water Sci Technol, 62（6）：1401-1409.

Lei J H, Schilling W. 1994. Parameter uncertainty propagation analysis for urban rainfall- runoff modeling. Water Science and Technology, 29 (1-2): 145-154.

Lenhart T, Eckhardt K, Fohrer N, et al. 2002. Comparison of two different approaches of sensitivity analysis. Physics and Chemistry of the Earth, 27: 645-654.

Leonard J, Madalon Jr. 2007. Evaluate the impact of best management measures on sub-watersheds and catchments with XPSWMM. Florida: World Environmental and Water Resources Congress.

Lewis A. Rossman. 2008. Storm Water Management Model Applications Manual.

Liong S Y, Chan W T, Lum L H. 1991a. Knowledge based system for SWMM runoff component calibration. ASCE, Journal of Water Resources Panning and Management, 117 (5): 507-524.

Liong S Y, Chan, et al. 1991b. An expert system for Storm Water Management Modelling and its application. Engineering Applications of Artificial Intelligence, 4 (5): 367-375.

Liong S Y, Chan W T. 1993. Runoff volume estimates with neural networks. Neural Networks and Combinatorial Optimization in Civil and Structural Engineering. UK: Edinburgh: 67-70.

Liong S Y, Chan W T, Shree Ram J. 1995. Peak- flow forecasting with genetic algorithm and SWMM. ASCE, Journal of Hydraulic Engineering, 121 (8): 613-617.

Liu G, Schwartz F W, Kim Y. 2013. Complex baseflow in urban streams: an example from central Ohio, USA. Environmental Earth Sciences, 70 (7): 3005-3014.

Loganathan G V, Watkins E W, Kibler D F. 1994. Sizing storm- water detention basins for pollutant removal. Journal of Environmental Engeineering, 120 (6): 1380-1399.

Marsalek J, Dick T M, Wisner P E, et al. 1975. Comparative evaluation of three urban runoff models. Water Resources Bulletin, AWRA, 11 (2): 306-328.

Melbourne Water. 2011. WSUD Key Principles.

Meinholz T L, Hansen C A, Novotny V. 1974. An application of the storm water management model. In: National Symposium on Urban Rainfall and Runoff and Sediment Control.

Mitchell V G, Duncan. 2007. State of the art review of integrated urban water Models. WORKSHOP 2, NOVATECH, Lyon, France, 507-514.

Moore R J, Jones D A, Black K B, et al 1994. RFFS and HYRAD: Integrated systems for rainfall and river flow forecasting in real- time and their application in Yorkshire. In Analytical techniques for the development and operations planning of water resource and supply system. British Hydrological Society National Meeting, University of Newcastle, 04: 12-18.

Morris M D. 1991. Factorial sampling plans for preliminary computationalexperiments. Technometrics, 33: 161-174.

Mujumdar P P. 2001. Flood wave ProPagation-The Saint Venant Equations. Resonance, (5): 66-73.

Newman T L, Omer T A, Driscoll W. 2000. SWMM storage- treatment for analysis/design of extended- detention ponds. Applied Modeling of Urban Water Systems, 08: 283-301.

Omernik J M. 1977. Nonpoint source-stream nutrient level relationships: A nationwide study. USA: United States Environmental Protection Agency.

Pandit A, Gopalakrishnan G. 1997. Estimation of annual pollutant loads under wet- weather conditions. Journal of Hydraulic Engineering, 2 (4): 211-218.

Pankrantz R H, Leblanc M R, Newcombe A. 1995. A comparison of dual drainage modeling techniques// William James, Chapter 23 in Modern Methods for Modeling the Management of Stormwater Impacts, Proceedings of March, 1994, Conference, 521.

Patrick L Brezonik, Temsa H Stadelmannl. 2002. Analysis andpredictive models of storm water runoff volumes, loads, and pollutant concentrations from watersheds in the Twin Cities metropolitan area Minnesota, USA. Water Research, 36: 1743-1757.

Piro P, Carbone M. 2014. A modelling approach to assessing variations of total suspended solids (tss) mass fluxes during storm events. Hydrological Processes, 28 (4): 2419-2426.

Piro P, Carbone M, Garofalo G, et al. 2010. Management of combined sewer overflows based on observations from the urbanized liguori catchment of cosenza, italy. Water Science and Technology, 61 (1): 135-143.

Prince George's County. 1999. Low-impact Development: An Integrated Design Approach. USA: Maryland Department of Environmental Resource.

Reese A J. 1991. Successful Municipal Storm Water Management: Key Elements, Proceedings. The 15th Annual Conference of the Association of Floodplain Managers. Denver Colorado, 202-205.

Reese A J. 1993. Understanding stormwater problems. APWA Reporter, 03: 7-11.

Reese A J. 2001. Stormwater Paradigms. Stormwater, 05: 6-9.

Reese A J. 2004. What's Your Stormwater Paradigm. Land and Water Magazine, 03: 22-26.

Roger C S, Gary R M, Uri M. 2006. Stormwater quality modeling of cross Israel highway runoff. Journal of Water Management Modeling, 225: 165-192.

Sansalone J J, Hird J. 2003. Treatment of Stormwater Runoff from Urban Pavement and Roadways. Wet-Weather Flow in the Urban Watershed, Technology and Management. Edited by R. Field and D. Sullivan. CRC Press LLC, Boca Raton, FL.

Shamsi U M. 1998. Arcview applications in SWMM modeling. Advances in Modeling the Management of Stormwater Impacts, 06: 219-233.

Sharifan R A, Roshan A, Aflatoni M, et al. 2010. Uncertaintyand sensitivity analysis of SWMM Model in computation of manhole water depth and subcatchment peak flood. Procedia: Social and Behavioral Sciences, 02: 7739-7740.

Shepherd J M. 2006. Evidence of Urban-induced Precipitation Variability in Arid Climate Regimes. Journal of Arid Environments, 67 (4): 607-628.

Sherman B J, Brink P N, TenBroek M J. 1998. Spatial and seasonal characterization of infiltration/inflow for a regional sewer system model. Advances in Modeling the Management of Stormwater Impacts, 06: 257-274.

Shon T S, Kim M E, Joo J S, et al. 2013. Analysis of the characteristics of non-point pollutant runoff applied LID techniques in industrial area. Desalination and Water Treatment, 51 (19-21): 4107-4117.

Shutes R B E. 2001. Sriyaraj K. An Assessment of the Impact of Motorway Runoff on a Pond, Wetland and Stream. Environment International, 26 (5-6): 433-439.

Sleigh Dr P A, Goodwill Dr I M. 2000. The St Venant Equations. School of Civil Engineering. University of Leeds, (3): 1-16.

Smith C S, Lejano R P, Ogunseitan O A, et al. 2007. Cost effectiveness of regulation-compliant filtration to control sediment and metal pollution in urban runoff. Environmental Science and Technology, 41 (21): 7451-7458.

Smith D, Li J, Banting D. 2005. A PCSWMM/GIS-based water balance model for the Reesor Creek watershed. Atmospheric Research, 77: 388-406.

Temprano J, Arango O, Cagiao J, et al. 2006. Stormwater quality calibration by SWMM: A case study in northern Spain. WATER SA, 32 (1): 55-63.

TenBroek M J, Fujita G, Brink P, et al. 1999. Detroit water and sewerage department model extensions and project overview. Journal of Water Management Modeling, 204: 203-217.

Tillinghast E D. 2011. Stormwater control measure (SCM) design standards to limit stream erosion for Piedmont North Carolina. Journal of Hydrology, 411: 185-196.

Tomas M W, Donald V C, et al. 2003. Advanced Water DistributionModeling and Management. USA: Haesteod Press.

Tsihrintzis V A. 1997. HAMID R1 Modeling and management of urban stormwater runoff quality: A review. Water Resources Management, 11: 137-1641.

Tsihrintzis V A, Hamid R. 1997. Modeling and management of urban stormwater runoff quality: a review. Water Resources Management, 11 (2): 136-164.

Tsihrintzis V A, Hamid R. 1998. Runoff quality prediction from small urban catchments using SWMM. Hydrological Process, 12 (2): 311-329.

Urban Drainage and Flood Control District (UDFCD). 2001. Urban Storm Drainage Criteria Manual, 2007 revision. Denver, CO.

Vander S M, Rahman A, Ryan G. 2014. Modeling of a lot scale rainwater tank system in XP-SWMM: a case study in western sydney, australia. Journal of Environmental Management, 141: 177-189.

Ventura S J. 1993. Modeling urban nonpoint source pollution with a geographic information system. Water Resources Bulletin, 29 (2): 1981-1989.

Villarreal E L, Annette S D. 2004. Inner City Stormwater Control Using A Combination of Best Management Practices. Ecological Engineering, 22 (4): 279-298

Walters M O, Thomas H. 1998. Application of a linked watershed waterbody model to kingston harbour in jamaica. Hydrology in the Humid Tropic Environment, 253: 137-146.

Warwick J J, Tadepalli P. 1991. Efficacy of SWMM application. Journal of Water Resources Planning and Management-ASCE, 117 (3): 352-366.

Water Environment Federation. 1998. Urban Runoff Quality Management, WEF Manual of Practice No. 23., ASCE Manual and Reports on Engineering Practice No. 87, Water Environmental Federation, Alexandria, VA.

Water Resources Bulletin, AWRA, 11 (2): 306-328.

Wayne C, Huber. 1988. Department of Environmental Engineering Sciences. Storm Water Management Model, User's Manual, Version 4. Douglas C. Ammon.

Wisner C A, Lam A, Rampersad. 1984. Realistic simulation of sewer surcharge and prevention of basement flooding. Proceedings of the 3rd International Conference on Urban Storm Drainage, Goteborg, Sweden, 01: 375-385.

Wisner P E, Kassem. 1982. Analysis of dual drainage systems by OTTSWMM. Proceedings of the First International Seminar on Urban Drainage Systems, Southhampton, England, 02: 93-101.

Zug M, Phan L, Bellefleur D, et al. 1999. Pollution wash-off modelling on impervious surfaces: calibration, validation, transposition. Water Science and Technology, 39 (2): 17-24.

索 引

B
边界修正	176
不透水率	74

C
参数率定	156
城市化	3
城市内涝	1
出口水文过程线	75
储水单元	79

D
导管的特征值	110
低影响开发	19
地表水质模拟	116
典型案例	6
调蓄能力	2
动力波法	113
断面设置	155

G
过滤带	93

H
洪水过程调研与验证	177
汇水区	38
霍顿公式	192

J
几何参数	73
结果统计	58
结果显示	52
结果校正	49

解译标志	151
径流模拟	13

K
开发后区域	72
开发前后径流比较	76
孔式链接	79

L
累积函数	122
理想小流域	63
淋洗函数	123
流域划分	72
流域宽度	149

M
模型对比	24
模型界面	36
模型特点	199

N
内涝积水计算	197
内涝治理	10

P
排水管网概化	173
排水能力	195
排水区域划分	166
排水系统	8

S
设计雨型	189
渗透沟	98
数据库建设	167

水力过程模拟	32	雨洪模拟	17
水力组成部分	106	运动波法	113
水文分析	169		
水文过程模拟	27	**Z**	
水质净化模拟	131	指数淋洗	124
水质模拟	18	滞留池设计	77
水质容量（WQCV）	78		
水质容量（WQCV）的估计	80	**其他**	
水质状态报告	126	BMP	27
W		EMC	123
未开发区域	65	InfoSWMM	23
文件输入	47	MIKE URBAN	21
稳定流法	113	OTTSWMM	23
污染物	118	PCSWMM	22
X		SWMM 发展历程	16
		SWMM 结构	15
		SWMM 局限性	21
系统参数	40	SWMM 运行流程	16
Y		TSS 累积曲线	123
堰式链接	79	WQCV 设计步骤	82
应用展望	200	XPSWMM	22